Motor Fan
illustrated
모터팬 13번째 출간
Volume
13
KB244136
BRIDGESTONE
POTENZA
BBS
NEXT edition
타이어
테크놀로지

Motor Fan
illustrated
CONTENTS

004 도해특집 차체 구조

050 도해특집 보디의 구조

084 도해특집 카본의 실력

보디 프레임 워크의 기초와 최신 보디 분석

자동차에 있어서 보디는 「뼈대(framework)」를 말하며, 뼈대가 올바르게 되어 있지 않으면 자동차는 성립되지 않는다. 충돌 요건도 만족되어야 하고 최대한 가벼워야 하며, 물론 단가도 고려하여야 한다.

자동차에 있어서 보디는 단순한 「뼈대」가 아니라 근육의 역할이나 피부의 역할도 하여야 한다. 여기에서는 강판 소재의 모노코크 보디의 프레스 및 접합 등의 제조 방법, 보디의 강성에 대한 것들을 기초부터 설명한다. 「자동차 보디」가 진화되고 있다. 「보디가 변화되면 자동차가 변화되는」 것이다.

취재 협력 : 신일본 제철/상고/토요타 자동차/닛산 자동차/마츠다/후지 중공업/NEDO/미쓰비시 레이온 /동양 방적/도레이/타카기 세이코
Special Thanks to : 타카하시 준(도쿄대학 공학관련연구과 시스템 형성학 전공 교수)

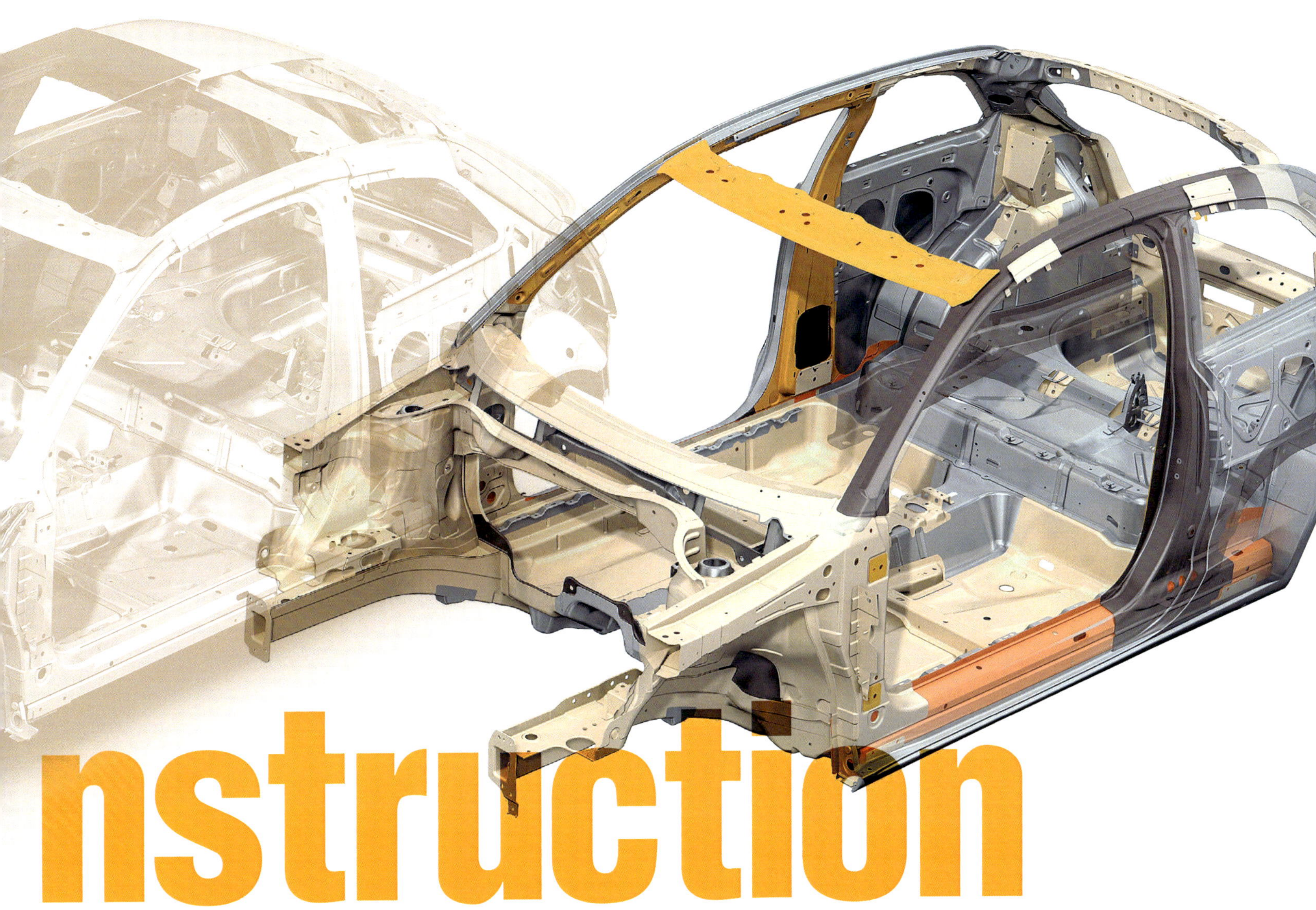

nstruction

대부분의 자동차 모노코크(=응력외피 / 여러 방향의 응력을 패널 면적으로 흡수) 보디는 얇은 강판으로 만들어져 있다. 보디의 외판은 두께가 1mm 이하로 가장 두꺼운 뼈대 부분이라도 4mm가 넘지 않는다. 강판을 잘라내 형상만 만들어서는 엔진을 장착하거나 사람을 태우지 못하지만 강판을 성형하여 요철(凹凸)을 만들거나 봉투 모양처럼 폐쇄 단면의 구조를 요소요소에 배치하면 주행 중에 노면에서 전달되는 충격을 흡수하면서 타이어가 지면에 잘 접지될 정도의 강성과 만일의 충돌 시에 탑승객을 보호할 수 있는 강도를 얻을 수 있다.

예전의 자동차는 봉 모양의 강철을 사다리 모양으로 용접한 H형 프레임(ladder type frame)을 하고 있었으며, 지금도 대형의 SUV나 트럭은 프레임 구조를 갖추고 있지만 대부분의 승용차는 모노코크 구조를 하고 있다. 사다리 모양의 프레임은 차체와 융합되어 하나가 되었다. 008페이지에 모노코크 보디의 각 부분에 대한 명칭을 나타내고 있지만 보디 앞뒤를 차량의 중심선과 평행하게 배치되어 있는 좌우 1개씩의 프런트 사이드 멤버는 H형 프레임의 유산이다. 그것을 가로로 연결하고 있는 크로스 멤버도 H형 프레임에서 인용된 것이다.

현재의 모노코크 보디는 상당히 견고한 상태로 제작되고 있으며, 중요한 성능은 크게 2가지로 「강성」과 「강도」로 나눌 수 있다. 강성은 타이어를 노면에 확실하게 접지시키고 타이어를 통해 보디로 전달되는 노면의 반력을 잘 흡수하여 보디가 비틀리거나 구부러지지 않도록 억제하는 성능이다. 강도는 충돌할 때 최대한 자동차 실내(cabin) 주변의 보디에 대한변형을 억제하거나 또는 사전에 계산된 형태로 모든 부분이 변형되도록 하는 성능이다. 자동차 메이커의 보디 설계부서에서는 주어진 치수와 중량 속에서 이 두 가지 성능의 밸런스가 유지되도록 하는 작업이 이루어지고 있다.

아래 사진은 토요타 「팬 카고」의 전면 오프셋 충돌 시험의 모습으로 2000년에 시행된 JNCAP(Japanese New Car Assessment Program) 현장을 필자가 촬영한 것이다. 과거에도 충돌 시험을 취재한 경험은 몇 십번이나 되지만 이렇게 차량의 앞쪽을 절반 이하, 그것도 운전석 쪽으로 40% 정도만 고정된 벽에 충돌시키는 「6대 4 오프셋 충돌」에서는 차체의 앞쪽이 심하게 찌그러지게 되는데 새삼스럽게 충돌 사고의 무서움을 느끼게 된다.

최근의 승용자동차는 이 사진 당시의 동일한 클래스의 승용자동차에 비해 충돌시의 탑승객 보호 성능은 현격히 향상되었으며, 10년 간의 진보를 느낀다.

그러나 충돌안전기준이 엄격할수록 좋으냐하면 그렇지는 않다. 「어떤 충돌 사고에서든 탑승객을 보호한다.」는 것이 전제가 된다면 보디는 점점 강해지게 되며, 차량의 중량이 무거운 자동차의 보디를 강하게 만들면 내차보다 중량이 가벼운 자동차와 충돌하였을 때 상대에게 미치는 충격도 그만큼 커진다. 따라서 충돌에 대한 대응은 「적절한 수준」에 머무를 필요가 있다.

도로교통은 다양한 차량 중량의 자동차나 오토바이, 자전거, 보행자 등이 혼재되어 있는 혼합 교통의 상황에서 사고가 발생되기 때문에 차량의 중량이 더 무거운 자동차는 「가벼운 자동차」나 오토바이를 지켜줘야 한다. 양립성(compatibility)은 이러한 사고를 토대로 생겨난 개념으로 차량의 중량이 무거운 승용자동차는 자신의 보디를 「더 많이 찌그러지게」함으로써 차량의 중량이 가벼운 차량과 충돌할 때 상대 차량의 보디 손상을 어느 수준까지는 유지시키도록 만들어져 있다. 심지어 보행자와의 접촉 사고를 고려하여 승용차 후드의 일정한 면적 부분

「충돌대책」과 「연비」로 인한 20년간의 자동차 보디의 변화

일본에서 자동차의 전면(前面) 충돌 실험이 의무화된 것은 1994년의 일이다.
같은 무렵 유럽에서는 전면 40% 오프셋 충돌 실험의 의무화가 거의 결정되어 98년부터 실시되고 있다.
이러한 충돌 안전 실험의 강화 때문에 90년대 말기 이후에 생산된 자동차의 보디는 크게 변화하게 된다.
그리고 현재는 CO_2(이산화탄소)의 배출을 억제해야 하는 상황을 맞으면서
충돌 강화와 경량화라는 두 가지의 테마를 양립하기에 이르렀다.

글 · 사진 : 마키노 시게오(Shigeo MAKINO)

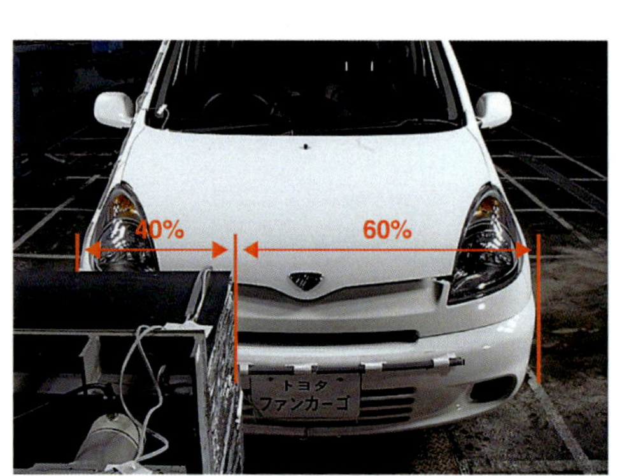

차폭 가운데 운전석 쪽으로만 40% 정도를 고정벽(barrier)에 충돌시키는 실험이 40 오버랩 또는 6대 4 오프셋(Offset Deformable Barrier Crash)이라고 하는 방법이다. 차량 중심선은 고정벽에 대해 직각을 유지한다. 실제 도로에서 많이 발생되는 「측면 충돌」을 감안한 것이다.

을 「유연하게」만들어 보행자의 머리 부분이 후드에 부딪쳤을 경우 충격을 완화시키는 구조가 필요하다고 판단되었기 때문이다.

일본 내에서 사용되는 자동차에 충돌 실험이 의무화된 것은 1994년의 일이다. 자동차 쪽의 충돌 안전 대책이 본격화된 것은 아래 사진처럼 앞면 오프셋 충돌과 측면 충돌에 대한 대응이 「도로운송차량의 보안기준」에 포함되기 직전인 1990년대 말부터이다. 그리고 경자동차나 보행자와 같은 약자에 대한 보호 대책이 일본 자동차에 반영되기 시작한 것은 아주 최근이며, 충돌 안전 보디의 연구는 엔진 등에 비하면 상당히 역사가 짧다.

충돌 안전 보디는 역사가 짧지만 좌측 페이지의 사진처럼 2000년 당시의 자동차에서도 충돌 속도 64km/h에서의 전면 6대 4 오프셋 시험에서 상당히 양호한 성적을 남기고 있다. 실제 도로 위에서는 충돌 후에 화재가 발생하거나 2차 충돌이 일어나기도 하지만 실험에서는 연료 대신 물에 색소를 혼합하여 연료가 누출될 경우를 대비한 대책의 효과를 관찰할 뿐이다. 또한 상대의 차량이나 주위 차량도 없기 때문에 보디의 변형 특성과 시트벨트

및 SRS 에어백에 의한 탑승객 보호 효과를 관찰하기만 한다. 그래도 이러한 종류의 실험이 의무화되면서 충돌에 의해 자동차 안에서 즉사하는 관통형 사고를 줄였다.

반면에 NCAP 같은 안전 정보의 공개는 위험성을 지니고 있다. 차량의 중량이 가벼운 자동차가 충돌 시험의 결과에서 유리하기 때문에 충돌 시의 에너지는 차량 중량의 제곱에 비례한다. 중량이 800kg인 자동차의 충돌 에너지를 「1」이라고 하면 중량이 1.5ton인 자동차의 충돌 에너지는 「3.5」가 된다. 단독으로 벽에 부딪치는 충돌 실험에서는 「3.5」가 압도적으로 불리하다. 같은 점수를 획득하려면 무거운 자동차는 보디를 강하게 하여야 하지만 반대로 가벼운 자동차는 별다른 대책이 필요 없어 그 상태로 실제의 도로에서 충돌 사고가 발생되었을 때 가벼운 자동차 쪽의 탑승객에게는 비참한 결과가 초래된다. 충돌 실험의 결과는 같은 차량 중량의 자동차끼리만 횡적으로 비교할 수 있을 뿐이다.

충돌 안전성에 대한 추구는 자동차의 보디에 많은 보강 재료를 덧붙이게 되었다. 충돌 안전성에 대한 배려가 법규에 포함되어 충돌 테스트가 의무화되기 전의 모노코

크 보디는 현재의 모노코크 보디와 비교하면 화사하기까지 하였지만 보디자체는 가벼웠다. 그러한 모노코크 보디로 충돌 시험 기준법에 대응한 방법으로는 예를 들면 1.2ton이었던 차량의 중량을 80~100kg을 증가시키는 방법으로 대응 하였으며, 최근의 대형 미니밴은 2ton에 육박하는 것도 있다. 자신이 무거워지면 자신을 보호하기 위한 구조를 더 연구하게 된다. 그래서 현재의 주제는 경량화이고 그것은 연비를 위해서만이 아니다. 많은 모델의 보디가 새로워져야 하는 이유가 여기에 있다.

하지만 대담할 정도의 경량화를 위해서는 대폭적인 설계의 변경이 동반되어야 하기 때문에 풀 모델 체인지의 타이밍과 맞지 않으면 불가능하다. 자동차의 차체는 한번 설계하면 2세대 혹은 10년 정도는 사용되며, 차체의 수명이 다 되어가는 동안에 패치워크(patchwork)에 의한 보강이 이루어지는 경우가 많은데 그것이 보디의 중량을 증가시키는 원인이기도 하다. 그러나 비용이나 설비 문제로 인해 패치워크로 끝나는 경우도 많다. 이러한 사정까지 포함하여 이하의 특집을 읽어보길 바란다.

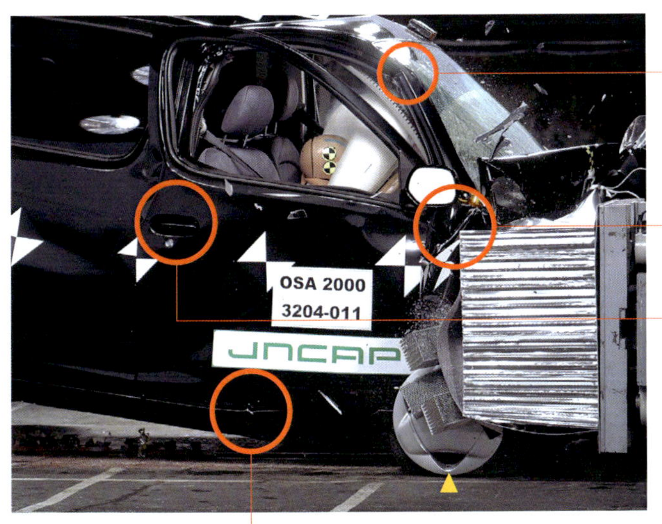

충돌 테스트 후의 차량. 운전석 앞쪽은 심하게 찌그러져 있지만 운전석 도어의 힌지는 정상적으로 움직이고 있어서 도어를 손으로 열 수 있었다. 이것은 보디 외판의 설계라기보다도 충돌 에너지를 잘 흡수하도록 차체를 설계하였기 때문이다.

앞 유리 양쪽의 A필러(가장 앞쪽의 지주)가 구부러지고 있다. 최근 승용자동차에는 이 A필러의 각도가 작아지면서 「기울어져 있는」 모양이 많은데 그 이유는 충돌 에너지를 루프(roof) 방향으로 효율적으로 보내기 위해서다(동시에 관성에 의해 보디 후방의 중량이 A필러를 뒤에서 앞쪽으로도 민다). A필러가 구부러지지 않으면 탑승객을 위한 생존 공간을 확보할 수 있다.

이런 충돌 후에도 탑승객을 구출하기(혹은 탑승객이 자력으로 탈출하기)위해 도어를 열 수 있어야 한다. 그 때문에 도어 자체는 변형되어도 캐치(catch)의 기능에는 견고함이 요구된다. 충돌에 의한 충격으로 도어가 열리게 되면 탑승객이 밖으로 튕겨져 나갈 위험성이 있다.

충돌에 의한 충격이 A필러가 시작되는 곳으로 집중하는 것처럼 보이지만 실제로는 내부의 뼈대 부분이 대부분의 충격을 흡수하여 스스로 차체 구조를 「찌그러뜨림」으로써 충돌 에너지를 방출한다. 0.01초 단위의 아주 짧은 시간이긴 하지만 최대한 천천히 찌부러짐으로써 더 커다란 에너지를 흡수할 수 있는 기술이 포함되어 있다.

도어 아래쪽의 사이드 실이 구부러지는 것은 충돌에 의한 충격을 바닥 방향으로 분산시키고 있기 때문이다. 바닥에는 세로(차량 중심선과 평행) 방향 뿐만 아니라 가로(차량 중심선과 직각으로 교차) 방향으로도 뼈대가 있어서 옆 도어 쪽으로 다른 차량이 부딪쳐 올 때의 측면충돌 에서는 세로 방향의 뼈대가 서로 간에 협력하면서 충돌 에너지를 넓은 범위로 분산시킨다.

후드는 유연할 뿐만 아니라 충돌 시에는 사전에 계산된 모양으로 파손되도록 설계되어 있다. 후드가 이처럼 깔끔하게 구부러지지 않으면 실내 쪽으로 파고들어 탑승객을 위해를 가할 우려가 있기 때문이다. 또한 얼마 전부터는 보행자나 자전거와 가볍게 접촉했을 때 사람을 보호하기 위해 후드에는 「부드럽게 찌그러지는」 성능이 더욱 요구되고 있다.

전면 충돌할 때 장애물로 인해 자동차가 갈 길이 막힌다 해도 보디에는 관성력에 따른 속도가 남아 있어서 자동차를 앞으로 계속 밀어붙이기 때문에 자동차의 앞쪽이 찌그러지는 것이다. 이 테스트의 경우 보디의 우측(운전석 쪽)이 부딪쳤기 때문에 보디의 후방에 남아있던 관성력에 의해 자동차 전체가 좌측으로 돌아가 있다. 사진에서 보이는 앞바퀴 위치인 ▲마크 위치를 주목해 주길 바란다. 충돌 후 자동차는 더 회전하게 되면서 거의 횡으로 정지하였다. 이것이 주행 중에 자동차끼리 부딪쳐 일어나는 「측면 충돌」인데, 실제 상황은 더 복잡해진다.

Chapter 01

보디 구조의 기본

자동차 보디의 기초 지식
소재와 프레스 방법, 접합 종류 등 "보디를 이해하기" 위한 기본이다.

Construction of Car BODY

모노코크 보디 각 부분의 명칭과 현재 보디의 설계 사례

자동차 메이커에서 일반적으로 사용하고 있는 보디 각 부분의 명칭을 소개한다. 메이커에 따라 다소 차이는 있지만 현재의 대표적인 명칭은 아래와 같다. 동시에 각 부분의 「설계 이유」가 있다는 것도 이해할 수 있다면 좋겠다.

글 & 사진 : 마키노 시게오(Shigeo MAKINO) · 사진 : BMW/GM/NISSAN

A필러(A Filler)

미니밴 같은 자동차에서는 2개의 A필러를 갖춘 모델도 있는데 그런 경우는 A필러/A' 필러 등으로 불린다.

중요한 삼각지대

프런트 사이드 멤버를 대시 패널 쪽에서 두 갈래로 나눠 충돌 에너지를 분산시키려는 아이디어는 80년대 말기에 등장하였다. 현재는 A필러가 시작되는 지점의 삼각지대를 이용하여 프런트 휠 하우스 어퍼 멤버와 조합시켜 충돌 에너지를 흡수하는 구조가 유행하고 있다.

프런트 사이드 멤버 (Front Side Member)

자동차 사고 가운데 가장 많이 발생되는 정면 충돌에서는 좌우 앞바퀴 안쪽에 있는 1개씩의 사이드 멤버가 충돌 에너지를 흡수하여 엔진이 차량의 실내로 들어오는 것을 방지한다. 이렇게 굵은 멤버를 차량의 실내 바닥까지 똑바로 관통시키는 설계가 근래의 특징이다. 또한 프런트 사이드 멤버와 대시 로어 패널을 연결하는 위치에 경사진 보강재(reinforcement)를 비스듬하게 배치한 사례가 증가되고 있다. 이것은 프런트 사이드 멤버가 받은 충격을 A필러 방향으로 분산시키기 위해서다.

프런트 루프 레일(외판의 안쪽)

A필러 이너 로어 (stiffener)

A필러 이너 어퍼

프런트 휠 하우스 어퍼 멤버

대시보드 로어와 프런트 사이드 멤버를 연결하는 라인포스먼트 (reinforcement)

루프 사이드 레일(Roof Side Rail)

얼마 전부터 이 부분이 포물선을 그리듯이 아치 형태의 캐빈이 증가하였기 때문에 어디서부터 어디까지가 A/C필러이고 어디까지가 루프 사이드 레일인지 판단하기 어려워졌지만 일반적으로는 앞면 유리 양쪽의 기둥부분이 A필러, 뒤쪽 유리 양쪽의 기둥 부분이 C필러로 불린다.

C필러(C Filler)

왜건인 경우는 측면 도어 2개 뒤쪽에도 유리가 있어서 차체 뒷부분에 기둥을 갖추고 있다. 위쪽 사진처럼 5개나 기둥이 있는 경우는 앞에서부터 알파벳 순서로 A / A' / B / C / D필러라고 부른다.

리어 사이드 멤버 (Rear Side Member)

그다지 중요한 뼈대가 아니라 리어 서스펜션을 지지하는 정도로 사용되어 왔는데 미국에서 후방 충돌기준이 강화됨으로써 연료 탱크의 보호를 위한 바닥 아래의 크로스 멤버와 함께 중요성이 증가하였다.

리어 벌크 헤드(bulk head)

B필러(센터 필러)

SM

사이드 실(Side Sill)

「사이드 실을 설계할 수 있을 정도라야 제 몫을 한다」고 할 정도로 이 자동차 실내 양쪽의 바닥면은 중요하다. 2겹 3겹의 자루 모양(폐쇄 단면)의 구조를 하고 있으며, 얼마 전부터는 초고장력 강판이 사용된다. 왼쪽 사진은 다른 모델의 사이드 실로서 위쪽 컷 부분에서 보이는 내부 모습도 2겹 자루 모양의 구조를 하고 있다.

GM

대시보드 어퍼(scuttle)

대시보드 로어 (firewall = 방화벽)

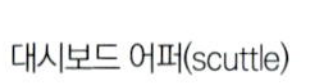
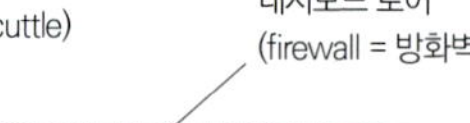
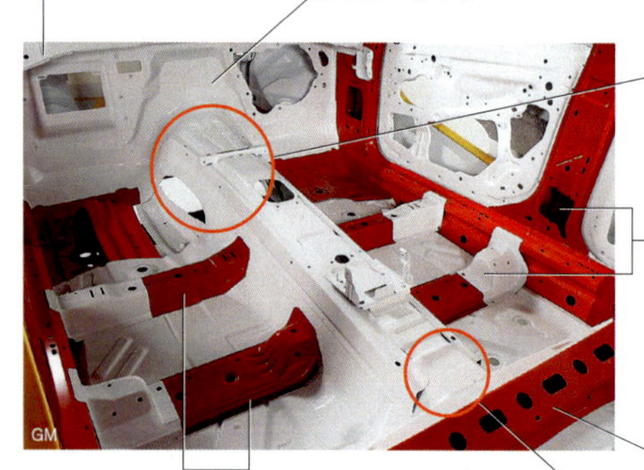

프런트 플로어 크로스 멤버 (Front Floor Cross Member)

좌우 사이드 실을 연결하는(보디를 가로로 연결하는) 멤버를 어느 위치에 배치하고 전체 가운데 몇 개를 배치하는지는 모델에 따라 다르다. 위쪽 사진의 경우는 2개의 크로스 멤버가 프런트 시트(운전석/동승석)의 시트 레일을 고정하는 역할도 겸하고 있다.

센터 터널(Center Tunnel)

정확히 시프트 레버가 있는 이 부분에는 보강이 되어 있는데 그 보강을 체인지 레버 스티프너(stiffener)라고 부르는 경우도 있다. 프로펠러 샤프트가 지나가기 위해 위로 돌출된 부분이 크게 보인다.

프런트 로어 크로스 멤버와 B필러의 위치 관계는 모델에 따라 다르다. B필러 바로 아래에 플로어 크로스 멤버를 배치하고 심지어 루프(지붕) 쪽의 크로스 멤버를 B필러 바로 위에 배치한 다음 캐빈(차량의 실내)의 단면을 한 바퀴 돌리는 구조로 하는 경우도 있다.

리어 플로어 크로스 멤버 (Rear Floor Cross member)

리어 시트가 장착되는 위치 바로 아래에 있는 크로스 멤버.

센터 터널의 보강이 리어 시트 직전에서 끝나고 있다. 전면충돌 시의 충돌 에너지를 어디까지 분산시키느냐에 따라 보강하는 방법이 바뀐다. 이 부분도 모델에 따라 제각각이다.

루프 크로스 멤버 (Roof Cross Member, 루프 아치)

이 모델은 좌우 B필러를 연결하는 위치에 배치되어 있다. 롤오버(횡 차량전복)의 사고가 발생되었을 때 루프가 함몰되는 것을 방지하는 골재이지만, 일본 법규에는 롤오버 안전기준이 없어서 일본 국내 사양에서는 중시되지 않고 있다.

리어 루프 레일(Rear Roof Rail)

후방 유리의 지지하는 역할 외에 루프의 강성에도 기여하는 부재(部材)이다. 후방의 유리에 접합유리를 사용하는 세단에서는 이 부분의 설계가 튼튼하게 되어 있다. 반면에 왜건 차량은 테일 게이트 주위를 원 모양으로 만들어 뼈대의 강도를 높이고 있다.

보통 B필러는 다른 모양의 얇은 판 3개를 접합시킨 폐쇄 단면의 구조를 하고 있다. 사진 속의 노란 부분은 도어를 열었을 때 보이는 아우터 패널로서 B필러 스티프너로도 불리는 초고장력 강판으로 만들어져 있다. 안쪽의 빨간 부분(반대쪽 B필러를 참조)은 차량 실내 쪽의 이너 패널이다. 우측 사진은 다른 모델의 B필러 단면인데 이렇게 복잡한 모양의 단면을 하고 있다.

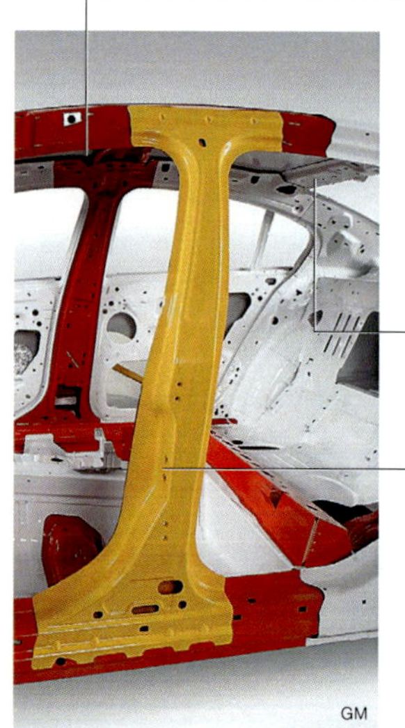

이 모델은 커다란 테일 게이트를 갖추고 있는 해치백 차량이기 때문에 힌지를 장착하는 루프 엔드 쪽이 튼튼한 구조로 되어 있다.

이 공장에서는 먼저 보디에 3개의 루프 레일(크로스 멤버)를 용접하고 나서 마지막으로 루프 외판을 접합시키는 방법을 사용하고 있다. 루프의 외판 쪽에 레일을 용접하고 나서 보디와 접합시키는 방식도 있다.

리어 파셀 쉘프(Rear Parcel Shelf)

세단이나 쿠페는 뒤 유리를 지지하는 부분에서 좌우의 뼈대가 연결되어 있는 경우가 많다. 이 부분이 보디의 강성에 크게 기여한다. 왼쪽 사진과 비교하면 바로 알 수 있는데 「왜건 타입이 강성을 확보하는 것은 상당히 어렵다」고 보디의 설계자가 말하는 이유이기도 하다.

보디의 좌우에 뚫린 이 구멍은 경량화를 위함과 동시에 용접 로봇의 건(gun)을 넣는 용도로도 이용된다. 사진에서는 좌우 모두에 용접 로봇의 건을 넣어 작업을 하고 있다.

좌우 휠 하우스를 연결하는 바닥 쪽으로 폐쇄 단면 형상의 크로스 멤버가 있다. 아래 사진처럼 세단인 경우는 바닥면과 함께 휠 하우스 위쪽의 파셀 쉘프(parcel shelf)에서도 좌우 보디의 측면을 연결시킬 수 있지만 해치백이나 왜건인 경우는 그렇게 하지 못하기 때문에 연구가 필요하다.

C필러가 되는 테일 게이트 주변은 외판(outer panel)과 이너 패널 사이에 자루(폐쇄 단면) 모양의 골재(骨材)를 넣어 보디 루프를 한 바퀴 감싸고 있다. 이 부분은 충돌의 강도라기보다는 보디의 강성을 향상시키기 위한 설계다.

리어 휠 하우스

리어 사이드 멤버의 후방 끝

리어 엔드 패널(Rear End Panel)

지면에서 트렁크 룸이 열리는 지점까지의 높이를 어떻게 설정하는가 하면 세단 계통에서는 열리는 지점을 조금 높게 설정하여 짐을 넣고 빼기가 조금 어렵더라도 이 부분의 패널로 보디의 강성을 확보하는 방향으로 설계하는 경우가 많다.

프런트 루프 레일(Front Roof Rail)

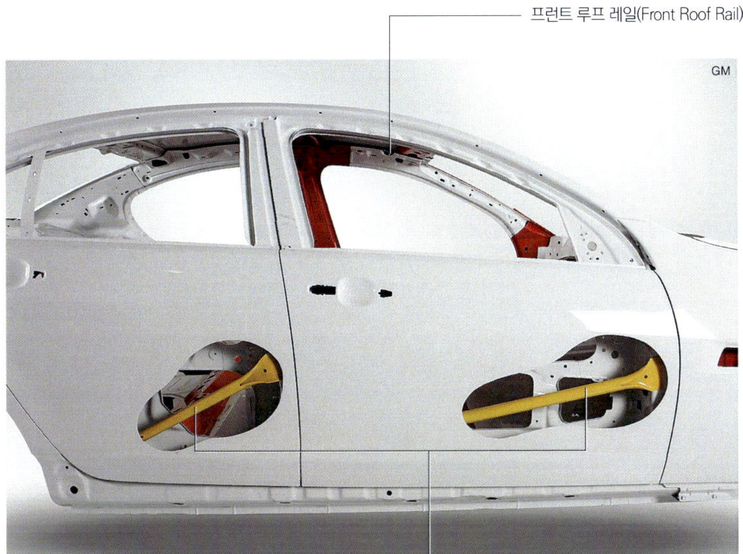

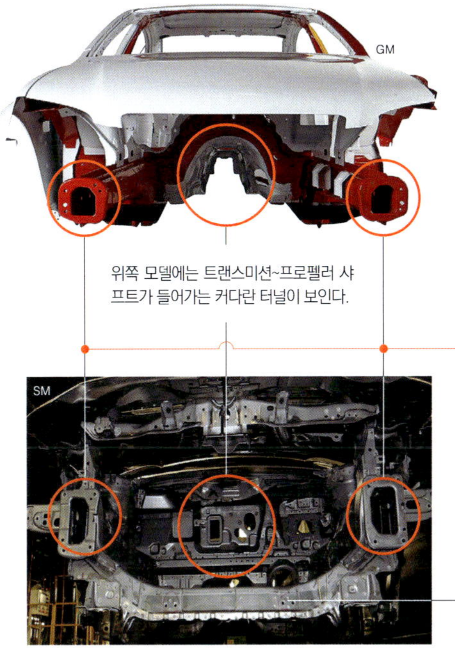

위쪽 사진은 왼쪽 페이지와 똑같은 FR(전방에 엔진 배치, 뒷바퀴 구동) 모델이며, 아래는 가로 배치 엔진의 FF(전방에 엔진 배치, 앞바퀴 구동) 모델이다. 위쪽 모델은 엔진의 뒤에 있는 트랜스미션을 배치하기 위해 보디의 중심선 상에 커다란 플로어 터널이 성형되어 있다. 아래는 엔진과 트랜스미션을 일체화하여 가로로 배치하기 때문에 대시 패널 아래에 크로스 멤버가 직접 연결되어 있다.

위 모델과 아래 모델은 프런트 사이드 멤버의 단면 형상이 다르다. 각을 줄 것인지 타원으로 할 것인지, 둥근 파이프 모양으로 할 것인지 동시에 판의 재질은 어떻게 조합할 것인지는 메이커마다 차이가 있다.

위쪽 모델에는 트랜스미션~프로펠러 샤프트가 들어가는 커다란 터널이 보인다.

프런트 벌크 헤드 (Front Bulk Head)

이 형상도 모델에 따라 제각각으로, 사진처럼 용접하지 않고 볼트로 장착하는 경우도 있다. 라디에이터를 지지하는 라디에이터 서포트와 일체화하는 경우도 많다.

사이드 도어 임팩트 빔(Side Door Impact Beam)

미국의 측면 충돌 안전기준을 만족시키기 위해 이 보강재가 필요하며, 모델이나 메이커에 따라 배치하는 방법이나 소재의 형상(둥근 파이프나 프레스 성형한 판)이 다르다. 차량의 외판에서 탑승객까지의 거리가 아주 짧다는 점이 측면 충돌에 대한 대책이 갖는 어려움이다. 사이드 에어백이나 커튼 에어백은 측면 충돌 시에 탑승객의 머리 쪽이 유리나 필러에 접촉될 위험성을 감소시키기 위한 장비로서 도어 쪽에서 차량의 실내 방향으로 변형이 되는 것을 경감시키는 역할을 하는 것이 임팩트 빔이다. 또한 이 각도의 사진에서는 루프를 가로지르는 3개의 레일 상태를 잘 알 수 있다.

자동차 보디 강판의 최신동향

현재의 승용자동차는 대부분이 프레스 성형한 얇은 판을 서로 연결한 모노코크(응력 외피) 구조다.
어느 부분에 어떤 소재를 사용 하였는지 또 사용하려고 하는지, 그러한 최신의 동향을 「강판의 강도」를 토대로 정리하여 보았다.

글 · 사진 : 마키노 시게오(Shigeo MAKINO)

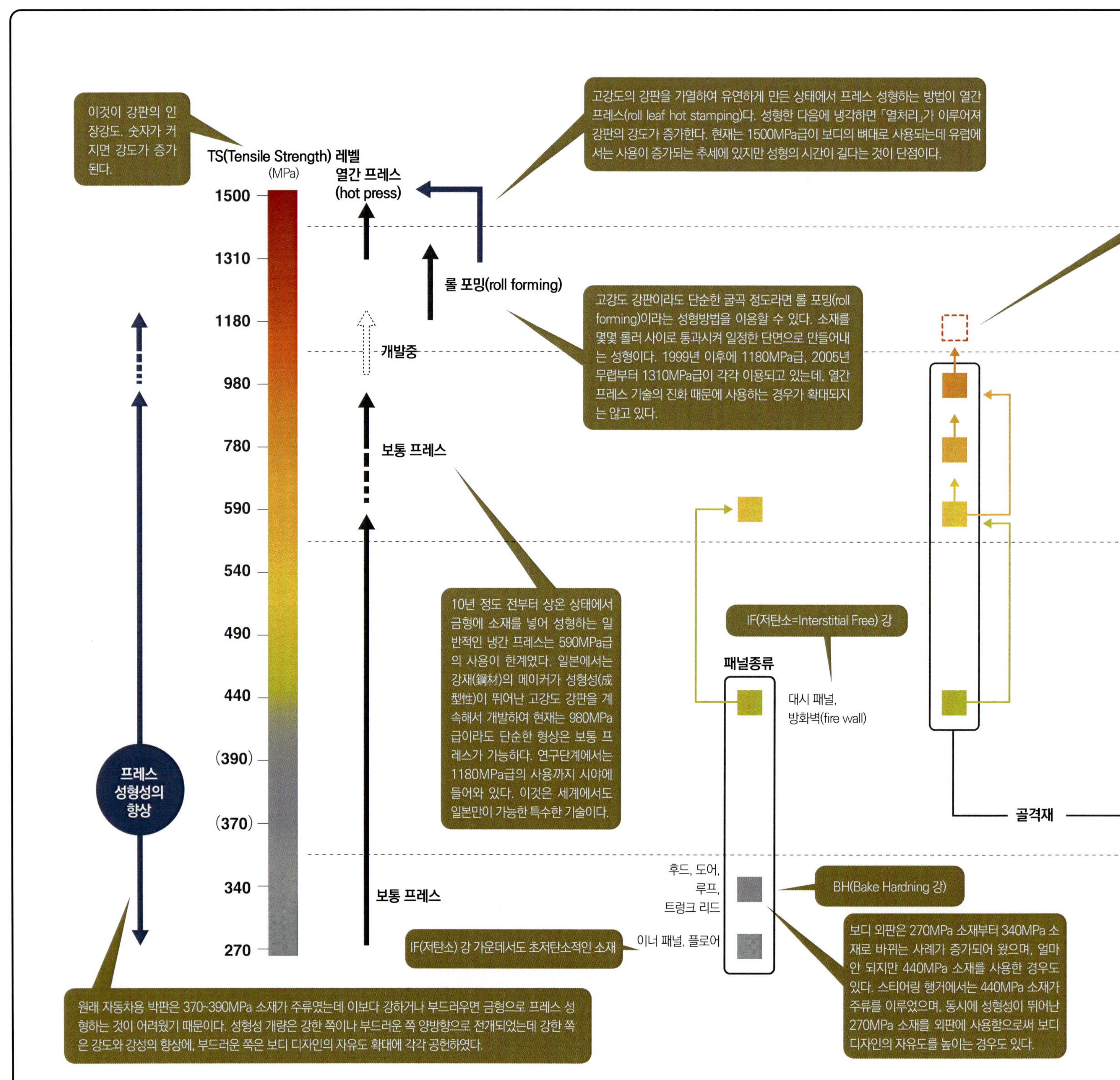

정확히 2년 전에 신일본제철 자동차 강판 영업부에 자동차 보디용 박판의 트렌드를 취재한 적이 있었다. 「2년 정도로는 크게 바뀌지 않을 것이다」라고 독자 여러분은 생각할지 모르지만 자동차 메이커나 차체 메이커를 취재해 보면 「이러한 강재를 사용하게 되었다」는 이야기를 많이 듣는다. 그 증거로 설계 연도가 2년 정도의 다른 동일 메이커의 모델을 비교해 보면 나름대로의 차이가 설계상으로 나타난다.

「자동차 메이커에서는 점점 박판에 대한 요구가 들어오며, 우리들이 제안하는 새로운 박판도 있다. 소재 쪽의 입장에서 보면 2년이라는 시간은 확실한 변화를 느낄 수 있는 시간이다」

당연히 철강재의 공급 회사는 전 세계 자동차 보디의 트렌드를 조사하고 있으며, 특히 주목하는 것은 「독일 자동차 메이커의 동향」이라고 한다.

「HTSS(High Tensile Strength Steel ; 고장력 강)를 사용하여 게이지 다운(gauge down, 판 두께를 얇게 하는 것)하는 것 만이 유럽의 사고방식은 아니다. 단순하게 현재의 보디 상태에서 게이지를 낮추면 보디의 강성이 부족해진다. 뼈대 부분은 게이지 다운을 하지 않고 HTSS의 강도를 높이면서 그 이외의 부위에서 중량을 낮추겠다는 발상이 특히 독일 자동차에 많은 것 같다. 실제로 독일 자동차의 뼈대에 사용되는 강판은 두께가 약간 두꺼워져 뼈대가 명확하게 되어 왔다는 인상이다」

전적으로 동감이다. 독일의 자동차는 빌트인 스페이스 프레임(Built-in space frame)과 같은 구조가 되어 왔으며, 그 것에 대해서는 본 특집 036~044페이지에 소개되어 있다. 일본 자동차의 부분별 경향을 물었더니 「외판은 덴트(dent ; 딱딱한 물건으로 밀었을 때 움푹 들어간 곳) 특성으로 봐서 더 이상 게이지를 낮출 수 없는 상황에 와 있지만 270MPa 이상의 재료를 사용하는 경우도 있다」, 「이너 패널에는 A필러와 같이 역할을 부여하는 부분은 초HTSS화가 진행 중이어서 590MPa에서 780MPa를 거치지 않고 곧바로 980MPa로 건너뛰는 경우도 있다」라고 한다. 다만 일본에서는 금형으로 냉간 프레스를 할 수 있는 초HTSS 소재가 공급되고 있으며, 그 이용이 많아졌기 때문에 「열간 프레스(hot stamping)를 이용하는 경우는 그다지 증가되지 않고 있다」고 한다. 부위별 경향에 대한 자세한 내용은 필자가 각 방면에서 수집한 정보를 왼쪽의 표로 정리하였으며, 내용에 대해서는 신일본제철 관계자로부터 「경향은 이런 느낌이다」라고 검증을 받았다. 2년 전에도 똑같은 표를 작성했었는데 확실히 내용이 바뀌어 있다.

기술 개발의 최전선에 관해 물었더니 「자동차용으로 말하자면 대표적인 일례로 전체 신장(성형성)과 부분 연성(延性, 구멍 넓히기/구부리기 등)이라는 상반된 2가지의 특성이 높은 단계에서 균형을 이룬 강재를 더 높은 강도로 실현하려는 연구를 들 수 있다. 예를 들어 이미 석출강(析出鋼)인 590MPa 소재가 갖고 있는 성형하기 쉬운 성질을 780MPa 소재에서도 달성한 것이 DP강(Dual Phase Steel)이나 TRIP(transformation induced plasticity ; 변태유기소성)강이다. 또한 980MPa 소재로는 용도에 맞춘 신장 중시 타입이나 휨 중시 타입 등을 개발하고 있다」라는 대답이었다. 2년 전보다도 개발의 내용이 구체적이고 고도화되어 있다.

「또 한 가지 예를 든다면 열간 프레스에서 성형 시간을 단축시키는 기술이다. 현재는 프레스의 하사점에서 금형을 유지시킨 다음 금형에 열을 공급하여 열처리를 하고 있는데 간격이 있기 때문에 냉각될 때까지 시간이 길어진다. 200℃ 이하로 저하되어야 열처리가 되기 때문에 소재를 직접 물로 냉각시키는 방법을 생각하고 있다. 그러면 몇 초안에 냉각되기 때문에 생산성이 향상될 수 있다」

이러한 신기술에 대해서는 다시 자세하게 취재할 계획이다. 아무튼 눈에 보이지 않는 곳에서 항상 진화가 계속되고 있는 것이 자동차용 강판이다.

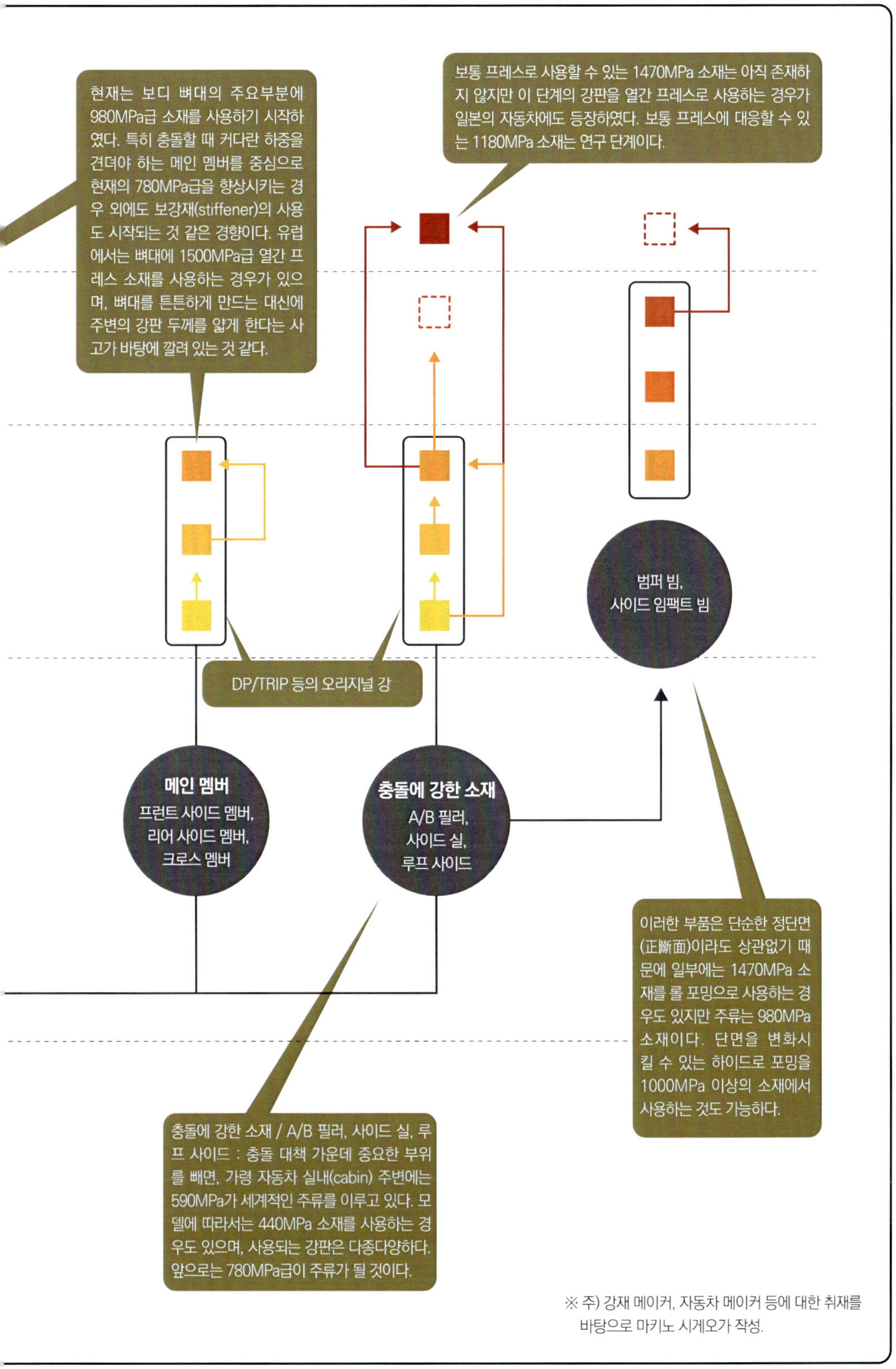

※ 주) 강재 메이커, 자동차 메이커 등에 대한 취재를 바탕으로 마키노 시게오가 작성.

▶ **코지마 야스하루**

신일본제철
자동차강판 영업부
자동차강판 상품기술 그룹 리더 / 부장

▶ **칸다 토시유키**

신일본제철
기술개발본부 철강연구소
가공기술 연구개발센터 주간 연구원

자동차용 보디의 가공법

자동차 보디용 부품이 「프레스」로 성형되는 것은 알려진 바와 같다.
그러나 실제의 프레스로 강판에 어떠한 가공을 하는 것인지에 대해서는 별로 알려져 있지 않다.
금속 가공 메이커인 주식회사 산고에서 제공 받은 자료를 토대로 프레스의 기초에 관하여 알아보도록 하겠다.

글 : 마츠다 유지(Yuji MATSUDA) · 일러스트 : 만자와 코토미(Kotomi MANZAWA)

● 프레스 가공 종류

전단가공 ▶▶

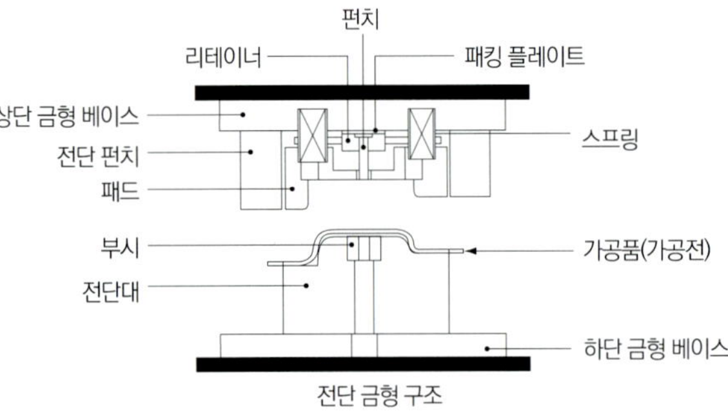

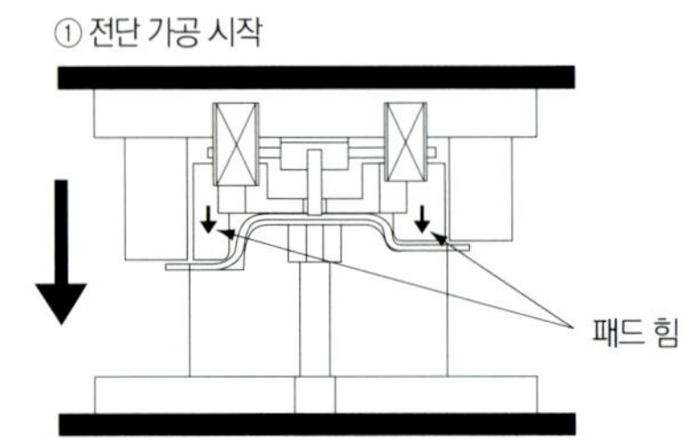

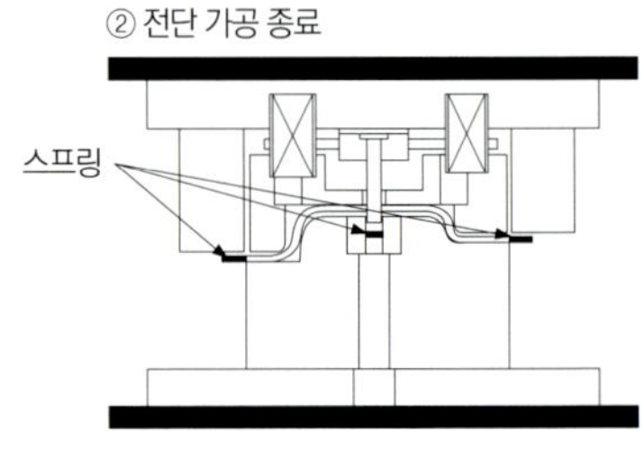

판 모양의 가공품을 필요한 길이로 절단하거나 임의의 형상으로 구멍을 뚫는 가공을 말한다. 소성(塑性) 가공이지만 가공품을 변형시키는데 머무르지 않고 파괴 한계에 다다르는 것으로 성형하는 가공이다.

상단 금형 베이스가 내려오면서 스프링의 힘을 받은 패드가 가공품을 누르면 전단 펀치가 가공품에 닿게 된다. 패드는 가공품을 눌러 변형을 방지하는 역할을 하며, 패드의 힘과 전단하는 힘의 비율이 노하우다.

전단 펀치에 의해 스크랩(scrap)이 가공품에서 분리되어 가공이 종료되면, 상단 금형 베이스는 위로 올라간다. 전단 펀치는 가공품의 전단 면과 접촉하면서 상승하는데 이때 패드는 가공품을 눌러 변형을 방지하는 역할을 한다.

벤딩가공 ▶▶

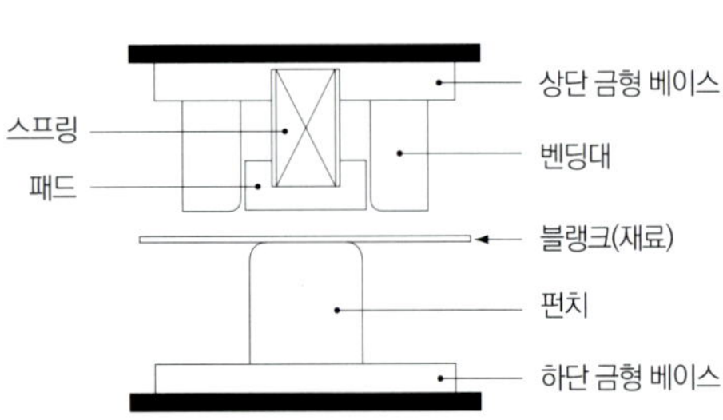

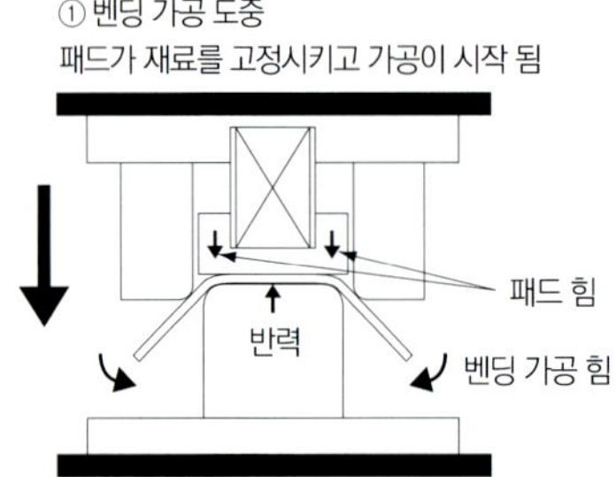

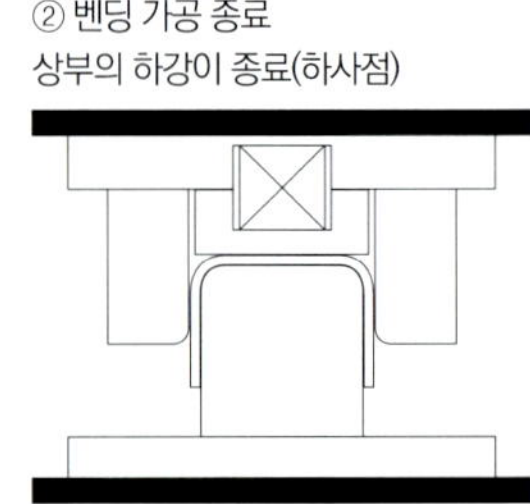

전연성(파손되지 않고 유연하게 변형하는 성질)이 있는 금속판의 두께를 변화시키지 않고 금형을 통해 임의의 형상으로 성형하는 가공법

상단 금형 베이스가 내려오면서 스프링의 힘을 받은 패드가 가공품을 누르게 되고, 벤딩대가 가공품에 닿는다. 이때 패드 반력의 제어와 스프링 힘의 강약에 의해 가공품의 치수가 변화한다.

상단 금형 베이스가 하사점에 도달하면 가공 완성. 가공품의 윗면, R면, 측면에 스프링 백(응력이 해제되면서 원래 형태로 돌아가려는 현상)이 발생되기 때문에 이 리턴되는 양을 예상하여 금형을 설계하여야 한다.

드로잉 가공 ▶▶

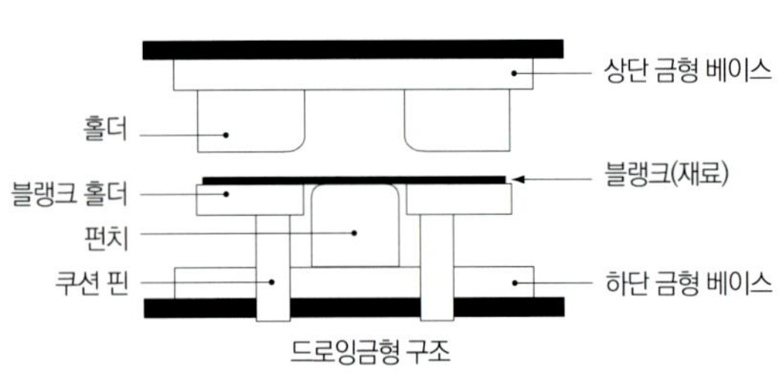

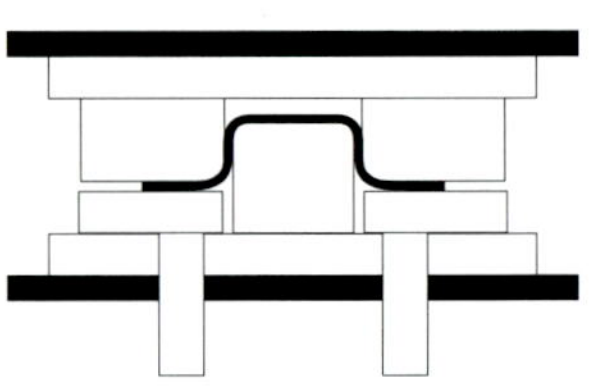

전연성이 있는 금속판을 임의의 모양으로 성형하는 가공법 가운데 컵 모양으로 성형하는 것이 드로잉 가공이다. 가공전과 가공후의 외주에 생기는 차이에 따라 주름이 발생되기 때문에 주름의 발생을 억제시키는 금형의 구조가 필요하다.

상단 금형 베이스가 내려오면서 대와 블랭크 홀더(blank holder)가 쿠션 핀을 통한 압력에 의해 주름의 발생을 억제시키면서 가공하지 않은 재료(blank)를 성형해 간다.

상단 금형 베이스가 하사점에 도달하면 가공이 종료된다. 공정 중에 블랭크 홀더 압력이 낮으면 플랜지 부분에 주름이 쉽게 발생한다. 반대로 블랭크 홀더 압력이 너무 높으면 변형 저항이 증가하여 균열이 일어나기 쉽다.

진행(progressive) ▶▶

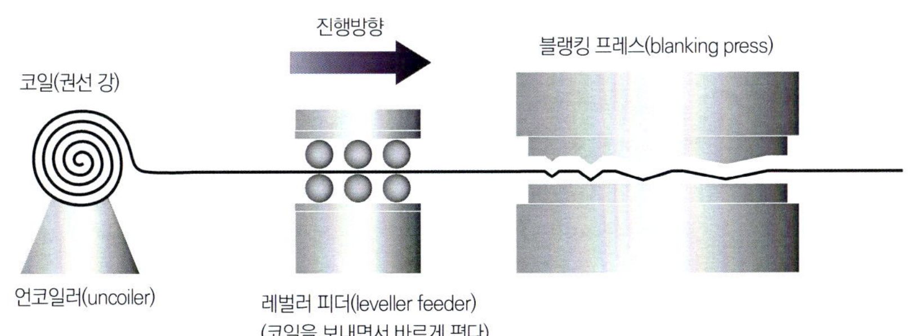

코일의 형태로 감겨 있는 강판을 언코일러에 올린 다음 레벨러 피더로 바르게 펴면서 블랭킹 프레스로 공급된다. 블랭킹 프레스의 기본적인 기능은 펀칭하여 가공을 하는 공작기계로 가공품이 항상 같은 평면상에 있고 거기에 한 방향으로만 압력을 가하기 때문에 복잡한 형상은 가공하지 못한다.

트랜스퍼 프레스 ▶▶

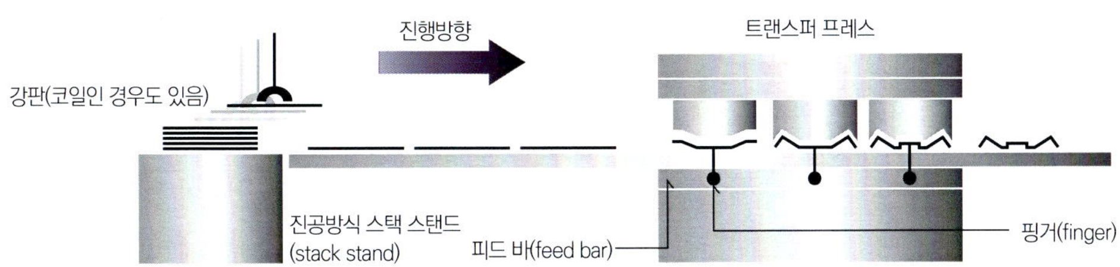

스택 스탠드에 놓인 강판을 컨베이어를 이용하여 트랜스퍼 프레스로 운반한다. 가공품이 프레스에 들어가는 단계에서 핑거로 고정된 상태에서 피드 바로 운반되어 간다. 프레스 공정마다 핑거를 움직여 가공품의 방향을 바꿀 수 있기 때문에 금형 설계와의 조합을 통하여 복잡한 형상을 가공할 수 있다.

로봇 프레스 ▶▶

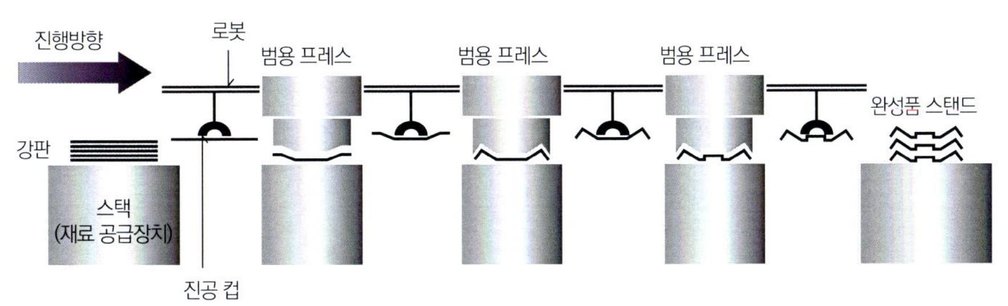

한 개의 프레스 내에서 연속적으로 프레스를 하는 것이 아니라 공정마다 범용 프레스를 이용함으로써 순차적으로 작업을 진행하는 방법이다. 한 공정에서 다른 공정으로 가공품을 운반하는데 로봇을 사용한다는 점이 특징이다.

탠덤(Tandem) ▶▶

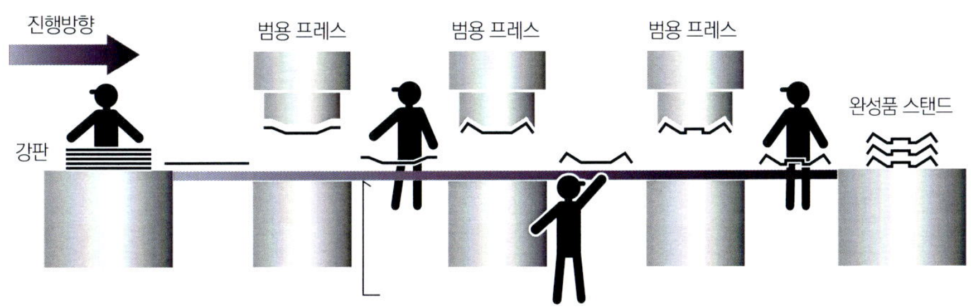

가장 기본적인 연속 프레스 공정이다. 각 프레스에 한 사람씩 작업 인원이 배치되어 위쪽 공정에서 흘러온 가공품을 담당 프레스에 올려 가공이 완료되면 다음 공정으로 이동한다. 단기간에 집중적으로 특정 양을 생산하는 경우에는 비용의 절감이나 특수 형상, 소량품 대응 등에 기여하기 때문에 현재도 이용되고 있는 공정이다.

자동차를 판매하는 가격은 사용하는 소재의 종류와 양, 가공 및 조립에 소요되는 시간, 생산을 위해 필요한 설비 투자에 의해 상당한 부분이 결정된다. 그 중에서도 시간당 생산 효율은 중요한 항목으로서 소정의 성능을 바탕으로 최대한 적은 공정수를 갖고 제조할 수 있는 구조가 요구된다.

보디에 있어서는 예전부터 강판을 프레스 가공으로 성형한 부품을 용접으로 조립하는 공법이 주류를 이루고 있다. 프레스 가공은 성형 방법에 의한 소성(塑性) 가공의 한 종류로서 세트를 이루는 금형 사이에 가공 소재를 넣고 강한 힘을 가하여 가공 소재를 금형 내면과 똑같은 형상으로 만드는 공법이다. 가공 시간이 짧고 설비만 도입하면 장시간 연속적으로 운용할 수 있어서 생산 효율의 향상에 크게 기여한다.

「프레스」 공정에서 이루어지는 처리를 크게 분류하면 「펀칭」, 「굽힘」, 「드로잉」 3종류이다. 「펀칭」은 가공 소재를 절단하거나 제품의 내부에 구멍을 뚫는 등 제품 외형의 모양을 만드는 가공법이다. 「굽힘」은 가공 소재를 구부리거나 굴곡이 지도록 만드는 가공법이다. 「드로잉」은 가공 소재를 컵(자루) 모양으로 성형하는 가공법이다. 자동차용 보디의 구성부품도 몇 단계의 공정을 거치면서 이들 가공법을 조합시켜 성형된다.

프레스 가공용 라인의 구성과 공정은 크게 4종류로 분류된다. 「운반」은 자동일 뿐만 아니라 연속적으로 이루어지는 가장 기초적인 공정이지만 가공 소재에 가하는 힘이 한 방향으로 한정되기 때문에 제품의 형상에 제한이 따른다. 그 결점을 해결한 것이 트랜스퍼 프레스다. 공정에 맞추어 핑거로 고정된 가공 소재의 방향을 바꿔주기 때문에 더 복잡한 제품의 형상을 만들 수 있다. 아마도 현재 가장 많이 이용되는 것이 이 생산 방식일 것이다.

로봇 방식은 범용 프레스를 사용하여 그 사이의 가공품 운송을 로봇에 맡기는 라인 구성이 많다. 주로 많은 공정수를 필요로 하는 곳에 이용되는데 공정의 설계를 위한 설비 투자가 나름대로 필요하지만 프레스 자체는 범용으로 사용되기 때문에 대량 생산에 적합한 생산 방식이다. 탠덤 방식은 로봇 방식에서 운반용 로봇이 하는 작업을 사람이 하는 것이라고 생각하면 된다. 총생산량 혹은 기간을 검토하여 새롭게 로봇에 투자하기보다 인건비가 절감된다고 판단될 경우에 사용하며, 현재도 활용되고 있는 사례가 많다.

프레스 가공에서는 생산 공정과 함께 금형의 설계 기술이 중요한데 각 메이커마다 독자적인 노하우를 투입한 기술의 개발이 계속적으로 이루어지고 있다.

자동차 용접의 기초 지식

프레스 성형된 각 부품을 「차체」에 장착하는 공정에서는 다양한 접합 기술이 이용된다.
대부분은 스폿 용접이 차지하고 있지만 최근에는 유럽을 중심으로 연속 용접을 사용하는 경우도 증가하고 있다. 각각의 장점과 단점에는 어떤 점이 있을까?

글 : 마츠다 유지(Yuji MATSUDA) · 사진 : 미즈카와 마사요시(Masayoshi MIZUKAWA) · 일러스트 : 만자와 코토미 (Kotomi MANZAWA)

					전극	실드 가스	사용 예
용접	용접법	아크 용접	소모 전극식 용접법	용접법 MIG 용접 (Metal Inert Gas)	용접 와이어 피용접재 상당 (MIG430 / MIG304)	Pure Argon + 2~3% O_2 또는 Crude Argon	• 배기 매니폴드 부품의 접합 • 머플러 부품의 접합 • 배기 부품의 접합
				MAG 용접 (Metal Active Gas)	용접 와이어 피용접재 상당 (MG-50T)	Pure Argon + 20% CO_2 또는 Crude Argon +17% CO_2	• 차체 부품의 접합 (인스트루먼트 패널, 도어 빔, 크로스 멤버 등)
				CO_2 용접 (탄산가스) (MG-50T)	용접 와이어 피용접재 상당	100% CO_2	• 페달 부품의 용접 (현재는 MAG용접으로 이행)
			비소모전극식 용접법	TIG 용접 (Tungsten Inert Gas) • Filler Wire 없음	텅스텐	100% Pure Argon	• 롤강판 원주부분의 접합
				TIG 용접 (Tungsten Inert Gas) • Filler Wire 있음	텅스텐 용접 와이어 피용접재 상당	100% Pure Argon	• 배기 매니폴드 부품의 접합 (Sputter 불착불가 부위) (플랜지 인사이즈 용접부)
				플라즈마 용접	텅스텐	100% Pure Argon	• 롤강판 원주 부분의 접합
			특수용접법	전자 빔 용접	–	전자 운동에너지	–
				레이저 빔 용접	–	빛 에너지	• 머플러 본체 원주 부분의 접합
	압접법	저항 용접	스폿용접	–	동합금(Cr-Cu)	– 머플러 부품의 접합	• 차체 부품의 접합
			프로젝션용접	–	동합금(Cr-Cu)	–	• 너트/볼트의 접합
			심용접	–	동합금(Cr-Cu)	– (이중관 한 가운데 부분 용접)	• 기밀 용기의 접합
		고주파저항용접					• 파이프로 관 제작시
	납땜접법					–	
							• 터보 오일 파이프의 접합

접합방법의 종류 | 각종 용접을 분류하여 그것들이 자동차 부품의 각 부위에서 어떻게 적용되는지를 정리한 것이다. 자동차 보디에 사용되는 것은 압접(壓接)~저항~스폿 용접이지만 부품으로 보면 각종 아크 용접이 사용된다는 것을 표를 통해서 알 수 있다. 또한 현재는 「특수」한 명칭의 방식이 「일반화」되는 날은 언제일까.

현대의 제조업에서 용접이 많이 사용된 계기는 제1차 세계대전 하에서 군함이나 군용기의 제조, 또한 대규모 건축물에 사용되면서부터라고 한다. 그전 단계에서는 1865년에 영국의 웰드(Weide)가 고정 전극 사이의 방전 현상(arc)에 금속 봉을 삽입하는 용접 기술을 개발하였다. 1887년에는 러시아의 베르날드(Benerdos)가 모재와 탄소봉으로 전극을 구성하고 용가재를 추가하여 아크의 발생점을 이동시키는 방식을 개발하였다. 이것이 비소모 전극식 용접법의 기초가 되었다. 또 1892년에는 러시아의 슬라브노프(Slavyanov)가 모재와 같은 재질의 용접봉을 전극으로 하여 모재와의 사이에 아크를 발생시킴으로써 용접봉을 접합부에 추가적으로 용융시키는 소모 전극식 용접법의 기초를 개발하였다. 이러한 방식들은 접합하려는 금속의 일부를 용융시켜 가압하지 않고 접합한다고 해서 「용접법(fusion welding)」으로 분류된다.

자동차 보디용 부품은 앞 페이지에서 언급했듯이 강판의 프레스 성형에 의해 만들어진 다음 용접에 의해 결합되는데 대부분은 「압접법(pressure welding)」인 스폿 용접이 이용된다. 스폿 용접은 1887년에 미국에서 개발되어 리벳 등을 대신하는 금속의 접합 수단으로 보급되어 온 접합법으로 금속의 표면을 밀착시키고 열과 압력을 가함으로써 금속 원자끼리 융합시키는 접합법이다. 큰 전류의 저항으로 모재를 가열시키는 「저항 용접」으로서 통전용(通電用) 전극이 그대로 압력을 가하기 때문에 단시간에 많은 부위를 용접할 수 있다. 이 특성이 자동차용 모노코크 보디의 대량 생산에 적합하기 때문에 현재의 주류를 이루고 있다.

다만 스폿 용접에는 한계도 있다. 먼저 용접점 사이의 거리다. 용접부의 강도 · 강성은 용접부위의 최대 용융 부분(nugget)의 지름에 의해 좌우되며, 스폿 용접일 경우는 접합부 너깃의 원주 길이가 여기에 해당한다. 면적 당 접합의 강도를 높이기 위해서는 스폿 타점 간의 거리를 단축시켜야 하는데 어느 정도 이상으로 가까워지면 전기가 직접 접합 부분에 흐르게 되는 「분류 현상」이 발생되어 목적의 스폿 타점이 정상적으로 용접되지 않게 될 수 있다. 현재 스폿 용접의 타점 간 거리가 25~50mm 정도로 설정되는 이유도 이 때문이다. 또한 너깃의 형상이나 사용 환경에 따라서 용접점의 박리(剝離)도 일어날 수 있다.

이러한 스폿 용접의 한계를 극복하기 위해 유럽의 자동차에서는 더 긴 용접 지점의 길이를 확보할 수 있는 선(線)용접을 사용하는 사례가 증가되고 있다. 당연히 차체의 강성에 미치는 영향이 큰 기술로서 앞으로 자동차용 보디의 제조에서 적극적으로 사용될 가능성이 많다.

◉ 압접법/스폿 용접

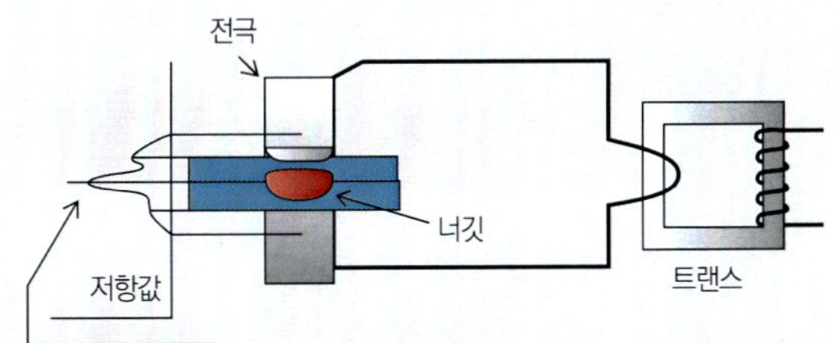

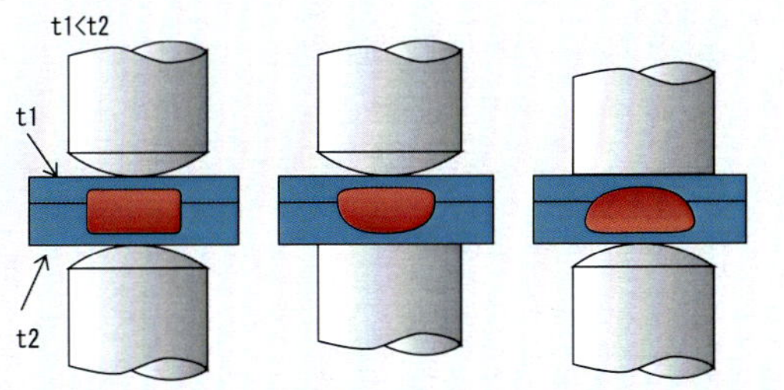

구리의 전극봉 사이에 2개의 금속판을 끼우고 전극을 누르면서 큰 전류를 흐르게 함으로써 접합면에서 발생하는 줄(joule) 열로 금속판의 접합부를 용융시켜 전극의 인가가압(印加加壓)을 사용하여 접합시킨다. 전기가 흐르는 전력은 자동차용 강판의 경우 전류가 7500A, 전압이 15~20V 정도다. 용접면의 최대 용융 깊이가 연속되어 있는 부위를 「너깃(nugget)」이라 부르며, 그 형상은 전극의 형상에 따라서 달라진다. 접합부의 강도는 너깃의 원주 길이로 정해지며, 자동차용 보디의 제조라인에서 용접용 로봇

이 화려한 불꽃을 비산시키는 것은 이 스폿 용접의 공정이다. 한 타점 당 소요되는 시간이 1~2초 정도로 짧고 로봇에 의해서 연속적으로 작업이 가능하기 때문에 생산성의 향상을 높이기 쉬운 용접법이다. 반면에 분류 현상에 의한 용접의 불량을 피하기 위해 용접 타점 간의 거리에 제한이 있으며, 또한 입력이 클 경우는 박리가 생길 가능성도 있다. 이러한 단점을 고려한 용접 가공의 설계가 필요한 것이다.

◉ 압접법(Pressure Welding)/프로젝션 용접, 심 용접

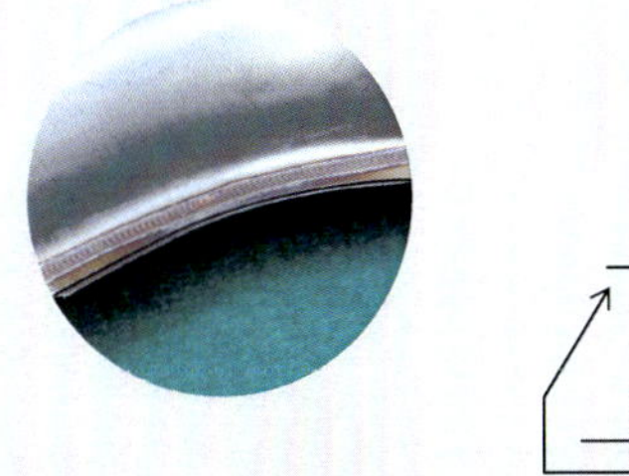

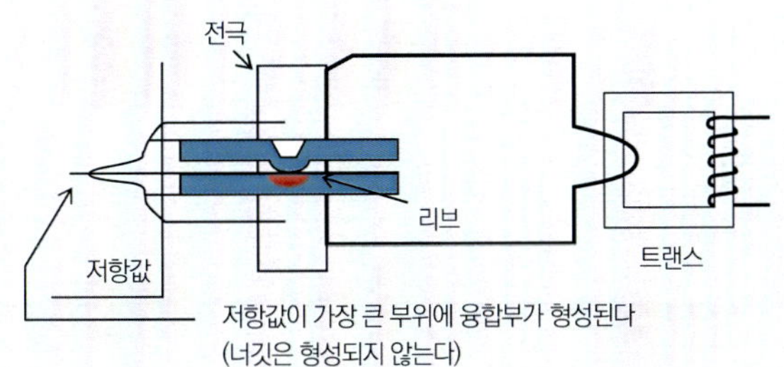

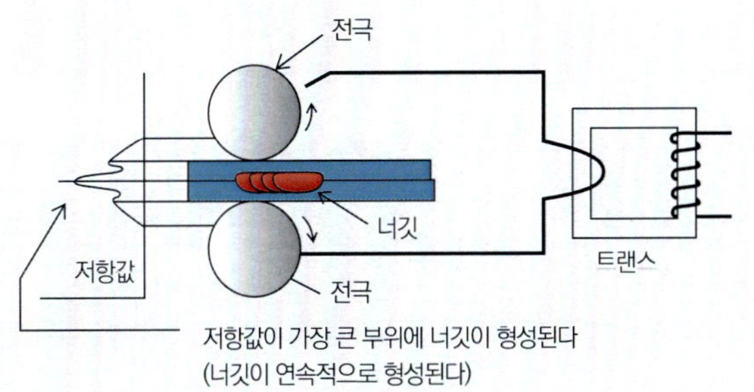

접합부에 미리 통전용의 돌기(rib)를 만들어 두고 돌기에 전류 및 전압을 집중시켜 용융부를 접합시키는 것이 프로젝션 용접이다. 전기가 흐르는 부분 중 저항값이 가장 큰 부분이 용접되며, 자동차 부품용 강판에 이용할 경우 13,000~15,000A라는 큰 전류가 이용된다. 판재에 너트를 용접할 경우나 판재끼리라도 극단적으로 판재의 두께가 다를 경우 또는 대형의 평면 전극을 사용하여 복수의 부위를 한 번에 용접할 경우에 이용된다.

심 용접은 스폿 용접의 선 용접 판이라고 생각하면 이해하기 쉬울 것이다. 회전 전극에 2장의 금속판을 끼우고 압력을 가하면서 큰 전류를 공급하거나 차단을 반복하여 금속판의 접촉부를 용융시켜 이음새를 봉합시키는 방법으로 접합한다. 스폿 용접과 똑같은 너깃이 연속적으로 생성되는 연속 용접이기 때문에 용접의 원주 길이를 세이브하기 좋지만 회전 전극과 이음매가 필요하기 때문에 가공할 수 있는 제품의 형상에는 제한이 있다.

◉ 융접법/아크 용접

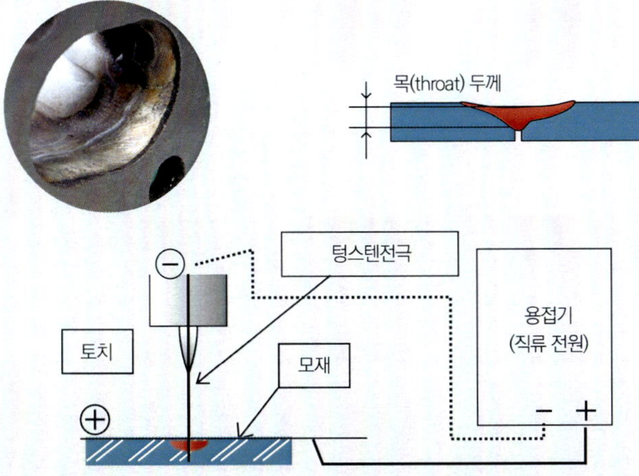

전극 사이의 방전 현상(아크)에 의해 발생되는 열을 이용하여 용접재 또는 용가재와 모재의 접합면을 용융시켜 접합하는 용접 기술이다. 소모 전극식은 용접 토치부에 송급되는 용접재(와이어) 자체가 소모되는 전극으로 모재와의 사이에서 아크(arc)가 발생한다. 일러스트로 표현한 것은 피소모 전극식으로 용융의 소모가 거의 없는 텅스텐 전극으로 아크를 발생시켜 모재 자체를 용융시켜 접합한다. 용접 부위의 산화나 환원을 방지하기 위하여 가스로 피복시키면서 용접이 이루어진다.

◉ 레이저 용접

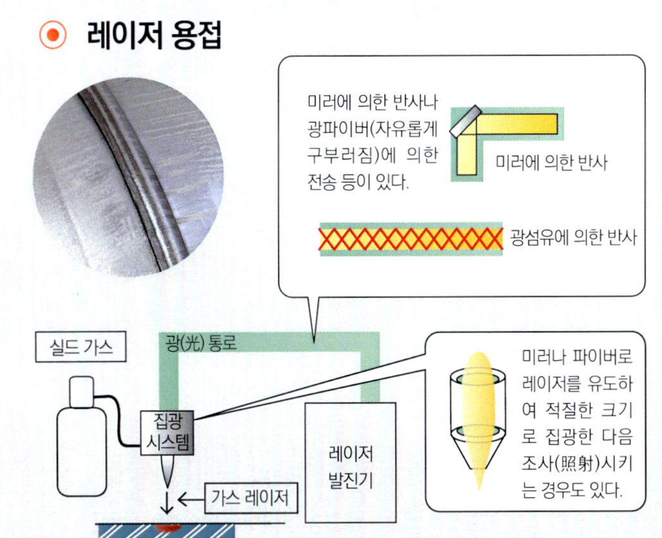

발진기(發振器)에서 생성한 고출력의 레이저 광선을 광파이버나 미러의 「광 통로」를 통하여 집광 시스템에 전송한 다음 집광 렌즈에서 적절한 크기로 조정하여 용접 부위에 조사하면 고열에 의해 용융이 되며, 아크 용접과 마찬가지로 용접 부위에 실드 가스를 분출시키면서 용접한다. 모재를 끼우지 않고 용접할 수 있기 때문에 용접의 자유도가 높은 반면에 피용접물에는 높은 판금의 정밀도가 요구된다. 또한 교환 소모 부품이 비싸고, 저항 용접과 비교하여 초기의 투자가 높다는 점 등이 단점이다.

차체 구조
최신 일본 모델

일본 차량의 보디도 변화를 시작하고 있다. 고장력 강판을 많이 사용하거나 글로벌 생산에
대한 대응 등 보디의 제작에 관한 인식도 변화하기 시작하였다.

범퍼 빔의 단면을 확대한 모습. 오른쪽으로
범퍼가 장착된다. 화면의 왼쪽이 프런트 사이
드 멤버다.

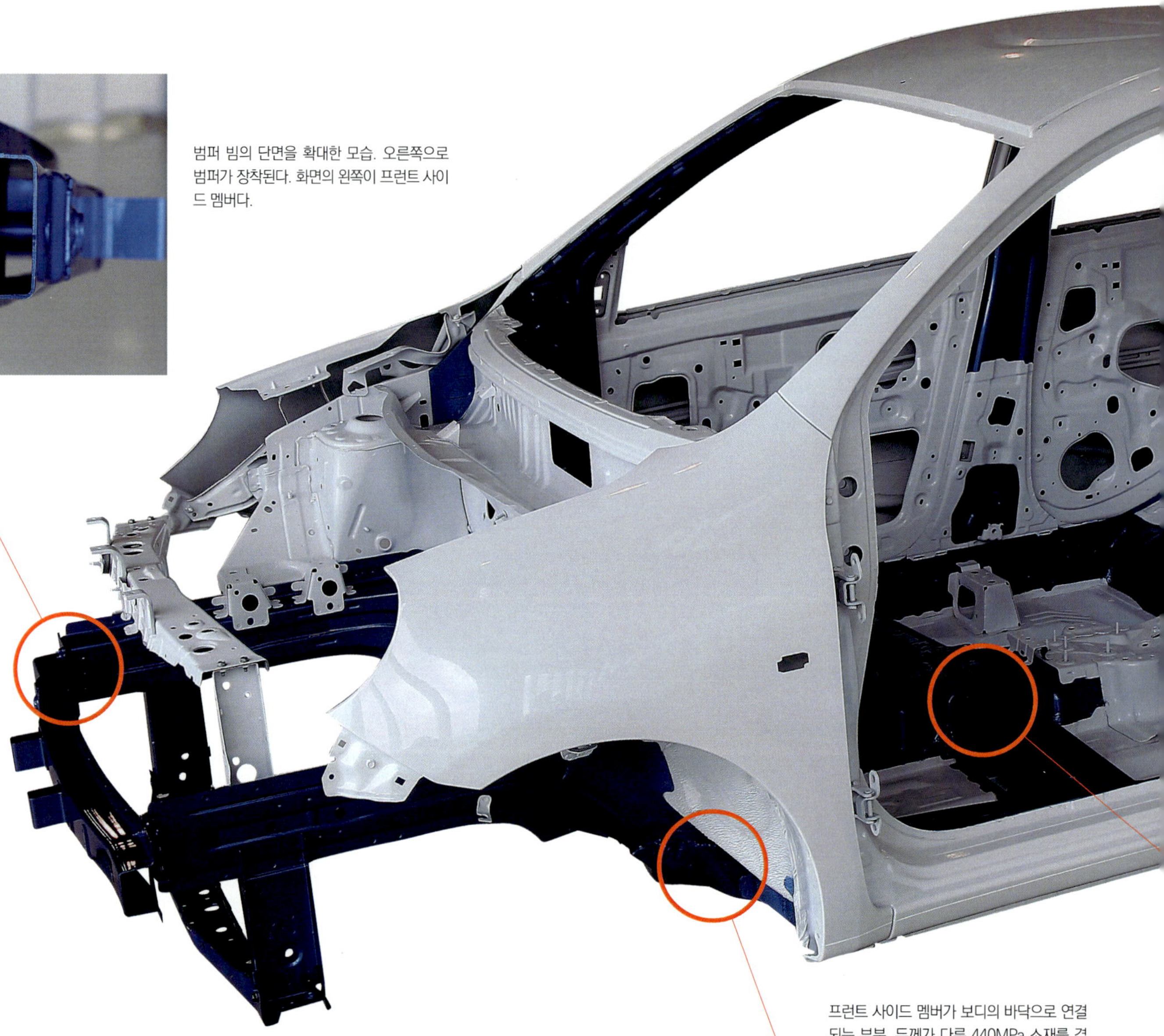

프런트 사이드 멤버가 보디의 바닥으로 연결
되는 부분. 두께가 다른 440MPa 소재를 겹
쳐서 접합한 구조임을 잘 알 수 있다.

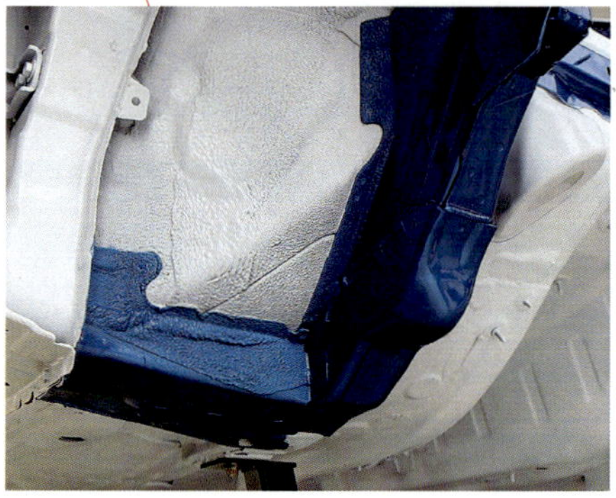

Nissan **MARCH**

초고장력의 강을 1종류만 사용한 「뺄셈」의 보디 설계

새로운 닛산 마치는 글로벌 사양의 생산을 일본과 유럽이 아니라 태국 등의 자동차 신흥국에서 한다.
이미 닛산은 생산 설비의 세계 공통화를 실행하고 있지만 생산재의 조달은 현지에서 한다.
일본은 세계에서 가장 고품질의 저렴한 자동차용 강판을 조달할 수 있는 나라지만 신흥국은 그렇지 않다.
그래서 보디에 사용되는 강판을 간략하게 할 필요성이 생겼다.

글 : 마키노 시게오(Shigeo MAKINO) · 사진 & 일러스트 : 세야 마사히로(Masahiro SEYA)/NISSAN

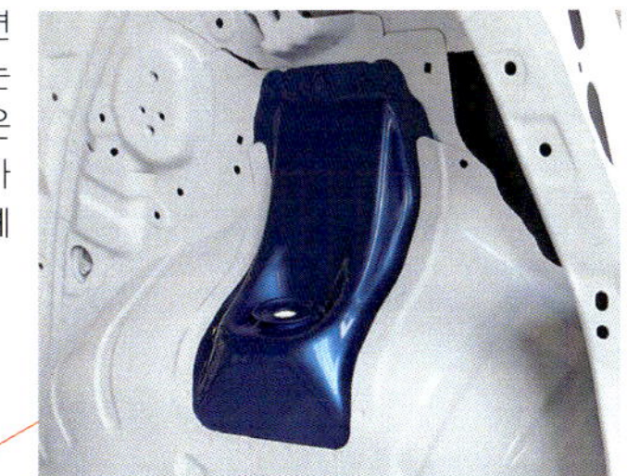

오른쪽 뒷바퀴의 휠 하우스 부분. 노면에 의해서 전달되는 충격을 흡수하는 쇽업소버를 보디에 장착하는 부분은 이렇게 보강이 되어 판의 두께가 증가된다. 보디의 강성은 판의 두께에 비례하여 증가된다.

운전석 전방, 대시 로어 패널과 A필러(파란 부분)가 만나는 부분에 삼각형 모양의 지지대가 있다. 화면 왼쪽의 하얀 패널(대시 로어 패널)에 뚫려있는 둥그런 구멍은 스티어링의 인터미디에이트 샤프트가 관통되는 부분이다. 당연히 왼쪽에 스티어링 핸들이 설치되는 사양에서는 이 패널의 형상이 다르기 때문에 다른 부품이 장착된다. 지지대의 반대쪽인 대시 로어 패널의 엔진룸 쪽(네모로 둘러싸인 부분)에는 상자 모양(폐쇄 단면 형상)의 보강이 이루어져 좌우 프런트 사이드 멤버와 연결되고 있다(019p 참조)

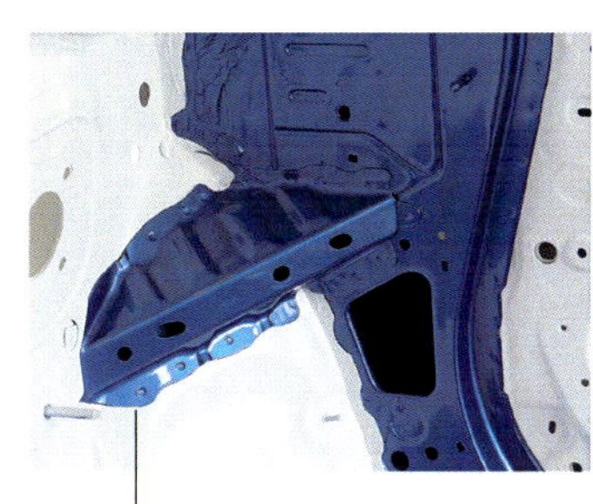

테일 게이트 쪽에서 보디를 바라본 모습이다. 건물의 기둥과 대들보처럼 가로세로의 뼈대가 조합되어 있다는 것을 잘 알 수 있다. 보디를 횡단하는 「교량」과 같은 하얀 부분에 운전석과 동승석의 시트 레일이 고정된다.

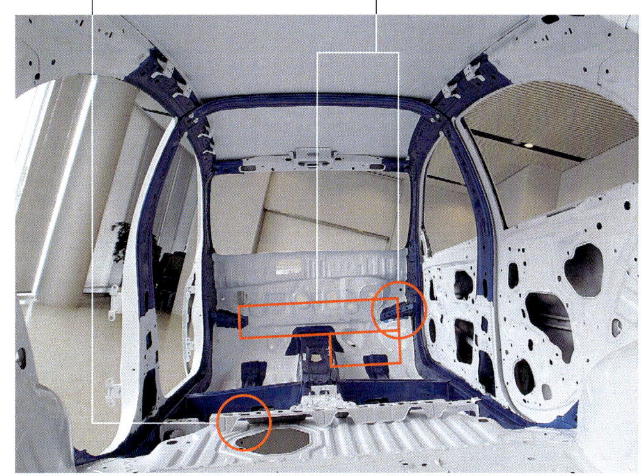

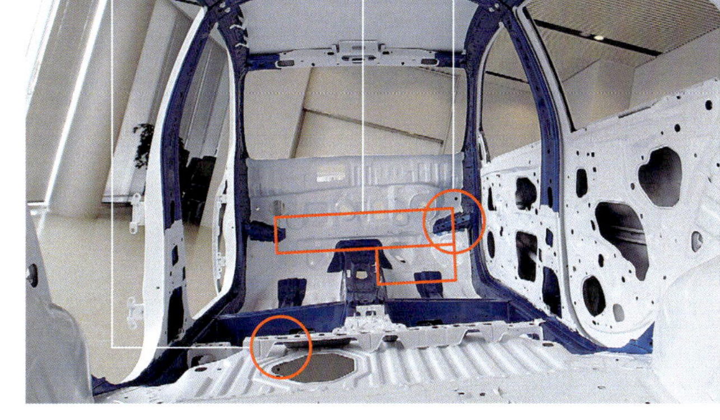

리어 서스펜션의 트레일링 암이 장착되는 부분(왼쪽 뒷바퀴). 사이드 실 바로 밑에 이러한 상자 모양의 구조물 안에 서스펜션의 보디 쪽 피벗이 수용되어 있다.

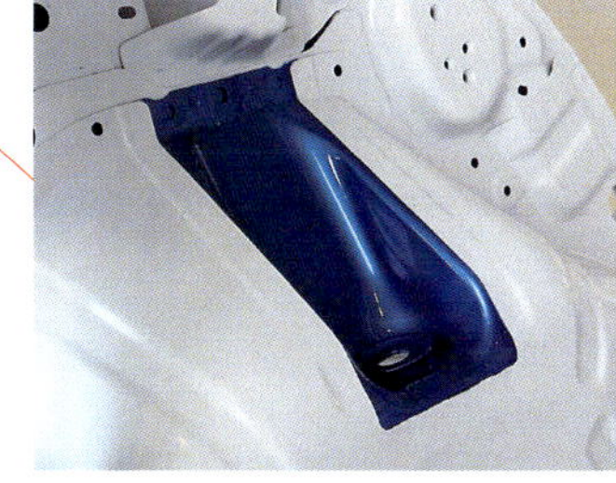

테일 게이트 쪽에서 보면 왼쪽 뒷바퀴의 휠 하우스에도 쇽업소버의 장착 부분에 보강이 이루어져 있는데 연료의 급유 구멍과 간섭을 피하기 위하여 오른쪽 뒷바퀴 부분을 보강하는 방법과는 구조가 다르다.

실내의 바닥에 보디의 중심선 상을 앞뒤 방향으로 플로어 터널과 거기에 직각으로 교차한 크로스 멤버의 연결 부분(화면의 오른쪽을 향하여 배치되어 있는 부재). 크로스 멤버는 다각형의 단면으로 윗면에는 비드(볼록)가 성형되어 있으며, 충돌 에너지는 비드의 리지(ridge)로 전달되기 때문에 리지의 수를 증가시키면 에너지가 분산되는 효과가 커진다.

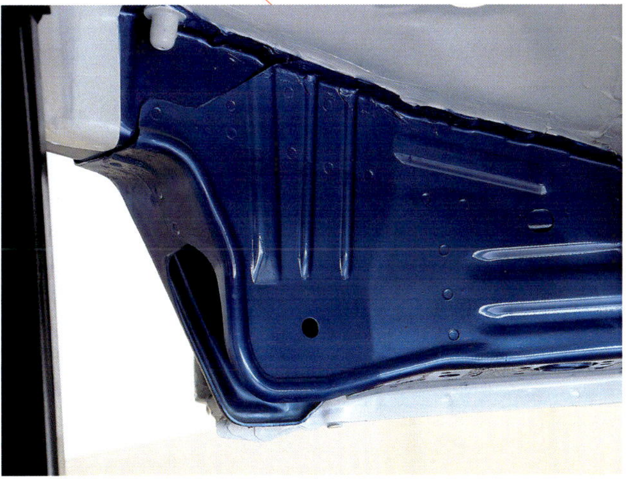

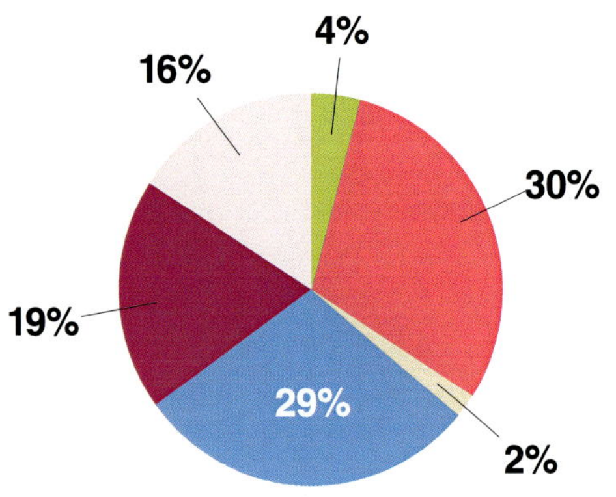

K12(구형 March) Material Grade

이전 모델의 마치(K12형)에서는 인장강도가 340MPa부터 780MPa까지 6개 강도의 고장력강과 초고장력강이 사용되었다. 일본은 철강 메이커가 다양한 종류의 강판을 공급하고 있기 때문에 적재적소의 사용이 가능하지만 신흥국에서는 그렇지 못하다. 많은 지역에서 440MPa 이상의 강재를 구하기가 어렵고 설령 구했다고 하더라도 품질에 커다란 차이가 있는 경우가 많다.

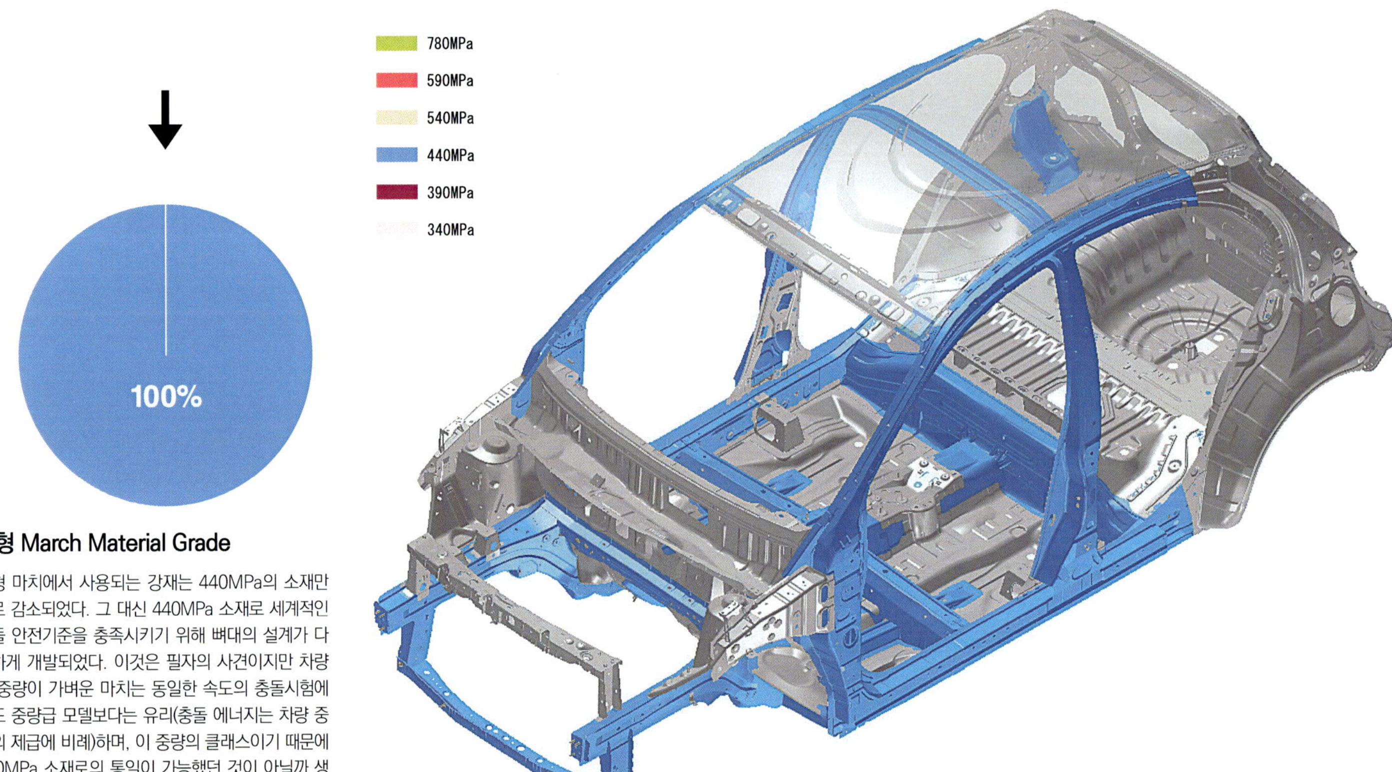

신형 March Material Grade

신형 마치에서 사용되는 강재는 440MPa의 소재만으로 감소되었다. 그 대신 440MPa 소재로 세계적인 충돌 안전기준을 충족시키기 위해 뼈대의 설계가 다양하게 개발되었다. 이것은 필자의 사견이지만 차량의 중량이 가벼운 마치는 동일한 속도의 충돌시험에서도 중량급 모델보다는 유리(충돌 에너지는 차량 중량의 제급에 비례)하며, 이 중량의 클래스이기 때문에 440MPa 소재로의 통일이 가능했던 것이 아닐까 생각된다.

닛산이 마치에 사용하는 HTTS(고장력강)을 440MPa 한 가지로 통일한 것은 신흥국에서 양산하기 위해서다. 유럽이나 미국, 일본에서 생산되는 승용차에서는 강도가 더 높은 HTTS를 사용하는 것이 당연한데도 신형의 마치는 반대로 시행한 것이다.

「신흥국에서 생산한다고 하더라도 유럽과 일본의 충돌 안전기준을 통과하여야 한다. 그러기 위해서는 뼈대를 충돌 안전기준에 적합하도록 배치하면 되는 것이다. 당연한 말이지만 이것을 마치에서는 철저하게 추구하였으며, 직선적인 형상은 성형성(成型性)도 좋다. 드로우(draw) 성형이었던 부분을 폼(from) 성형으로 변화시킬 수 있고 비용면에서도 유리하다」

이 플랫폼(기본 뼈대)은 중량이 무거운 모델에서도 사용된다. 중국에서 데뷔한 서니도 신형 마치와 같은 플랫폼이다.

「물론 차량의 중량에는 아직 여유가 있다. 기존에는 부분적으로 780MPa나 590MPa를 사용하였던 부분을 440MPa 소재로만 사용하여 마치보다 무거운 중량의 모델로 충돌 안전성을 확보할 수 있도록 뼈대를 만들었다. 예를 들면 보디 중앙부분의 바닥(floor)에 가로로 배치하는 크로스 멤버에 비드(bead ; 볼록)를 성형한 것은 충돌 에너지가 순간적으로 비드의 리지로 전달되기 때문이다. 동시에 굴곡 모멘트를 확대하기 위해 크로스 멤버의 바닥에서부터 단면의 높이를 증가하였다」

관찰해 보니 정말로 직선부분이 많다. 크로스 멤버에 비드를 배치하면 확실히 항복점(yield point ; 그 이상의 힘을 가하면 강판 자체가 변형되는 한계점)이 상승한다.

「그렇다. 어느 하중에 대해서 유지할 수 있는 시간이 길어지는 것은 강판 소재의 강도를 높이는 것과 같은 효과이다. 신형의 마치에서는 뼈대의 직선화와 최적인 비드 형상을 부여함으로써 게이지(강판 두께)의 효과를 향상시키는 440MPa 소재로 바꾸었다. 다만 사이드 멤버에 비드를 배치하면 보디에 다른 첨가물을 장착하지 못할 수도 있기 때문에 새롭게 플랫폼으로 할 때인 설계의 초기단계가 아니면 실현이 불가능하다. 이번에는 그러한 기회였던 것이다」

부품 하나하나의 형상은 매우 단순하며, 또한 부품수가 상당히 적은 것처럼 보인다. 「프레스 성형성과 소재의 제품 생산율(yield rate)에 신경을 많이 썼다. 이 부분에서 이전 모델보다 30%의 비용 절감을 이루었다. 좌우 세트로 블랭킹(blanking)할 수 있도록 하거나 패널 표면의 구멍도 블랭킹 단계에서 뚫어 프레스 성형할 때 슬라이드 형태의 사용을 최대한 억제하도록 연구하고 있다. 반대로 구조적인 합리성을 찾아내려고 일부러 슬라이드 형태를 사용해서라도 부품수를 줄인 부분도 있다.

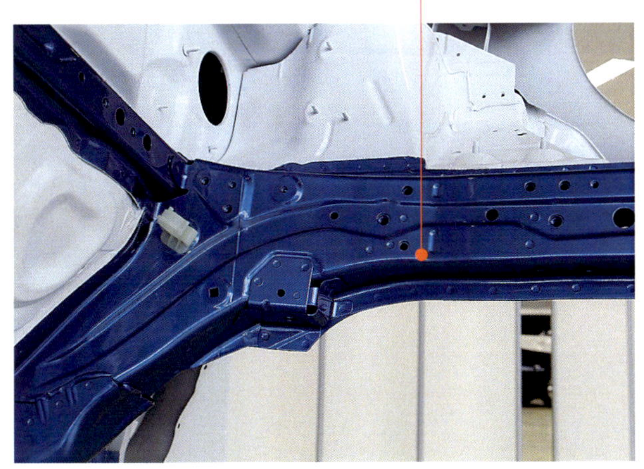

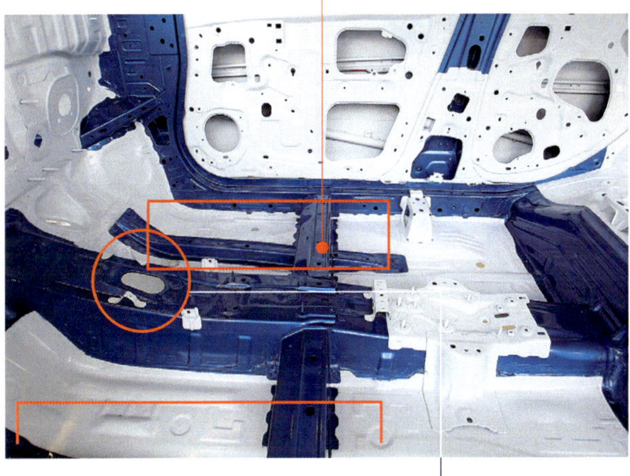

프런트 사이드 멤버를 보디 아래에서 올려다 본 화면이다. 화면의 오른쪽이 차량의 앞이고 왼쪽은 대시 패널이다. 차량의 중심선에 평행하게 세로 방향으로 배치된 프런트 사이드 멤버와 가로 방향으로 배치된 크로스 멤버를 직각으로 교차시켜 충돌 에너지를 효과적으로 분산시키는 설계이다. 이 위치에 대한 크로스 멤버의 배치는 최근 닛산 차량에 탑재되는 공통된 방법이다.

플로어(바닥) 부분의 구조. 센터 터널 위에 둥글게 둘러싼 부분은 수동변속기의 출구이며, 터널은 그대로 뒤쪽으로 연장되어 뒷좌석 아래의 튼튼한 크로스 멤버로 이어진다. 운전석과 동승석 아래에 짧은 뼈대가 보이는데 이것은 프런트 사이드 멤버의 연장이다. 이렇게 전방과 측면에서 충돌 에너지의 입력을 플로어 부분으로 전달하는 구조가 최근에 주류를 이루고 있다.

대시 어퍼 패널(좌우 프런트 스트럿 타워를 연결하는 부품)은 기존의 8개 부품으로 접합했던 것을 하나로 만들었다」

바닥 면에 만들어진 모양이 눈에 들어왔다. 원을 중심으로 조그만 돌기가 있거나 작은 구멍이 뚫려있기도 하고 알파벳 「E」와 같은 형상이거나 직사각형의 요철(凹凸)과도 같은 형상 등이 규칙적으로 배치되어 있었다.

「이것은 모두 패널의 진동을 억제시키기 위해서 배치한 것이다. 인간의 귀와 몸이 느끼는 감도가 좋은 주파수의 진동을 발생하는 부위를 순서대로 낮춰 가면서 최종적으로는 진동 억제의 소재를 제로로 하려는 것이다. 어떤 진동의 패턴에 대해 어떠한 비드의 형상이 유리한가라는 부분은 시뮬레이션을 통하여 상당히 정확하게 파악하고 있다. 『여기에 조금 더 비드를 배치하면 진동을 없앨 수 있을 것이다』라고 쉽게 예상할 수 있게 된 것이다」

마지막으로 보디의 강성에 대해서 질문해 보았다.

「강성은 어려운 과제이다. 예를 들어 비틀림 강성은 보디의 한쪽을 잡고 그 반대쪽에 힘을 가하였을 때 『1°』의 비틀림에 대하여 어느 정도의 힘이 필요한가』를 나타낸 것이다. 즉 ㎚/라디안(radian)으로 표시하는 입력 토크와 변위각의 관계를 말하는 것이다. 시험에서 이 수치를 양호하게 하는 것은 가능하지만 실제로 주행했을 때의 동강성(Dynamic stiffness)이나 강성의 느낌과는 별개이다. 주행 상태에서는 이곳저곳에서 진동이 전달되기 때문에 정지 상태와는 변위(displacement) 방법이 달라진다. 충돌 대책은 보디의 강도를 말하지만 『주행』은 강성이다. 어느 정도의 강성으로 하면 좋은지에 대해서는 여러 가지 학설이 있지만 전체와 부분의 밸런스가 중요하다고 생각한다」

이 건에 대해서는 다시 이야기를 들어 볼 계획이다.

닛산자동차 PV 제1제품 개발본부
PV 제1제품개발부 차체계획 · 설계 그룹
온다 유지(좌), 안도 도모타카(우)

VITZ

크기는 커졌지만 중량의 증가는 억제

유럽 시장으로 보내는 만큼 스타일이 중요하다.
고장력화와 상반되는 성형성의 문제를 해결하면서 각종 요건을 충족시킨 토요타 비츠.

글 : 세라 코타(Kota SERA) · 사진 : TOYOTA/MFi

크기는 커졌어도 중량은 무거워지지 않았다

충돌안전 요건을 만족시키기 위해서나 경쟁 모델과의 균형 등을 보면서 트렌드를 예측한 다음 차체의 사이즈를 결정한다. 3세대 비츠의 경우 전체 길이는 종전에 비하여 100mm 길어졌다. 하지만 연비에 직접적으로 영향을 미치기 때문에 중량은 증가시키지 않았다. 물론 가격도 올라가서는 안 되며, 게다가 스타일도 중시해야 한다. 비츠는 유럽에서 수많은 경쟁 자동차(VW 폴로나 포드 피에스타, 푸조 207, 시트로엥 C3, 르노 클리오, 피아트 푼토 등)와 만나야하기 때문에 스타일도 중요하다. 종전의 비츠에 사용되었던 고장력 강판은 590MPa까지였지만 신형은 980MPa급을 사용한다. 경량화에 효과가 있는 것은 환영할 만하지만 유럽에서 선호하는 스타일이 정상적으로 이루어질지 문제가 된다. 그 점은 디자이너와 같이 해결하여야 할 작업이다. 주로 충돌의 충격을 받는 부위에 효과적으로 고장력 강판을 사용하고 경량화를 도모하는 방법을 취하고 있다.

아우터 패널의 두께를 얇게 하였다. 경량화를 위해서지만 판의 두께가 얇아진 만큼 곡면에서 면의 인장 강성을 확보하거나 반대쪽 리브의 위치를 개선하여 강성을 확보하는 방식의 개량이 반영되어 있다. 당연히 스타일과도 관련이 되기 때문에 디자이너와 공동으로 작업한다. 알루미늄은 비용적인 면에서 벽이 높고 수지의 재질은 아직 문제가 많다.

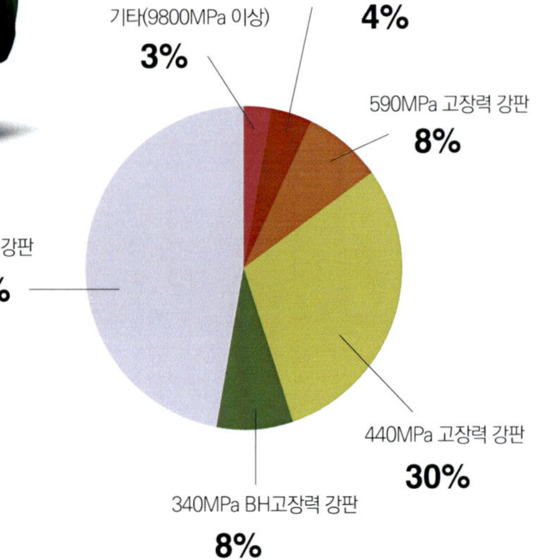

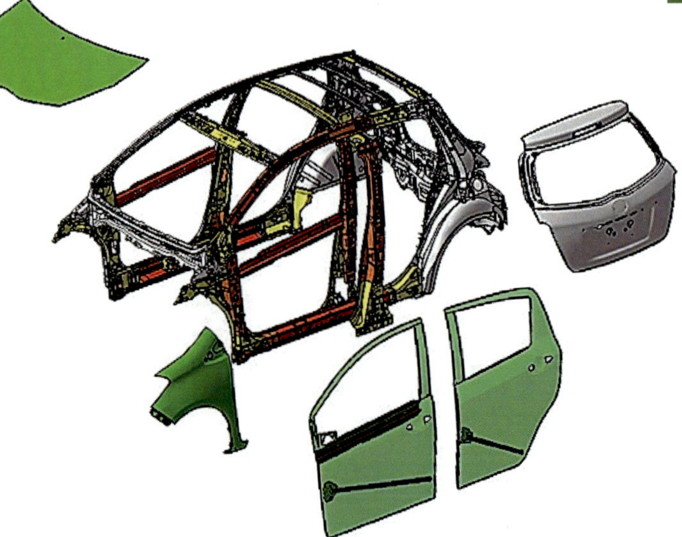

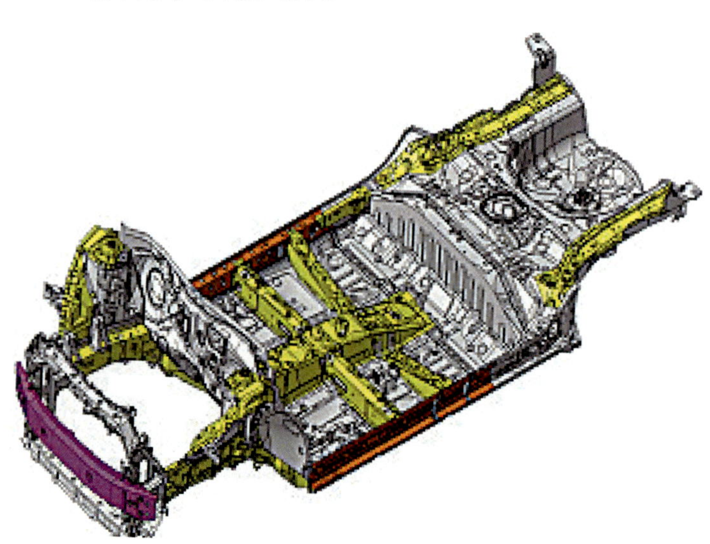

빨강색으로 보이는 것이 980MPa 소재를 사용한 부위. 사이드 실이나 도어의 벨트라인, A필러, B필러와 같이 프런트 또는 사이드의 충돌에 있어서 중요한 부위에 사용한다. 충돌 안전상의 성능 확보와 함께 형상이 정상적으로 이루어질지를 감안하여야 한다. 성형성의 향상에 함께 고장력 강판의 사용 부위는 넓어지는 추세다.

연비를 향상시키기 위해 앞으로 더욱 고장력 강판의 소재를 사용하여 경량화를 진행시킬 예정이다. 그러나 기존의 재료를 단순히 바꾸는 것으로는 성립되지 않는다. 여러 가지의 성능(충돌 안전성, 강도, 강성, 스타일 등)을 만족시키는 형상이 이루어질 수 있어야 비로소 고장력 재료를 사용할 수 있다.

보디 설계자의 노력이 반영된 흔적을
신형 비츠에서 살펴본다.

자체의 무게를 이용하여 도어가 쉽게 닫히도록 연구하는 것이 보디 설계자라면 디자이너의 뜻을 헤아려 스타일(style)을 만들어내는 것도 보디 설계자의 몫이다.
보디 설계는 생산기술의 대변자이기도 하다.

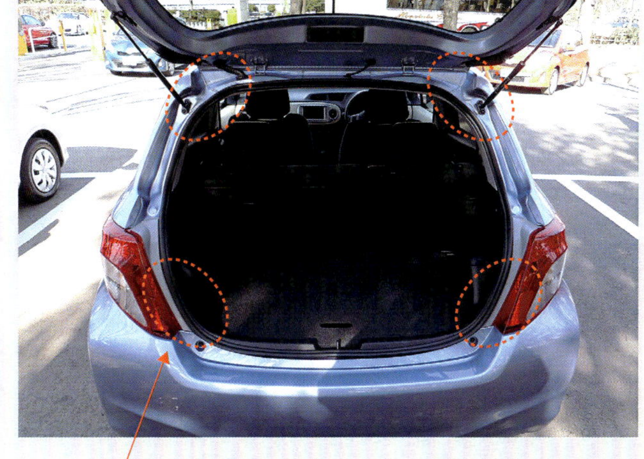

수치로서는 나타나지 않지만 감응 평가에서 확실히 나타난 것이 백 도어 개구부 쪽의 스폿 용접이다. 실제 주행을 통해서 반복적으로 확인해 가면서 유효한 포인트를 찾아냈다.

「자동차 가운데 가장 큰 중점을 차지하는 것이 보디이며, 개발 초기의 단계에서 목표를 설정해 심혈을 기울여야 하는 부품」이라고 말하는 오카모토. 보디의 성립은 B필러의 리지(ridge)를 보면 알 수 있다. 심혈을 기울여 말끔한 리지를 이루고 있어야 비로소 도어를 열었을 때 보이는 면이 평평하고 반듯하게 완성되며, 도장(painting) 면이 거울처럼 빛이 난다.

비츠의 경우 스폿 용접으로 구조가 성립된다는 것이 기본이다. 로봇 1대로 스폿 용접의 타점 수에 제약이 있기 때문에 타점 수를 증가시키려면 로봇에 투자를 해야 하는데 그에 따른 비용의 관리도 필수적이다.

오카모토 토루

토요타 자동차주식회사
제1 어퍼 보디 설계부
제11 보디 설계실 제4 그룹장

「보디 전문가로서 첫 번째로 B필러가 신경이 쓰인다.」

실제 보디 구조의 설계를 신형으로 바뀌고 얼마 안 된 비츠를 대상으로 검증해 보도록 하자. 먼저 자동차의 아우트라인(outline)부터 살펴보면 신형의 비츠는 3세대가 되는데 언더 보디는 이전부터 사용한 것을 그대로 사용하였다. 전체 길이는 100mm가 증가되었는데 그 중에서 50mm는 휠 베이스가 연장된 것으로 센터 플로어~리어 플로어 사이를 50mm 연장시켜서 대응하였으며, 이 50mm는 트렁크 공간을 확대하기 위한 것으로 활용되었다. 나머지 50mm의 대부분은 스타일을 위해 할당되었는데 앞부분을 다이내믹한 디자인으로 하는데 이용된 것이다. 화이트 보디의 중량은 314kg으로 경량의 설계로 인해 사이즈 업이나 성능 향상의 부분을 흡수하였기 때문에 이전 모델과 비교하여 1kg 밖에 증가되지 않았다. 그건 그렇고, 과연 비츠는 어떻게 설계 하였을까? 오카모토 토루는 「보디의 강성과 감응은 별도」라고 설명한다. 「보디의 강성을 수치로 나타나지 않는 부분에서도 인간은 차이를 느끼게 된다. 예를 들면 질량을 증가시키지 않고 스폿 용접의 타점 수를 추가하는 것만으로도 조종 안정성이나 승차감에 효과를 주는 경우가 있다」

비츠를 개발할 때 이런 일이 있었다고 한다. 개발의 말기에 조종 안정성이나 승차감을 더 좋게 하자는 의견이 제시되었으며, 시행착오를 하는 가운데 백 도어의 입구 쪽에 스폿 용접의 타점을 1개 추가하면 감응 평가가 좋아진다는 것을 알았다. 어느 부분이 효과적인가 실제 주행을 통해서 반복적으로 확인해 가면서 유효한 포인트를 찾기 위한 작업을 계속하였는데 결과적으로 리어 도어의 주변과 백 도어의 개구부 쪽에서 한

쪽 당 7군데, 총 14지점에 스폿 용접의 타점 수를 추가했다고 한다.
「스폿 용접의 타점 수를 추가한 결과 소위 말하는 성냥갑 변형(속을 비운 성냥갑처럼 다이아몬드 형상으로 변형된다)이 억제되었다고 상상을 하지만 비틀림 강성의 수치에는 변화가 없었다. 하지만 승차감이나 스티어링의 응답성은 확실하게 향상되었다」
비틀림 강성의 수치에 변화가 없으면 관련부서는 협조하지 않는다. 설계 팀은 생산 기술이나 공장의 담당자에게 스폿 용접의 타점 수를 증가함에 따른 효과를 설명하고 마지막에는 실제로 승차시키기까지 하면서 스폿 용접의 타점 수를 증가하는데 협력해 주었다.
「이번에 조종 안정성을 위해 보디의 강성을 구형의 모델과 비교하여 같은 수준 이상을 확보한다는 목표도 있었다. 강성과 대치되는 경우가 많은 경량화는 연비의 향상과 직결되기 때문에 필수적이지만 경량화 자체가 조종 안정성에 유리하게 작용하는 요소 가운데 하나라는 점과 반대로 다른 부분에서 경량화한 만큼을 강성의 향상에 적용하여 최적화한 경우도 있다. 프런트와 리어에서 하중을 많이 받는 서스펜션의 장착 부위는 그 일례로 좌우 강성을 향상시킬 목적으로 강화하게 된 것이다.
경량화와 강도 그리고 강성은 보디 구조로만 결정되는 것이 아니라 디자인과 불가분의 관계에 있기 때문에 목적에 따른 완성을 위해서는 「디자이너와의 의사소통도 중요하다」고 오카모토는 설명한다. 디자이너와의 의사소통을 통해 경량화나

성능, 생산 기술을 배려하면서 생각한 것은 둥근 선이나 단면의 내력이었다고 한다.
「예를 들어 사이드 아우터 면을 1개 벗겨낸 상태에서 B필러를 보겠다. 가능하면 B필러의 단면이 급변하지 않도록 부드러운 리지로 하기 위해서이다. 도어의 스트라이커를 유용하거나 스타일적인 면 또는 패키지 측면의 제약도 있어서 매끄럽지 못한 상황도 발생된다. 가령 리지의 일부가 매끄럽지 못한 경우 큰 힘이 가해졌을 때 그곳이 계기가 되어 접히게 될 뿐더러 심지어 보강이 필요하여 무거워질 수도 있다. 따라서 리지를 보면서 내력을 잘 파악하여 경량화에 심혈을 기울이는 메이커인지 아닌지를 한 눈에 알 수 있다.」
내력은 눈으로 확인하는 것은 불가능하지만 프런트 사이드 멤버에도 동일하게 적용된다. 앞면으로 충돌하였을 때의 힘을 어떻게 효율적으로 분산시킬 것인가. 캐빈의 공간을 유지하면서 캐빈 아래의 멤버와 상하 오프셋 양을 가능한 작게 하면서 사이드 멤버로 연결하는 것이 중요하다.
「경우에 따라서는 다른 부서와 조정하여 멤버의 리지를 부드럽게 만드는 작업도 진행한다」
보디 설계의 미학이라고 할까.
「보디의 설계는 최적의 해답을 찾기 어려운 영역이다. 계산하려 해도 조건식이 너무 적어 해답이 하나가 아니다. 오히려 경험에 의존하고 관계자의 의견을 반영하거나 고객에게 절대로 좋은 것이라는 신념을 갖도록 하는 것이 중요하다. 여러 부서의 사람들을 설득하면서 진행해야 하는 것이 개발의 핵심이라고 생각한다.」

LEXUS

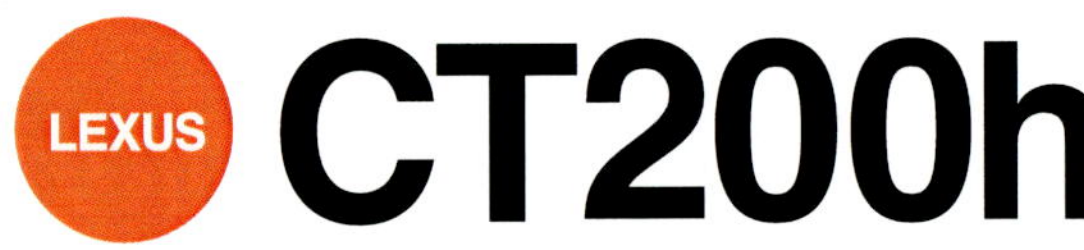

CT200h

세밀한 부분의 강성에 주목하고 HS250h의 플랫폼을 개량

글 : 세라 코타(Kota SERA) · 사진 : TOYOTA

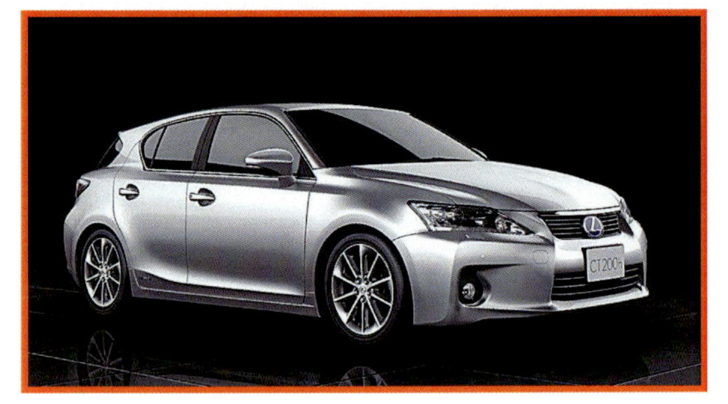

FRONT

바닥에 3개의 크로스 멤버를 설치하여 측면에서 충돌할 때 에너지를 흡수하는 구조는 프리우스와 동일하다. B필러 위쪽을 연결하는 루프 레인포스(reinforce)에는 열간 프레스 공법을 사용하여 두께를 얇게 하고 다른 부품과 일체로 성형함으로써 경량화를 도모하고 있다.

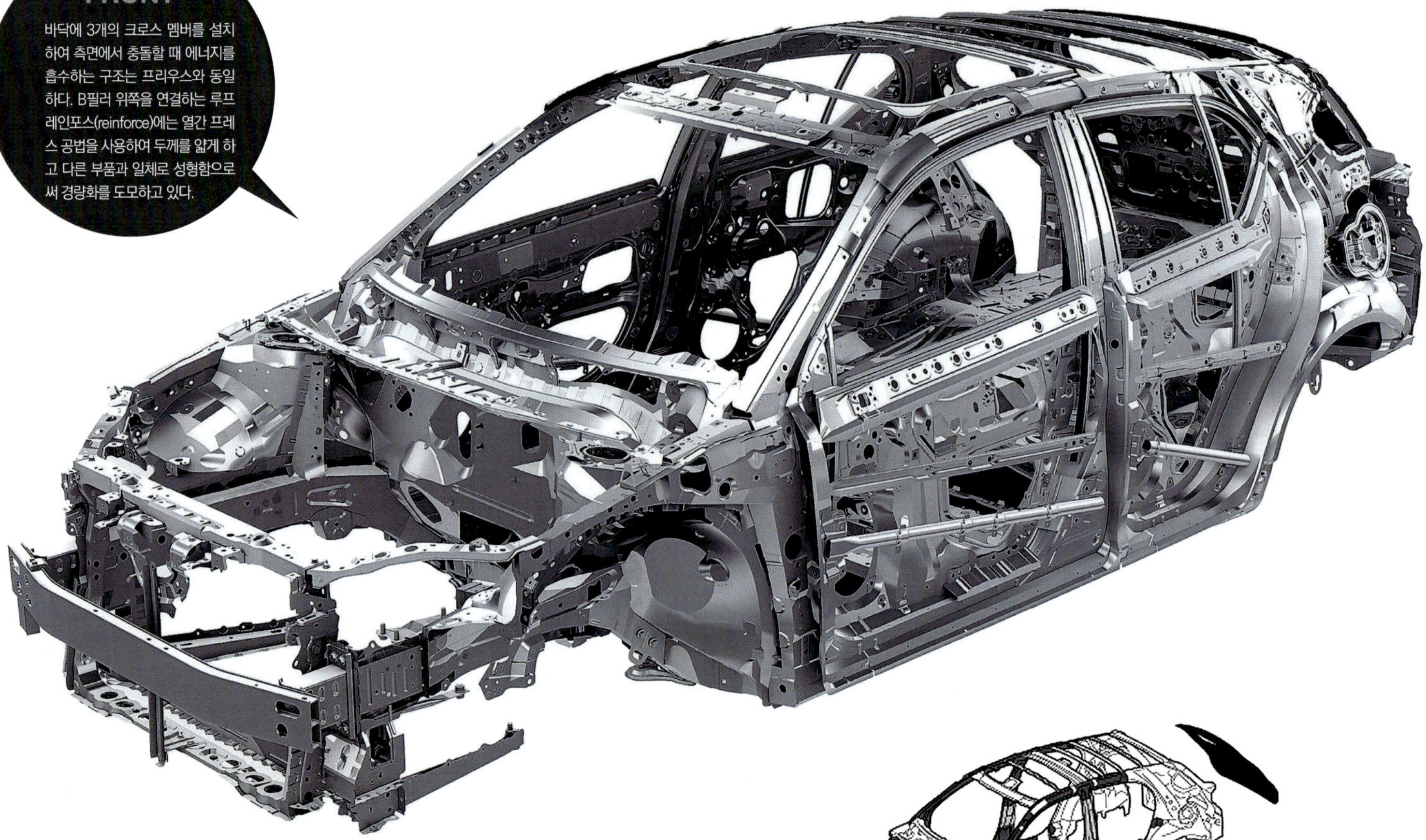

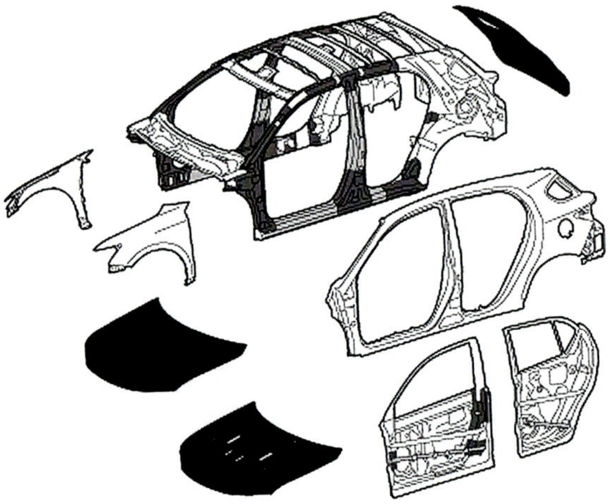

계측 값으로 나타나지 않는 영역에 주목

해치백이라는 보디 형식과 1.8ℓ 엔진을 기반으로 한 하이브리드 시스템을 탑재하는 것부터 프리우스의 렉서스 판이라고 생각하기 쉽지만 플랫폼은 HS250h(토요타 SAI)를 기반으로 하고 있다. 그렇지만 충돌 시의 충격 흡수 구조에 관한 구상은 프리우스와 동일하고 앞 페이지의 비츠와도 동일하다. 즉, 범퍼 빔이 받은 충격은 상하 2단 구조로 되어 있는 프런트 멤버에서 분산하여 플로어, 도어, 루프로 전달되어 충격 에너지를 분산시킨다. 수치로 나타나지 않을 정도의 세밀한 차이를 중시하여 설계한 것도 이 차의 특징이지만 앞 페이지의 비츠와 공통적이기도 하다. 쇽업소버를 장착하는 플레이트에 컬러(collar)를 추가하면 조종 안정성이 좋아진다거나 인상 볼트로 장착하면 좋아지는 등 경험으로는 알고 있어도 이론적으로 설명할 수 없는 영역이 있다. 그 영역을 중시하여 실제 차량에서 계측을 반복하면서 완성한 것이다.

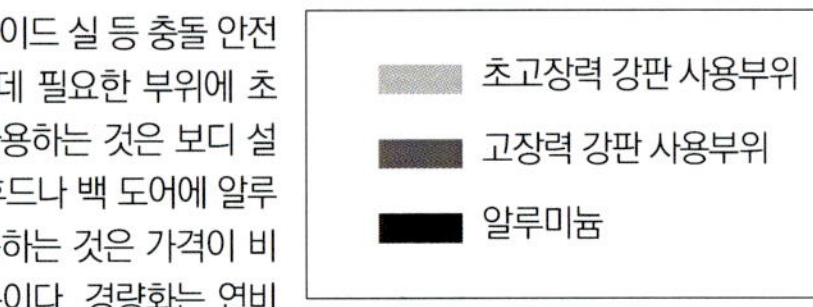

A필러, B필러, 사이드 실 등 충돌 안전 강도를 확보하는데 필요한 부위에 초고장력 강판을 사용하는 것은 보디 설계의 정석이다. 후드나 백 도어에 알루미늄 합금을 사용하는 것은 가격이 비싼 모델이기 때문이다. 경량화는 연비의 향상을 위해서만이 아니라 운동 성능에도 효과적이다.

▬	초고장력 강판 사용부위
▬	고장력 강판 사용부위
▬	알루미늄

REAR

A / B / C 각 필러와 플로어가 접촉되는 점, 그리고 리어 휠 안쪽에 녹색으로 표시한 부분 등은 수치로 나타내기 어려운 미세한 영역의 차이에 주목하여 스폿 용접의 타점을 추가한 곳으로 조종 안정성의 향상을 높이기 위해서다. 자주색으로 표시한 부분은 서스펜션 멤버 부근의 강성을 높이기 위해 스폿 용접의 타점이 추가된 좌우 연결 버팀대(brace) 등이다. 사이드 멤버 후방 끝이 연결되는 부분도 조종 안정성 향상의 요소를 이루는 부분이다.

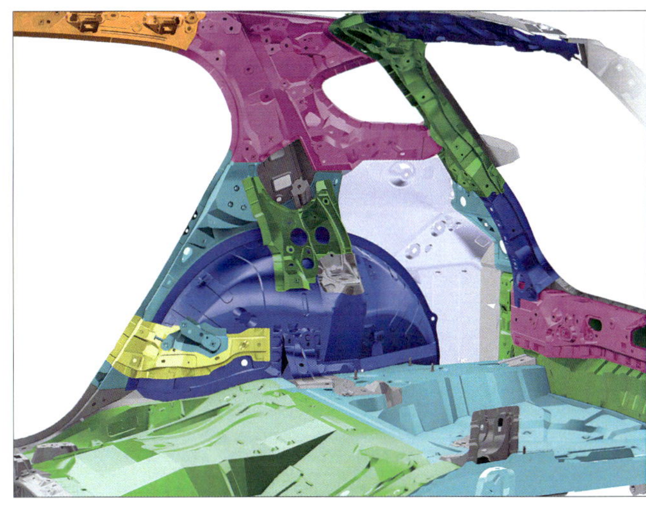

보디의 프런트 부분을 고정한 상태에서 사이드 멤버의 뒷부분 끝을 비틀어 강성을 계측한다. 이 상태에서 강성을 높이기만 하면 효과가 없다는 것을 경험적으로 알고 있기 때문에 시험 차량을 반복적으로 계측하면서 효과가 높은 보강 부위를 찾아낸다. 리어 서스펜션의 주위와 백 도어 개구부 쪽을 중심으로 보강을 추가하였다. 덧붙여 말하면 알루미늄 백 도어에도 웅웅 거리는 소음(booming noise)이 새어 들어오지 않도록 다이내믹 범퍼가 장착되어 있다.

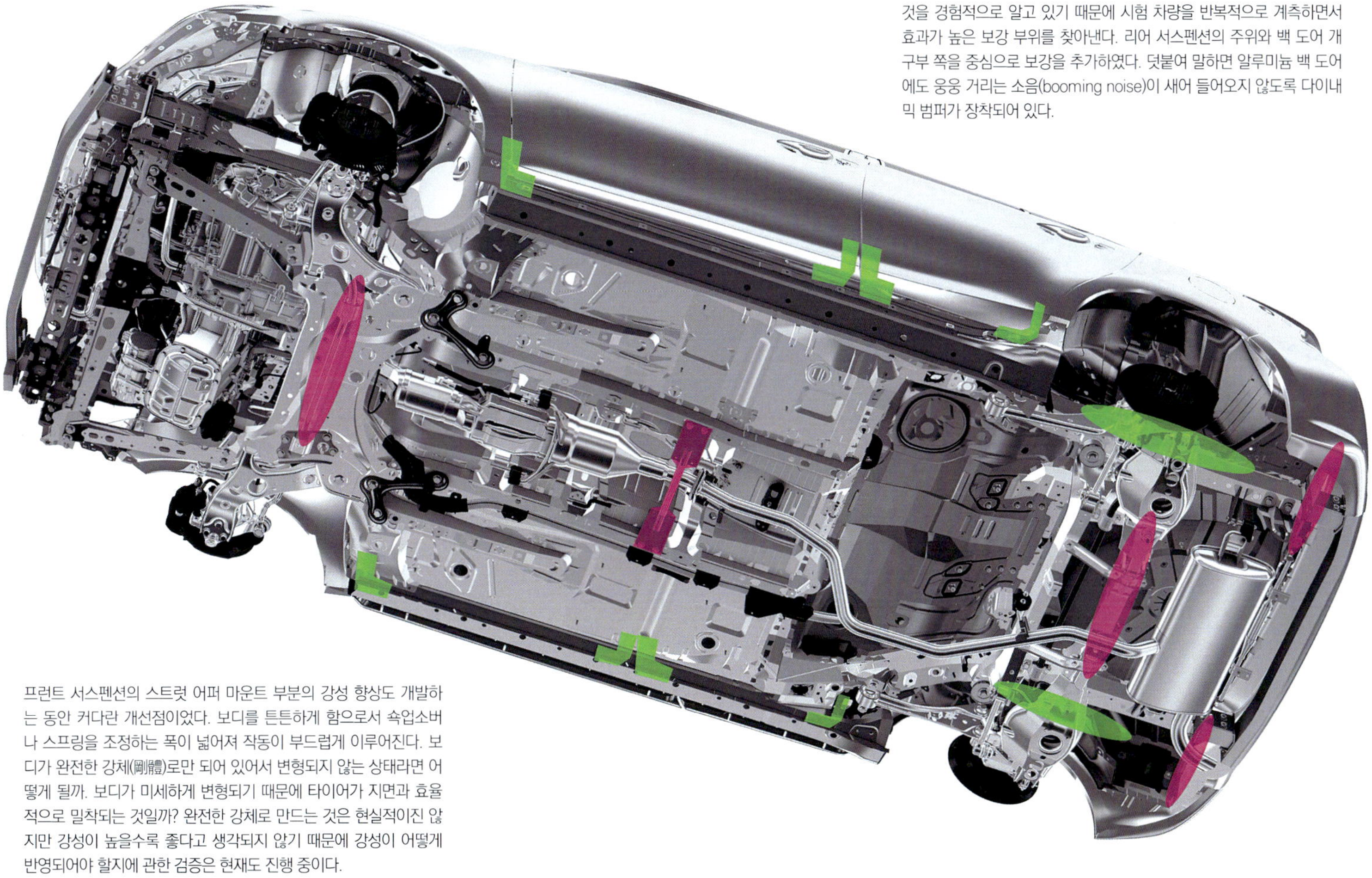

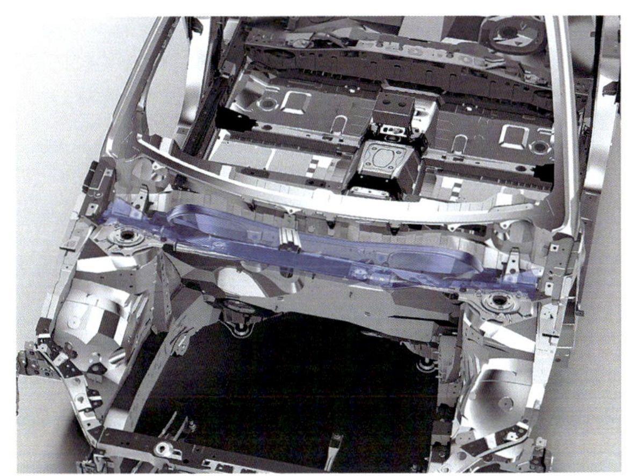

프런트 서스펜션의 스트럿 어퍼 마운트 부분의 강성 향상도 개발하는 동안 커다란 개선점이었다. 보디를 튼튼하게 함으로서 쇽업소버나 스프링을 조정하는 폭이 넓어져 작동이 부드럽게 이루어진다. 보디가 완전한 강체(剛體)로만 되어 있어서 변형되지 않는 상태라면 어떻게 될까. 보디가 미세하게 변형되기 때문에 타이어가 지면과 효율적으로 밀착되는 것일까? 완전한 강체로 만드는 것은 현실적이진 않지만 강성이 높을수록 좋다고 생각되지 않기 때문에 강성이 어떻게 반영되어야 할지에 관한 검증은 현재도 진행 중이다.

렉서스 차량으로서는 처음으로 앞뒤 서스펜션의 체결 부분에 퍼포먼스 댐퍼를 장착(일부 차종)하였다. 강성을 높이기만 하는 것이 목적인 스트럿 타워 바에 비하여 퍼포먼스 댐퍼는 보디의 비틀림이나 휨이 없도록 하는 것이 목적이다. 프런트 서스펜션 멤버는 보디에 강하게 연결되며, 리어는 진동에 강한 마운트를 통하여 장착된다.

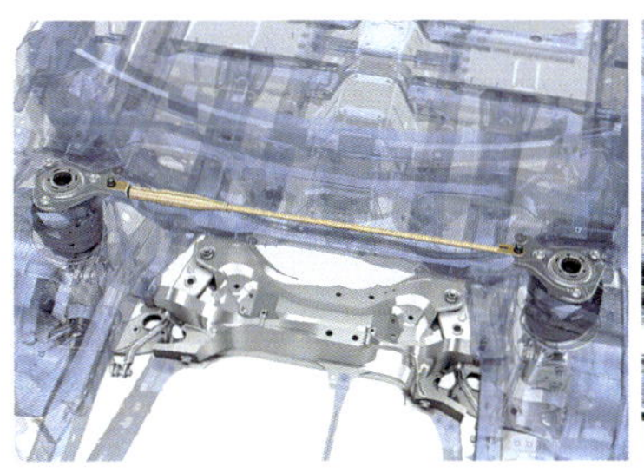

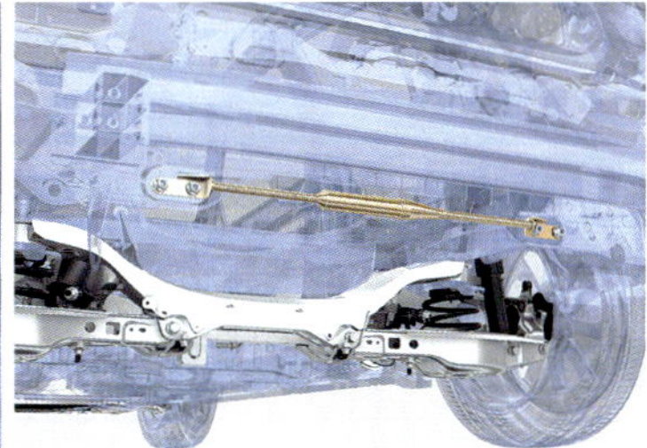

SKYACTIV BODY

모든 것을 재설정한 새로운 보디. 차세대 아텐자에 집중시킨 마쯔다의 기술

2010년 가을에 개요가 발표된 마쯔다의 스카이액티브(SKY-ACTIV) 보디는 전면 투영 면적당 차체 중량에서 현재 가장 가벼운 모델보다 약 8%의 경량화를 이루었으며,
동시에 보디의 비틀림 강성에서도 동급 클래스의 라이벌을 상회하는 것이 개발의 목표였다.
아직 실제 차량이 등장하기까지는 시간이 남아있지만 거기에 투입된 기술을 필자 나름의 시선에서 분석하였다.

글 : 마키노 시게오(Shigeo MAKINO) · 사진 & 일러스트 : 카와바타 유미(Yumi KAWABATA)/마키노 시게오(Shigeo MAKINO)/MAZDA

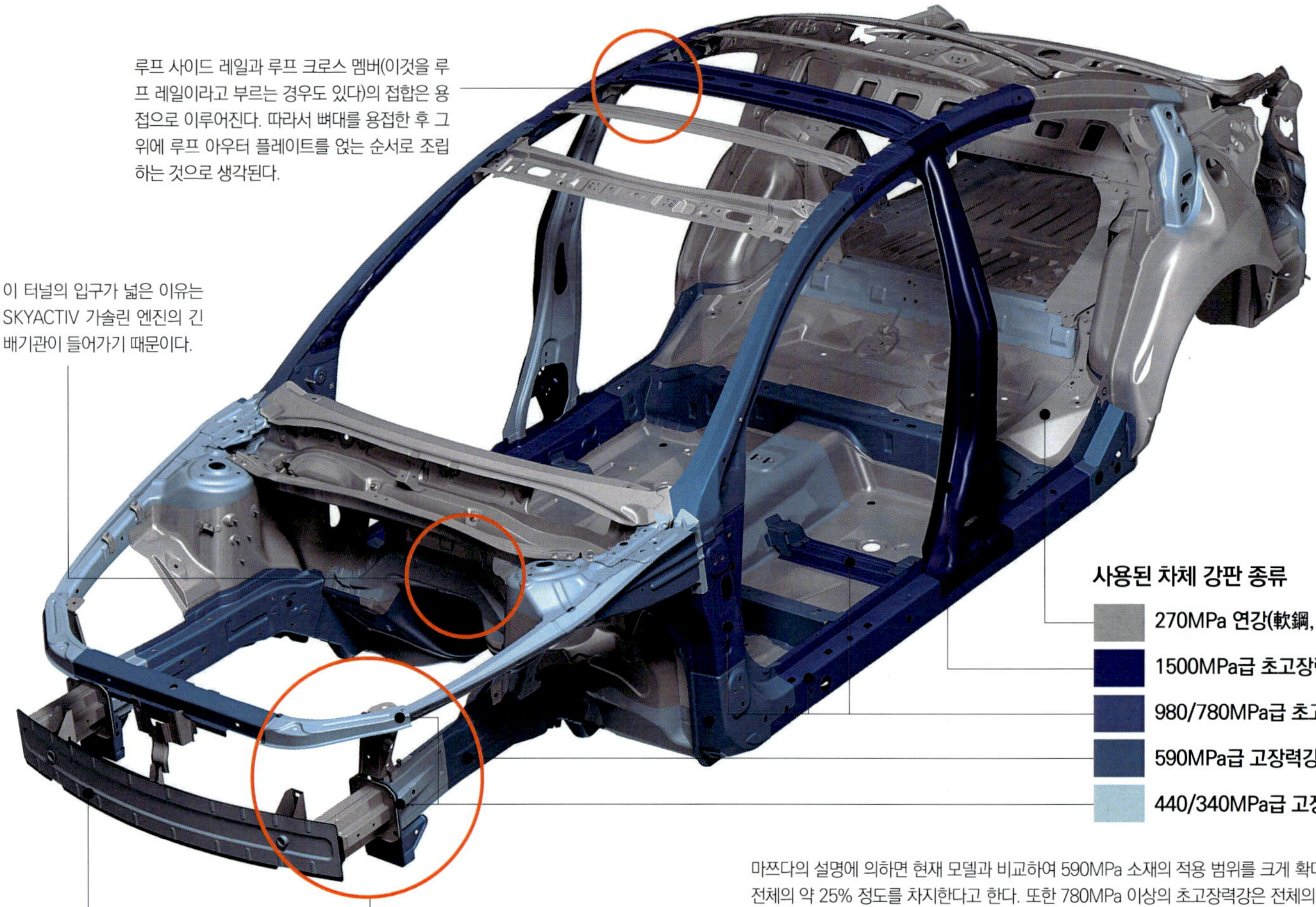

루프 사이드 레일과 루프 크로스 멤버(이것을 루프 레일이라고 부르는 경우도 있다)의 접합은 용접으로 이루어진다. 따라서 뼈대를 용접한 후 그 위에 루프 아우터 플레이트를 얹는 순서로 조립하는 것으로 생각된다.

이 터널의 입구가 넓은 이유는 SKYACTIV 가솔린 엔진의 긴 배기관이 들어가기 때문이다.

사용된 차체 강판 종류

270MPa 연강(軟鋼, mild steel)

1500MPa급 초고장력강

980/780MPa급 초고장력강

590MPa급 고장력강

440/340MPa급 고장력강

마쯔다의 설명에 의하면 현재 모델과 비교하여 590MPa 소재의 적용 범위를 크게 확대하여 화이트 보디 전체의 약 25% 정도를 차지한다고 한다. 또한 780MPa 이상의 초고장력강은 전체의 17% 정도를 차지한다. 340MPa 이상의 강재(鋼材) 적용률은 전체의 62% 정도를 차지하며, 유럽의 동급 클래스 차량(특히 독일 차량)과 비교해도 적용률이 높다. 그 분량만큼 다른 부위에서 판 두께를 감소(gauge down)하는 효과 때문에 보디의 경량화에 목표를 이루었다고 생각된다. 뼈대를 튼튼하게 구성하고 그 이외는 판 두께를 얇게 하겠다는 생각인 것이다. 덧붙이자면 1500MPa 소재가 핫 프레스(핫 스탬핑)이다.

좌우 프런트 사이드 멤버를 연결하는 범퍼 빔은 340/440MPa 소재를 사용하지만 마쯔다가 발표한 이 일러스트를 보면 이중 소재로도 보인다. 좌우 어느 쪽이든 충돌 부위가 편중되는 오프셋 충돌 시에 이 빔은 반대쪽의 프런트 사이드 멤버로 충격을 보내는 역할도 담당한다.

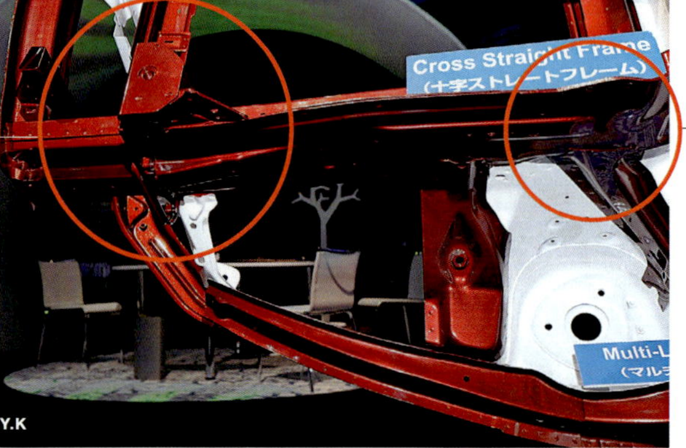

프런트 사이드 멤버 위에 "ㄱ"모양의 뼈대를 배치하고 중요 지점에서 양쪽을 연결한다. 프런트 사이드 멤버 자체를 앞에서 보면 "+"모양의 단면을 하고 있는데 이것은 충돌에 의한 충격이 에지를 통하여 전달되기 때문에 에지 수를 증가시켜 다른 골재 에너지를 분산시키려는 목적이 아닐까 생각한다. 프런트 사이드 멤버 자체는 약간 앞으로 뚫려 있는데 좌우 멤버의 폭(span)에 의해 탑재하는 파워 플랜트(engine)가 제한되기 때문에 당연히 이 치수는 미래에 탑재할 엔진(SKYACTIV 엔진)에 맞춘 것이다.

보디를 뒤집어 밑에서 바라본 모습. 프런트 사이드 멤버에서 사이드 실 쪽으로 충돌 에너지를 보내기 위해 캐빈 쪽을 향해 비스듬히 가로 방향으로 골재가 조립되어 있다. 하얀 부분에 뚫린 둥근 구멍은 프런트 서스펜션의 쇽업소버를 장착하는 부분이다. 이 톱 마운트 부분에 쇽업소버를 고정하는 방법에 따라 핸들링에 미치는 영향이 크지만 어떤 기술이 접목되었을까? 실제 차량의 등장이 기다려진다.

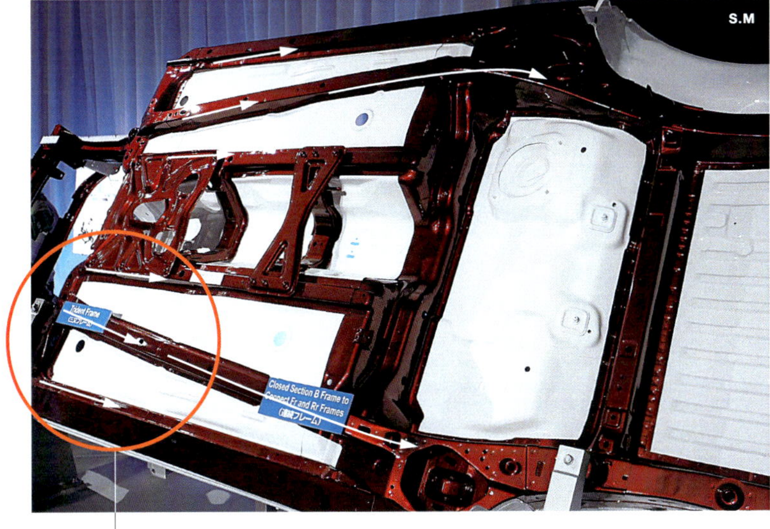

리어 휠 하우스에는 쇽업소버의 톱 마운트 위치에서부터 스팬을 넓히려고 2갈래로 나뉜 골재가 바닥 쪽으로 배치되어 있는데 그 끝 부분에서 보디의 좌우를 연결하는 2개의 바닥 면 크로스 멤버가 된다. 심지어 뒤 유리 아래의 뒷좌석 선반 부분도 튼튼한 크로스 멤버가 된다. 이 사진에서는 「ㅁ」자 모양의 형태를 한 고리 형상의 뼈대만 보이는데 그 뒤에 감춰진 바닥 면에 또 하나의 크로스 멤버가 배치되어 있다. 트렁크 개구부 앞에 튼튼한 뼈대를 배치할 수 있다는 것이 해치백이 아닌 세단과 쿠페의 장점으로서 세단의 진면목인 것이다. 휠 하우스의 접합면과 고리 모양의 크로스 멤버 단면 내에는 웰드 본드(weld bond)에 의한 접합이 이용된다.

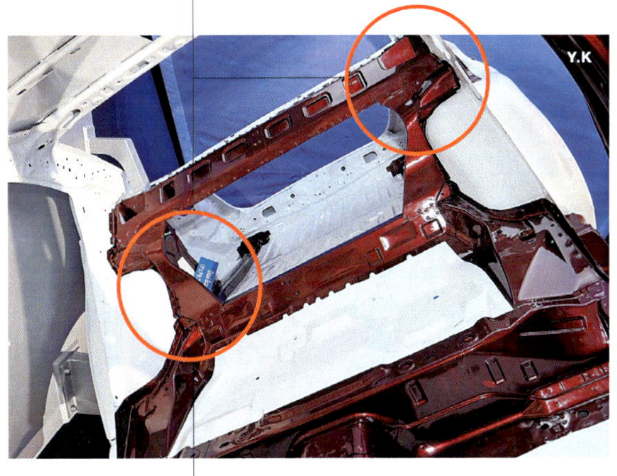

프런트 사이드 멤버에서 받은 충돌 에너지는 A필러 방향으로도 분산되는데 동일 멤버가 바닥 아래로 통과하는 위치에 「세 갈래」의 튼튼한 골재가 있어서 3개의 한쪽 바닥 아래의 멤버로 에너지를 분산시켜 방출한다. 일반적으로 프런트 사이드 멤버는 운전석과 동승석 바로 밑 부근에서 끝나지만 마쯔다는 이것을 리어 사이드 멤버로 그대로 이어지도록 설계하였다. 앞면 충돌이라는 것이 정면으로 진행할 방향을 잃은 보디가 자동차에 잔류한 관성에 의해서 「앞쪽으로 더」 돌진하면서 그 에너지에 의해 보디가 파괴되는 것으로도 생각할 수 있기 때문에 이렇게 3개의 멤버를 배치한 것은 상당히 합리적이라고 할 수 있다.

앞면에서 충돌할 때 충돌 에너지는 이 그림에 그려진 화살표처럼 여러 방향으로 분산시키는 것을 멀티 로드 패스(multi-road pass)라고 부른다. 이것이 설계 이론으로 인식된 것은 최근의 일이지만 10년 전의 보디에도 이러한 설계가 경험 값으로 반영되었다. SKYACTIV 보디는 적극적으로 멀티 로드 패스를 이용한다. 다만 프런트 사이드 멤버 아래에 있는 서스펜션과 엔진용 서브 프레임이 담당하는 하중은 그다지 크지 않을 것으로 생각된다. 중요한 것은 보디이다.

리어 사이드 멤버도 똑바로 관통되고 있는데 더구나 끝에서 트렁크 룸 바닥 면에 해당되는 부분은 "+"모양의 폐쇄 단면으로 되어 있다. 미국의 후방 충돌에 의한 연료의 유출 방지기준은 「상대 차량에 80km/h로 충돌되어도 연료가 유출되지 않을 것」으로 되어 있다. 이 마쯔다의 구조는 충돌뿐만 아니라 「주행」에도 효과가 있을 것이다.

리어 서스펜션의 쇽업소버 톱 마운트 부분(C필러 하단 끝)은 루프(roof)에서부터 연속적인 폐쇄 단면의 구조로 되어 있다. 이로 인해 프런트의 쇽업소버 톱 마운트, B필러, C필러와 캐빈 주변에 3개의 단면 방향으로 고리 모양의 뼈대가 배치되면서 캐빈의 내충돌 강도와 동강성에 대한 기여를 기대할 수 있다.

B필러와 바닥, 루프를 연결하는 위치에 크로스 멤버가 배치되어 보디의 단면을 한 바퀴 도는 고리 모양의 뼈대를 하고 있다. 보디의 측면으로 전봇대와 충돌을 예상한 미국의 폴 오프셋 기준에 정확히 대응할(pinpoint) 경우에는 크로스 멤버를 조금 더 앞쪽으로 배치한다는 시험의 대비책도 갖추고 있다. 그렇게 하지 않은 것은 보디의 구조에 자신이 있기 때문일 것이다.

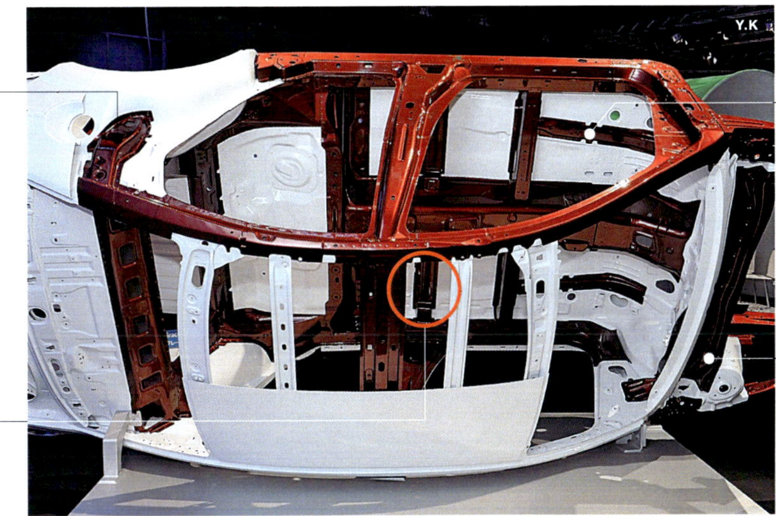

캐빈 내에서 프런트 사이드 멤버가 노출된 것은 이 정도지만 바닥 아래에서는 보디의 뒤쪽 끝까지 배치되어 있다. 이 보디를 자세히 관찰해본 필자는 「스페이스 프레임과 같다」는 인상을 받았다. 일본의 자동차 메이커도 대응해야 할 것으로 예측되는 가로 전복(rollover)과 랩율(lap rate) 20%의 내로우 오프셋(narrow offset)은 SKYACTIV의 보디 그대로도 대응이 가능할 것으로 생각된다.

앞 유리 아래의 스커틀(scuttle)은 연강(mild steel)이지만 그 아래의 엔진 룸 안에 또 하나의 가로로 배치된 강재가 있는데 2개 모두 좌우 스트럿 타워와 접합된다. 연강을 사용한 대신에 강성이 좋은 판의 두께를 확보하는 구조다. 사진에서는 보기 힘들지만 대시 로어 패널에는 바닥 면부터 중간 정도 높이의 위치에 크로스 멤버 모양의 보강재가 배치되어 있다.

개구부(開口部)의 강성을 높인 것이 핵심

2010년에 모델 체인지를 한 프리머시지만 플랫폼은 이전의 모델에서 이어져오고 있다. 물론 미니밴 시장에서 경쟁이 심하기 때문에 마쯔다의 개발진은 다양한 개량을 적용하고 있다. 특히 크게 개량된 것은 보디 개구부의 주변과 앞뒤의 서스펜션 주변이다. 프런트 서스펜션의 어퍼 서포트 부분은 스폿 용접의 타점 수를 증가시켰다. 도어 개구부의 코너에도 B필러의 하단 끝을 중심으로 스폿 용접의 피치를 30~60mm까지 좁혀서 결합의 강성을 높였으며, 30mm는 스폿 용접의 간격으로는 거의 한계일 것이다. 마쯔다는 적극적으로 구조용 접착제를 사용하는 메이커다. 스폿 용접과 접착제를 함께 사용함으로써 강성을 높이고 있다. B필러에는 780MPa급의 초고장력 강판을 사용하며, 사이드 실에는 590MPa급의 고장력 강판을 사용하여 캐빈의 강도를 높이고 있다.

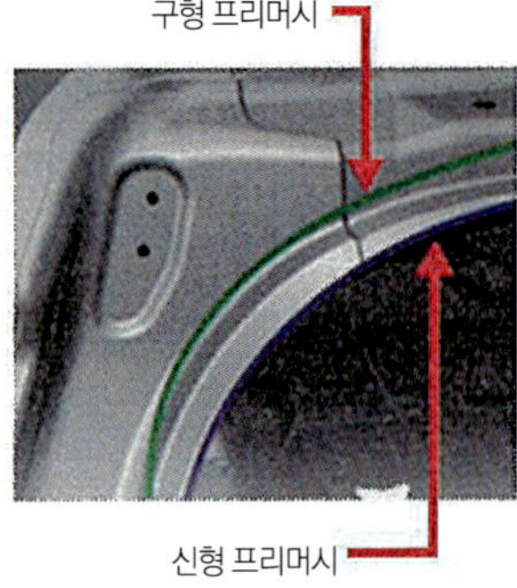

리프트 게이트 입구
구형 프리머시를 기반으로 하여 부분적으로 강성을 향상시켰다. 뒤쪽의 리프트 게이트 개구부쪽 보디의 변위(displacement)는 구형보다 17% 줄었으며, 개구부의 코너 R을 확대하여 강성을 향상시켰다.

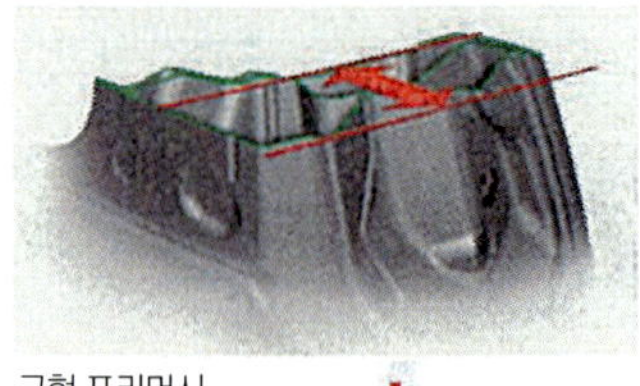

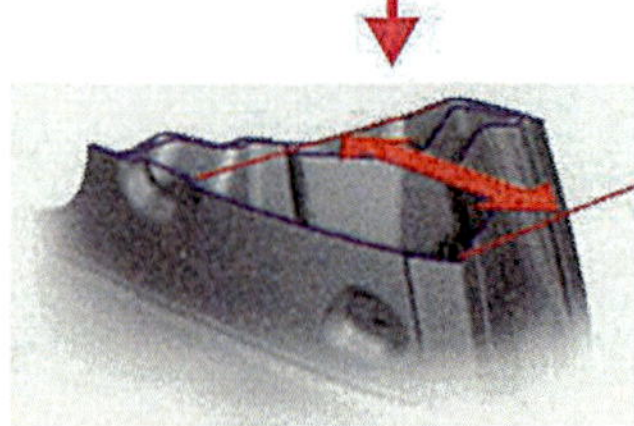

D필러 단면
해치백 보디의 약점인 리프트 게이트 개구부의 D필러 단면을 구형보다 확대함으로써 강성을 향상시켰다.

2010년에 모델 체인지한 2세대 프리머시의 보디 크기는 전체 길이×전체 너비×전체 높이 4585×1750×1615mm, 휠 베이스는 2750mm, 전체길이 이외는 구형과 같다. 기본 플랫폼을 구형에서 계승하였기 때문인지 세부적인 부분이 개량되었다.

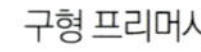

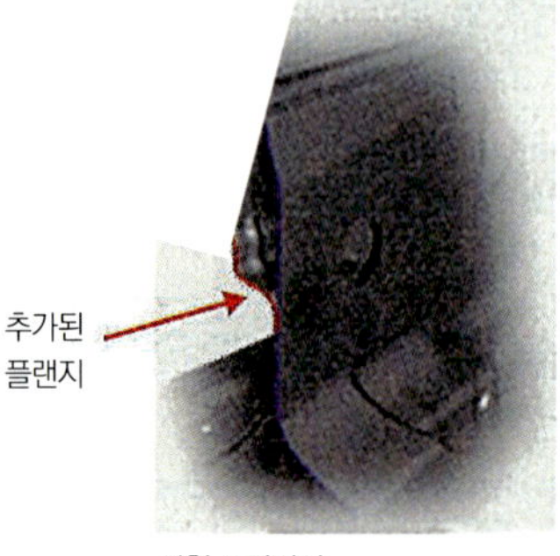

리어 필러의 단면 구조
C~D 필러의 베이스 부분(리어 쿼터 윈도우 아래의 벨트 라인)에는 기존의 단면처럼 열려있는 것이 아니라 폐쇄 단면의 뼈대를 배치하였다. 이렇게 함으로써 양끝이 C필러, D필러와 접촉하게 되면서 뒤쪽의 부분 강성이 더욱 향상되었다.

미니밴 보디의 버전 업

2세대 프리머시는 격전지인 미니밴 시장에서 살아남기 위해 이전의 플랫폼을 어떻게 개량하였을까?

글 : MFi · 사진 : Mazda

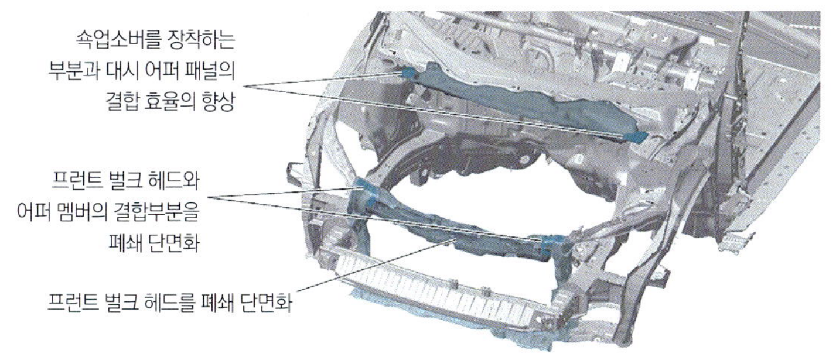

기본적으로 엔진 룸 주변의 구조는 인사이트와 똑같다. 프런트 벌크 헤드를 폐쇄 단면으로 하거나 쇽업소버의 장착부분과 대시 어퍼 패널의 결합 효율을 높임으로써 프런트 주변의 강성을 스트럿 타워 바를 사용하지 않고 높이고 있다.

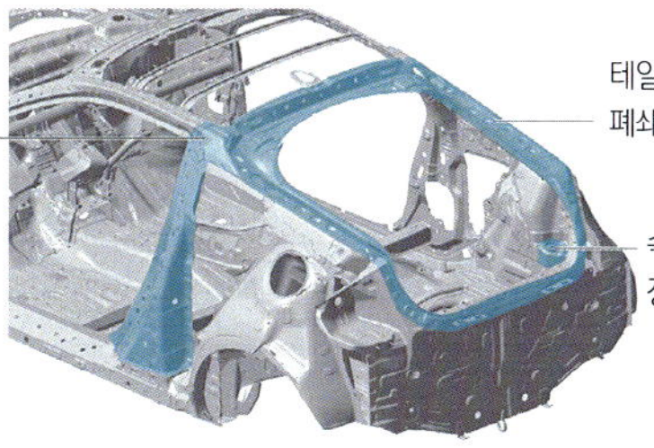

해치백 보디는 스포츠 모델다운 강성을 얻기에는 불리하다. 그래서 개구부를 중심으로 심형을 기울여 보강을 하였다. 뒤쪽의 바닥 아랫면에 H 형상의 퍼포먼스 로드를 배치하였다.

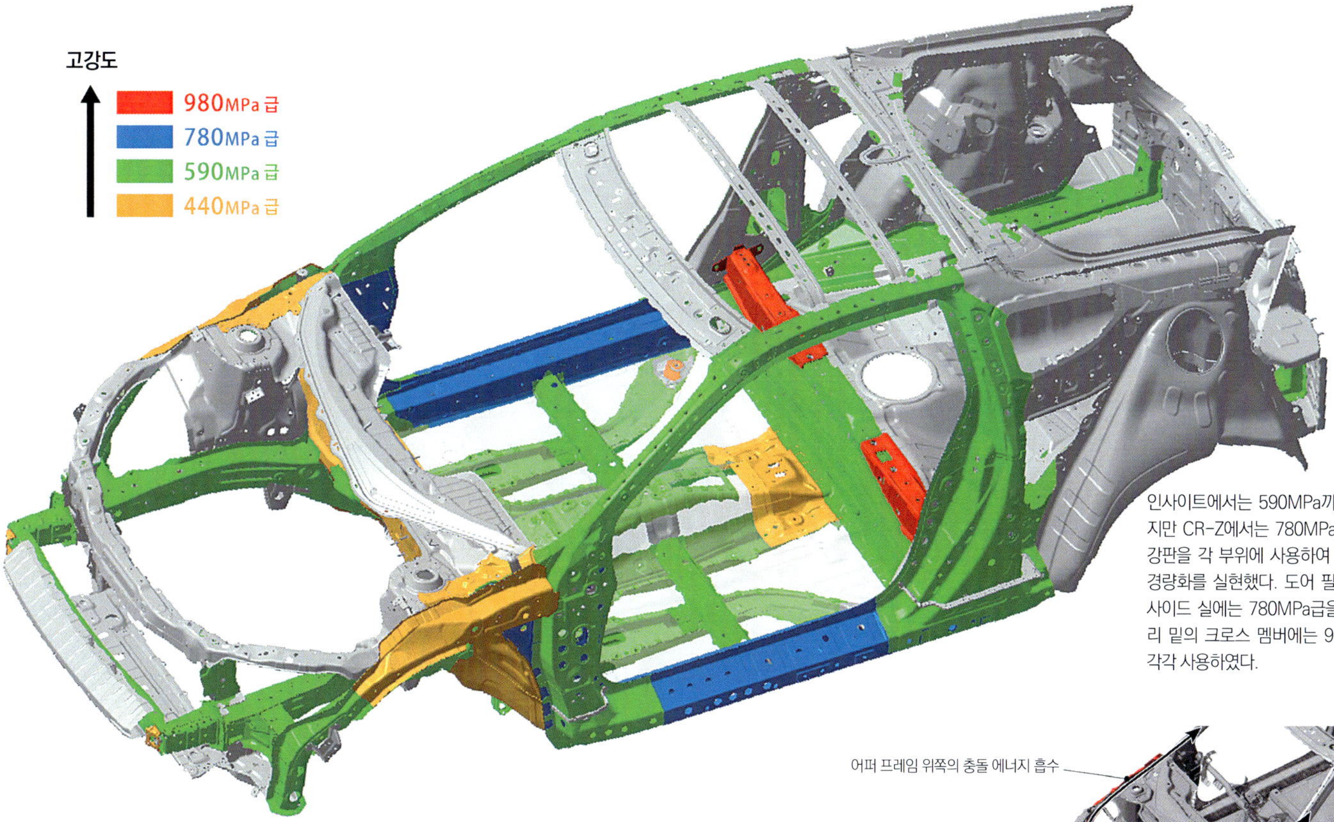

인사이트에서는 590MPa까지 사용하였지만 CR-Z에서는 780MPa급의 고장력 강판을 각 부위에 사용하여 높은 강도와 경량화를 실현했다. 도어 필러의 이너와 사이드 실에는 780MPa급을, 뒷좌석 다리 밑의 크로스 멤버에는 980MPa급을 각각 사용하였다.

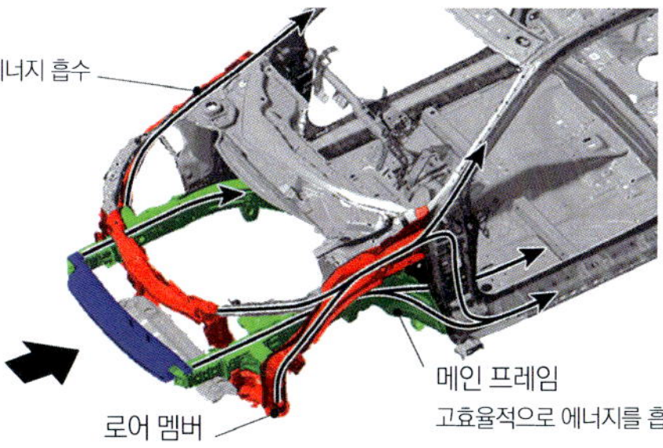

충돌 안전성에 대해서는 앞좌석 탑승객의 보호 성능이 J-NCAP 별 6개의 등급에 해당한다. 전면 충돌에 대해서는 혼다가 자랑으로 여기고 있는 양립 가능성(compatibility)의 구조를 취하고 있다.

CR-Z의 보디 개발에 관한 테마는 「펀 투 드라이브(Fun to Drive)」를 추구한 경량 고강성의 보디」이다. 인사이트의 플랫폼을 바탕으로 휠 베이스를 단축시키고 고장력 강판을 업그레이드하는 등 스포츠 모델다운 뼈대를 갖추었다.

Honda CR-Z

인사이트에서 만들어진 스포츠 보디

양산 모델의 플랫폼에서 스포츠 모델을 만들어낸 것은 자동차 메이커의 정석이다. 하이브리드 스포츠카인 CR-Z도 인사이트의 플랫폼에서 탄생하였다.

글 : MFi · 사진 : HONDA

플랫폼은 공통이라도 조립하는 방법이 다르다

혼다의 하이브리드 스포츠카인 CR-Z의 플랫폼은 인사이트를 기반으로 개발되었다. 인사이트의 스팩은 전체 길이×전체 너비×전체 높이 4390×1695×1425mm, 휠 베이스는 2550mm이다. 이에 비하여 CR-Z의 스팩이 4080×1740×1395mm이고 휠 베이스는 2435mm로 되어 있어서 「낮고 · 짧고 · 넓어진」 것이다. 스포츠 모델다운 운동성을 얻기 위해 보디의 뼈대에는 인사이트에 없던 것들이 투입되었으며, 보디의 강성에서 불리한 해치백의 개구부에는 폐쇄 단면의 뼈대를 원 전체에 반영하였다. 개구부의 상부가 B필러의 상부와 겹치는 것을 이용하여 B필러와 연결되어 있기 때문에 리어 주변의 동적 강성을 향상시켰다. 혼다에 따르면 보디의 강성 값은 유럽의 시빅 타입 R을 능가한다고 한다. 덧붙이자면 CR-Z는 Compact Renaissance ZERO의 이니셜에서 따온 것이다.

새로운 보디의 구조를 실현하기 위해 개발이 진행 중인
열가소성 CFRP의 현상과 과제

이것이야말로 자동차 보디에 추구하던 새로운 가능성인지도 모른다.
가공이 신속할 뿐만 아니라 쉽고 재료도 약화되지 않기 때문에 리사이클이나 수리하기에도 좋다.
차량의 중량이 2/3로 경감되어 연비도 향상된다.
현재의 경화성(硬化性) CFRP를 크게 능가하는 잠재력을 갖고 있는 열가소성(熱可塑性) CFRP에 대해
도쿄대학의 다카하시 교수를 중심으로 한 프로젝트 멤버에게 물어보았다.

글 : 마츠다 유지(Shigeo MAKINO) · 사진 : 타카하시 쥰(도쿄대학)/NEDO/미쓰비시 레이온/도레이/마키노 시게오(Shigeo MAKINO)
일러스트 : 만자와 코토미(Kotomi MANZAWA)

수지 소재는 자동차 보디용 신소재로 예전부터 기대를 받아왔지만 좀처럼 보급이 확산되지 않는 것은 주로 두 가지 이유 때문인 것으로 알려져 있다.

먼저 충돌 안전 성능에 관한 문제. 일반적으로 수지 소재는 탄성률이 낮고 강한 충격을 받았을 경우 쉽게 파손되기 때문에 강판처럼 변형되면서 에너지를 흡수할 수가 없기 때문에 그 대책으로 나온 것이 수지를 탄성률이 높은 강화 소재와 조합하여 만든 복합 재료이다. 소위 말하는 섬유강화수지(FRP : Fiber Reinforced Plastics)로서 가벼울 뿐만 아니라 비강도(specific strength)가 높은 재료를 만들 수 있다. 강화 소재로 유리섬유를 사용하는 것이 GFRP(Glass Fiber Reinforced Plastics), 탄소 섬유를 사용하는 것이 CFRP(Carbon Fiber Reinforced Plastics)로 불리며, 그밖에 케블러(kevlar)나 자이론(합성섬유 상품명) 등의 섬유가 강화 소재로 이용된다.

복합 재료로 만들어지면서 탄성률과 비강도 문제가 해결된 CFRP는 고장력 강판에 비하여 인장강도가 5배, 비중은 1/4이며, 중량당 강도가 20배나 되는 상당히 고성능 재료로 탈바꿈하였다. 이 특성을 활용하여 예를 들면 최신예의 여객기에서는 중량 대비 기체의 50% 이상을 CFRP로 만들어 경량화를 달성하면서 연비의 효율을 2할 이상 향상시키고 있다. 자동차 분야에서도 F1 머신을 필두로 하는 레이싱 머신의 모노코크 보디는 예전부터 CFRP가 상식이었다. 가볍고 강성이 뛰어난 CFRP의 모노코크 보디는 랩 타임의 향상에 크게 공헌할 뿐만 아니라 많은 드라이버가 초고속에서의 사고로부터 무사하게 살아난 실적도 갖고 있다. 이러한 특성을 갖춘 CFRP는 승용자동차 보디용 소재로도 최적이라 생각된다. 그러나 성능적인 면에서는 문제가 없지만 생산성을 포함한 제조

단가가 너무 비싸다는 것이 단점이다. 이것이 양산 자동차 보디에 CFRP가 보급되지 않는 최대의 과제인 것이다.

레이싱 머신에 이용되고 있는 CFRP의 모재(母材)는 가열에 의해 경화되는 열경화성 수지이며, 이러한 타입의 CFRP를 탄소 섬유 강화 열경화성 수지(CFRTS : Carbon Fiber Reinforced Thermosets)라고도 부른다. 강화재인 탄소 섬유는 수천 가닥이나 되는 PAN(Polyacrylonitrile ; 폴리아크릴로니트릴) 섬유의 원사(原絲) 다발을 고온으로 녹여 탄소 상태로만 만든 「탄소 섬유 토(tow)」라고 불리는 것이다. 이것으로 만든 직물에 열경화성 수지를 침투시킨 「프리프레그(prepreg, 수지침투 가공재)」가 기본 소재이다. 프리프레그를 성형용 거푸집(mould)에 넣고 「오토클레이브(autoclave)」라고 불리는 가압이 가능한 노(爐)에서 가열하여 수지를 경화시키는 방법으로 만든다.

그러나 이 제조 방법으로 전혀는 아니지만 양산 자동차에 적용하기에는 무리다. 우선 탄소 섬유 자체의 가격이 걸림돌이다. 양산 자동차의 제조용 재료에는 중량당 금액에 엄격한 제한이 있기 때문에 탄소 섬유는 제한 금액의 수배를 뛰어넘는 수준에 있으며, 심지어 양산 가공 기술의 문제도 크다. 강판을 프레스 성형에서 순수한 가공 시간은 몇 초 정도로 배치(batch) 처리 등의 2차 가공을 포함해도 하나의 부품을 제조하는데 소요되는 시간은 몇 분으로 완료된다. 화이트 보디 전체의 생산 사이클 타임도 기껏해야 30분 정도다. 그에 비하여 CFRTS를 오토클레이브로 성형할 경우는 프리프레그를 거푸집에 넣는 작업에만 몇 십 분에서 몇 시간이 필요하다. 심지어 오토클레이브 안에서 완전 경화시키는데 까지는 8~20시간 정도가 소요되고, 트리밍(trimming) 등의 후 가공

에도 시간이 소요된다.

CFRTS가 비싼 원인은 다른 데도 있다. 프리프레그를 보관할 때 냉장이나 냉동이 필요하며, 또한 다른 프리프레그와 접촉하지 않도록 필름을 붙이는 등의 공정이 필요하다. 성형할 때 거푸집에 넣는 단계에서는 노의 형태에 맞추어 미리 프리프레그를 자르는데 이 과정에서 30~70% 정도가 폐기되면서 산출량(yield)의 저하를 초래한다. 또한 체결용 너트를 추가하게 되는 2차 가공에도 상응하는 기술과 설비가 필요하며, 이 부분도 제품의 가격에 반영된다. 이러한 몇 가지의 이유 때문에 양산 자동차의 보디에 CFRP의 사용은 극히 일부의 고가 차량에서 루프나 후드 등의 「덮개」 같은 곳에만 사용하는 데 머무르고 있다. 이러한 문제점들을 해소하고 양산 자동차의 보디에 사용하려는 방법을 찾는 연구가 진행되고 있는 것이 「탄소 섬유 강화 열가소성 수지(CFRTP : Carbon Fiber Reinforced Thermoplastics)」에 의해 재료 및 공법의 변화다. 여기서는 독립행정법인 신에너지 산업기술 종합개발기구(NEDO)의 프로젝트 「지속 가능한 하이퍼 복합기술 개발(Development of Sustainable hyper composite technology)」의 개요와 현시점에서의 성과를 중심으로 소개하겠다.

이 프로젝트는 가공이 쉽고 강도가 높은 재료를 만들기 위한 기반 기술로서 CFRTP에 의한 저가(低價) 그리고 단시간에 성형이 가능한 「가공이 쉬운 중간 기초 재료」의 개발을 목표로 하고 있다. 심지어 중간 기초 재료를 이용한 고속 성형의 가공기술과 부재끼리 결합부분의 강도를 유지하는 접합 기술까지 개발함으로써 자동차 등의 경량화와 대폭적인 연비의 개선을 지향한다. 또한 재활용 기술까지를 전체적으로 개발함으로써 광범위한 분

● 테이프 모양의 기초 재료에서 성형용 시트를 만든다.

탄소 섬유가 한 방향으로 배열된 토(tow)를 열가소성 수지(폴리프로필렌 등)와 합하여 연속섬유에 의한 테이프 모양의 기본 재료를 만든 다음 성형할 부품이 갖춰야할 특성에 맞추어 기본 재료를 가공하여 성형용 중간 기본 재료를 만든다. 강도에 방향성이 필요한 경우는 테이프를 나란히 놓고 가열하여 시트 모양으로 만든 것을 프레스 성형용 소재로 이용한다. 사진 우측 아래가 한 방향으로 소재를 겹치게 한 「연속섬유 시트」다. 방향성보다도 가공성이 요구될 경우는 테이프를 세세하게 절단하여 불연속 섬유의 무작위 절단 시트(사진 우측 위)를 만든다. 복수 방향으로 강도가 요구될 경우는 테이프로 직물을 만들면 그것이 그대로 프리프레그가 된다. 심지어 이들의 기본 재료를 조합한 하이브리드 기본 재료도 만들 수 있다.

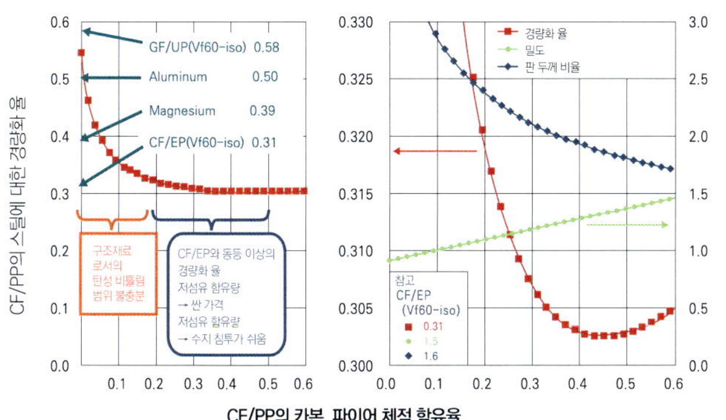

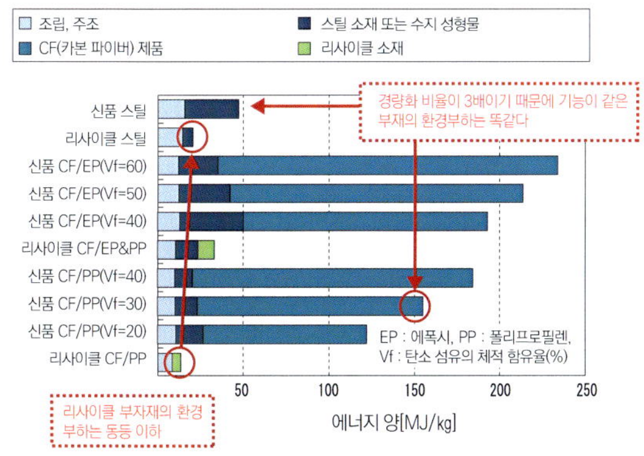

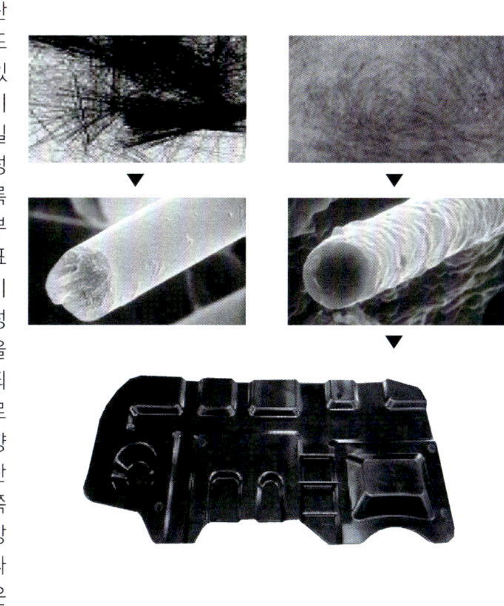

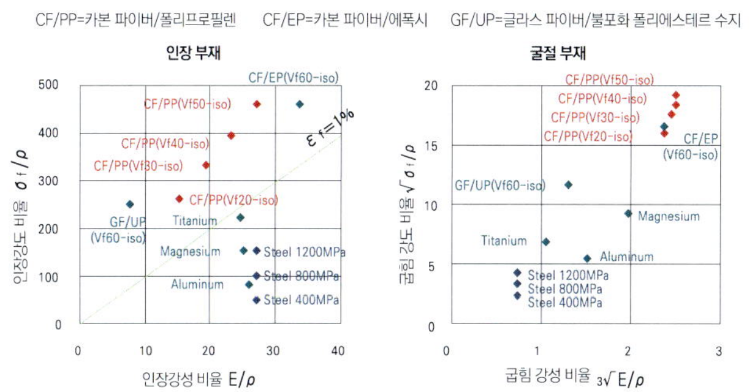

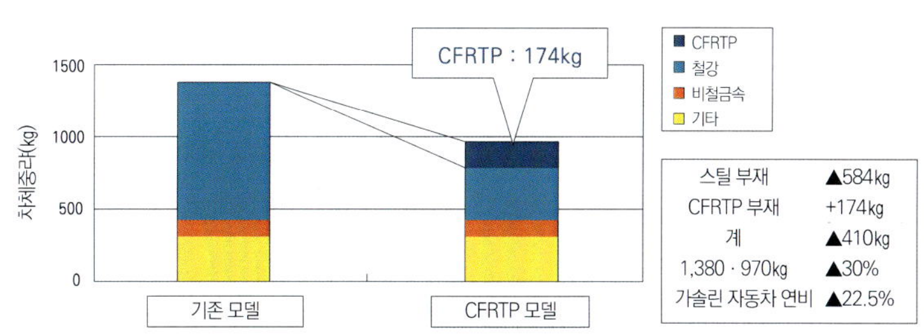

● 탄소 섬유의 분산과 수지의 접착 기술을 개발

가공이 쉬운 CFRTP 중간 기초 재료는 불연속 섬유 하나하나를 균일하게 분산시킨 등방성(isotropic) 재료의 개발도 진행하고 있다. 이 중간 기초 재료에 있어서의 핵심 기술은 섬유와 수지 사이의 접착성 향상과 섬유의 균일과 균일한 분산이다. 그 실현을 위해 열가소성 수지와 탄소 섬유가 단단히 접착되도록 탄소 등(背)의 표면을 개선하는 기술부터 개발하였다(사진 위 2장). 왼쪽이 표면을 개선하지 않은 원래의 탄소 섬유이고, 오른쪽이 표면을 개선하여 열가소성 수지와 접착을 향상시킨 상태다. 표면을 개선한 탄소 섬유는 수지가 많이 부착되어 있으며, 또한 섬유가 같은 방향으로 균일하게 분산된 것은 재료의 성능을 향상시킨다(사진 중앙 2장). 왼쪽이 분산이 잘 이루어지지 않은 상태이고 오른쪽이 분산이 잘 이루어진 상태이다. 등방성 중간 기초 재료는 수축되는 형상이나 곡면 형상 등 연속섬유로 만들기 어려운 형상도 성형할 수 있으며(사진 아래), 더 복잡한 형상에도 적합하다.

CF/PP(유사 등방)의 스틸에 대한 경량화 율(굽힘 강성 기준)

그래프 모두 세로축이 강판에 대한 경량화 비율이고 가로축은 탄소 섬유의 체적 함유율로서 기준은 강판이다. GF/UP의 0.58, 알루미늄 0.50 등에 비하여 CF/EP는 0.31로 뛰어난 특성을 나타낸다. 빨간 점들은 CF/PP를 나타낸 것으로 탄소 섬유의 함유량이 1/2 정도라도 CF/EP와 경량화 비율이 비슷하여 저비용이나 수지 침투 효율의 향상에도 유리하다. 다만 그래프의 우측처럼 판 두께는 강판의 2배 정도가 된다.

각종 구조용 재료의 경량화 지표(강도비율 · 강성비율)

그래프는 세로축 값이 클수록 강도 부재를 경량화할 수 있으며, 가로축 값이 클수록 굽힘 부재를 경량화할 수 있는 지표이다. CFRP는 탄소 섬유의 체적 함유율(Vf)에 따라 특성을 조정할 수 있는 범위가 크다는 것이 특징이다.

철강 부재, CFRP 부재, CFRTP 부재의 제조 에너지

성형, 기본 재료의 제조, 복합 소재의 제조, 재활용할 때 필요로 하는 에너지의 비교. CF/PP는 Vf 30% 정도가 보디용 부재로 적합하다고 생각되는데, 그 경우의 부하는 강판과 똑같다. 재활용할 때의 제조 에너지가 적고, 강판보다도 적은 에너지로 충분하다는 점까지 합하면 부하의 경감 효과를 기대할 수 있다.

보디의 소재를 CFRTP로 바꾸었을 때의 차량중량

프로젝트에서는 쇼 모델 같은 초경량이지만 초고가의 구조가 아니라 현실적인 제조부터 수리, 재활용까지를 포함한 전체적인 시각에서 채산성이 맞아야 한다는 전제를 두고 있다. 그 때문에 가격을 동일할 경우의 경량화 효과는 30%, 그로 인한 연비 효율을 20% 이상 향상시키려는 목표를 달성하려는 것이다.

야로 응용이 가능하도록 하고 있다.

　일반 승용자동차용 보디의 경우 인장강도 등의 측면에서 CFRTS 정도의 성능이 필요하지 않는 경우가 많다. 그래서 가열에 의해 부드러워지면서 쉽게 성형되는 열가소성 수지를 사용함으로써 탄소 섬유를 꼭 직물 형태로 이용하지 않아도 되는 방법이 모색되어 왔다. 일례를 들면 우선 한 방향으로 섬유를 배열하여 테이프 모양의 기초 재료를 만든다. 복수의 방향으로 강도를 확보할 경우에는 테이프를 직물로 하면 프리프레그가 되며, 특정 방향으로만 강도가 필요할 경우는 테이프가 한 방향으로 배열된 중간 기초 재료(성형용 시트)를 사용한다. 강도에 방향성이 필요 없는 경우는 테이프를 짧게 절단하여 방향이 없도록 분산시킨 불연속 섬유 시트를 사용한다. 필요에 따라서 프리프레그와 한 방향으로 연속된 섬유, 프리프레그와 연속되지 않은 섬유 등의 하이브리드 기초 재료도 만들 수 있다. 이들의 성형용 기초 재료를 가열하면서 프레스로 가공하여 만드는 것이다.

　오토클레이브로 가열할 필요가 없이 프레스로 성형을 가능하게 함으로써 제조 공정의 대부분을 자동화할 수 있고 생산 사이클 타임도 크게(몇 분 단위까지) 단축할 수 있다.

열가소성 CFRP에 의한 가공 방법

◉ 연속섬유 기초 재료의 성형

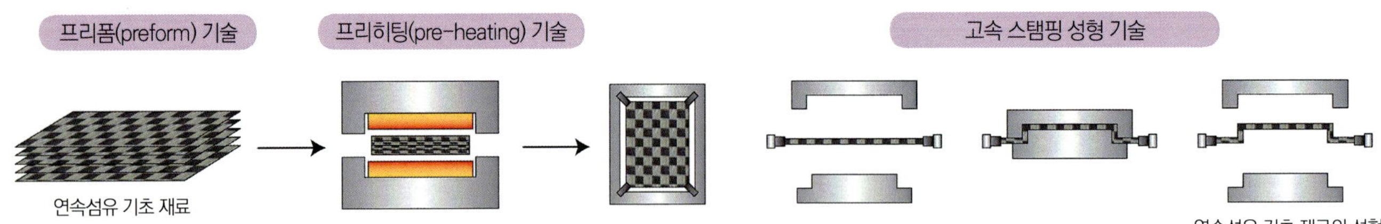

한 방향 또는 직물화된 연속섬유 시트를 이용한 스탬핑(stamping) 성형 공정. 성형할 부품에 요구되는 강도나 강성에 맞추어 시트를 겹치게 한다. 직물화하지 않아도 한 방향으로 된 시트를 설계된 구성에 따라 순차적으로 소정의 방향으로 겹쳐 쌓음으로써 강도가 어떤 방향으로 의존하는 것을 줄일 수 있다. 작업이 완료되면 기본 재료를 미리 성형이 가능한 온도까지 높인 후 스탬핑 공정으로 보낸다. 열경화성 기초 재료의 프레스 성형에서 프레스 공정은 금속의 열로 기초 재료를 가열하여 경화시키기 때문에 성형하는 시간이 길어지는데 프리 히팅된 기초 재료로 스탬핑 성형을 하게 되면 프레스 공정 시간을 크게 단축할 수 있다.

테이프를 짜서 만든 프리프레그를 스탬핑 성형한 부재. 이것을 2개 맞붙이면 031페이지의「성능과 재활용성」사진에 있는 각단면(角斷面)의 파이프 같은 제품을 만들 수 있다.

◉ 하이브리드 기초 재료의 성형

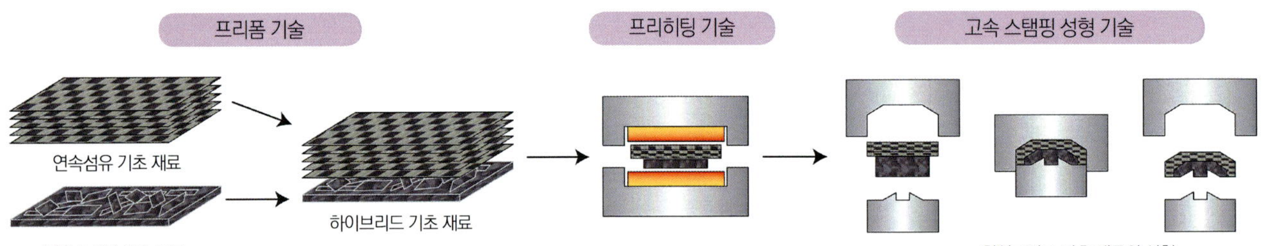

열가소성 수지의 장점을 살린 하이브리드 기초 재료의 성형. 성형 제품의 한쪽 면에는 특정방향으로 강도가 요구되고 또 다른 면에는 다른 방향으로 강도가 요구될 경우 각각의 면에 성형할 기초 재료 자체를 바꿔 겹쳐 쌓는다. 위의 일러스트는 위쪽에 프리프레그를 아래쪽에 불연속섬유(random chop)의 기초 재료를 겹쳐 쌓은 하이브리드 기초 재료를 프리히팅 공정에서 일체화시킨 다음 스탬핑 성형의 공정을 나타낸 것이다. 예를 들어 부재를 뒷면부터 보강하는 리브 등을 성형하는데 있어서는 잔여물을 재활용한 랜덤 촙(random chop)의 소재로 충분히 충족될 것으로 예상할 수 있기 때문에 이 공법에 따라 단가의 절감을 이룰 수 있을 것이다.

열가소성 수지를 스탬핑으로 성형하기 때문에 형상의 자유성이 높다. 대형부품을 뒷면부터 보강하는 리브나 냉각 팬 등을 일체로 성형하는 기본재료에는 잔여물을 이용해 단가를 인하할 수 있다.

◉ 고속 내압 성형 기술

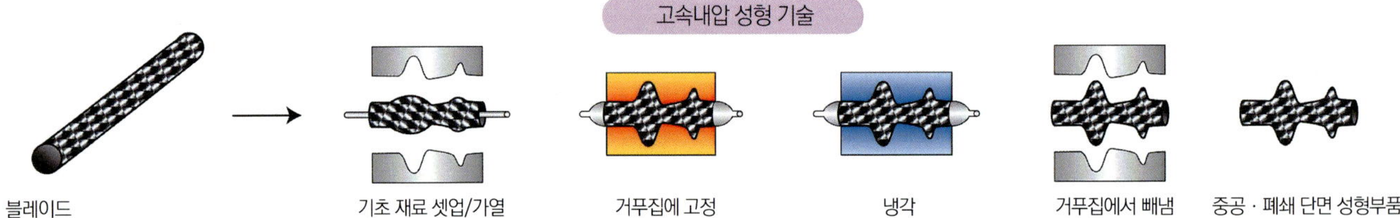

내부에서 압력을 가함으로써 심(shim)이 없는 중공 부재의 성형도 가능하다. 먼저 목적에 맞도록 테이프 기초 재료로 만든 블레이드(blade)라고 하는 파이프 모양의 중간 기초 재료나 직물을 고무 튜브 바깥에 배치하고 이것을 성형의 거푸집에 넣은 다음 거푸집을 닫고 가열하면서 고무 튜브에 고압의 공기를 불어넣어 가압시킨다. 그러면 전체가 부풀어져 거푸집의 형상대로 제품이 성형된다. 그 다음 냉각시킨 후 제품을 꺼내는 것이다. 중공뿐만 아니라 복잡한 제품을 비교적 간단한 공정으로 성형할 수 있다는 점이 특징이다. 금속계열의 재료로는 용기 모양으로 가공이나 주조로 밖에 만들 수 없었던 부품을 교체할 가능성이 있으며, 보디용 부재에 머물지 않고 스타일 계통 부품의 성형에도 유효한 가공법이라고 할 수 있다. 또한 용착에 의해 접합이 쉽다는 점을 이용하여 완전히 새로운 구조의 사이드 임팩트 절감기구 등의 개발에도 공헌할 수 있을 것이다.

또한 성형의 자유도가 높기 때문에 CFRTS에서는 곤란했던 복잡한 형상의 부품도 제조가 가능하다. 열가소성의 수지이기 때문에 패치처리 등의 후가공이 쉬울 뿐만 아니라 접합부분의 강도도 충분히 확보할 수 있다. 열가소성 수지 자체에도 층간 박리가 일어나지 않기 때문에 잘 파손되지 않고 충격의 흡수 기구로 응용할 수 있다는 점도 장점이다.

CFRTS에서 문제가 되었던 산출량의 저하도 크게 개선된다. 예를 들어 성형용 시트에서 남은 자재는 모두 불연속섬유 시트의 원료가 되며, 성능의 저하도 일어나지 않으며, 열가소성이기 때문에 수리의 측면에서도 유리하다. 생산 공정에서 생긴 불량품을 재가열하여 사용하면 산출량은 더 많아진다.

장래에는 기능성 접착제로서의 응용도 생각할 수 있다. 금속의 부품 사이에 끼운 상태에서 가열하여 탄소 섬유 강화 금속화함으로써 금속과 CFRP의 특성을 동시에 갖는 부품이 만들어지는 것이다.「꿈」이었던 CFRP 보디의 실현이 의외로 가까울지도 모른다. 프로젝트의 큰 목적은 재료를 제조하는 것부터 제품을 폐기하는 것까지의 전체적인 에너지 효율의 향상이다. 이 차트는 제조부터 폐기까지의 각 단계에 있어서 열가소성 수지가 갖

한 방향 소재의 연속섬유를 겹쳐 쌓은 중간 기초 재료로 만든 성형품. 강도가 특히 필요한 방향에 대응한 성형으로 인해 경량화에 대한 기여를 높일 수 있다는 것이 장점이다.

왼쪽 사진과 같은 거푸집에서 성형한 것을 2개 접합한 것이다. 열가소성 수지를 사용하고 있기 때문에 용착에 의한 접합이 가능하다. 이 특징도 경량화에 유효하다.

스탬핑 성형이 가능하기 때문에 이처럼 복잡한 구조의 부품도 가공할 수 있다. 용착도 가능하기 때문에 접합에 따라 차체 구조 자체의 쇄신에도 기여할 수 있다.

금속부품 등 다른 소재를 성형품에 일체화시키는 성형도 간단하다. 사진은 성형품에 접합용 너트를 끼워서 성형한 것이다. 접착면이 강하기 때문에 지름을 작게 할 수도 있다.

보강용의 리브나 냉각용·도풍(導風)용의 팬 등을 하나로 성형하는 것도 가능하다. 구조변경과 합하여 부품의 개수를 줄이는 데도 기여할 수 있다.

짧은 섬유에 의한 랜덤 촙 기초 재료의 성형품. 강도의 방향성이 요구되지 않는 부품에 대해서는 이 기초 재료가 적합할 것이다.

● 성능과 재활용성

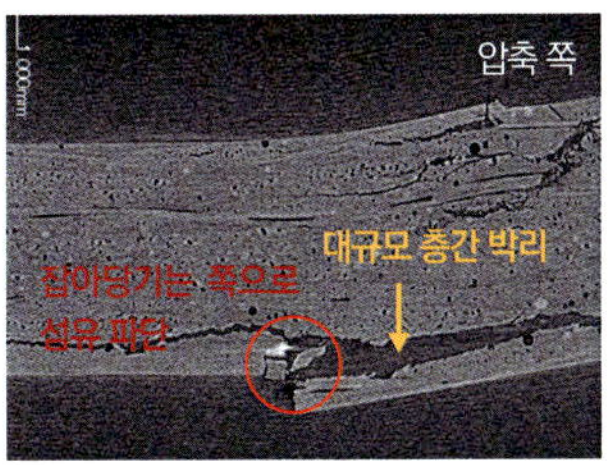

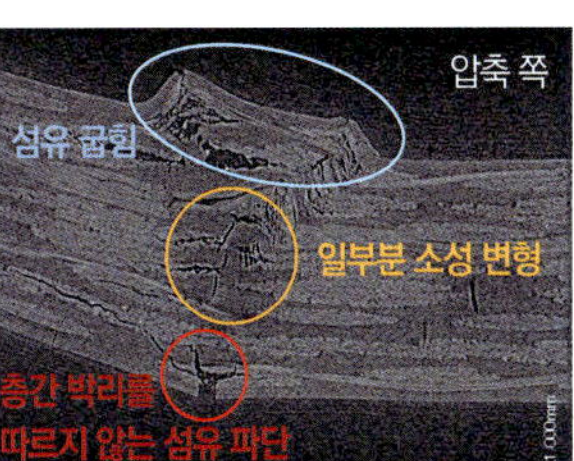

열경화성 수지의 적층 재료는 큰 충격을 받았을 때 인장 쪽에서 층간 박리가 발생하여 순식간에 파손되는 경우가 있다. 열가소성 수지의 경우는 파손 부위에 층간 박리가 발생하지 않고 전연성(ductility)을 유지한 상태로 변형되기 때문에 충돌안전 성능의 측면에도 기여할 수 있다.

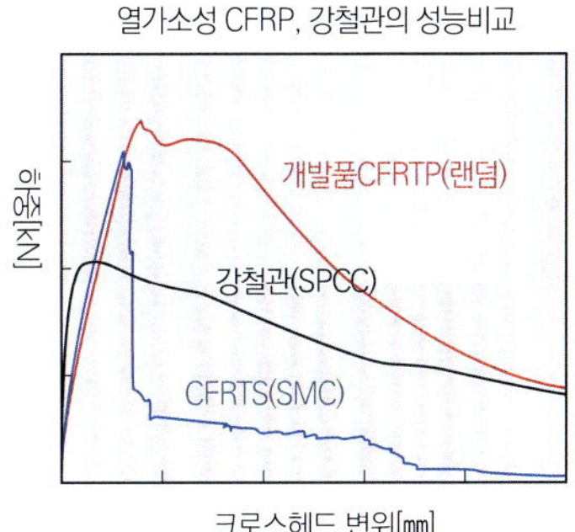

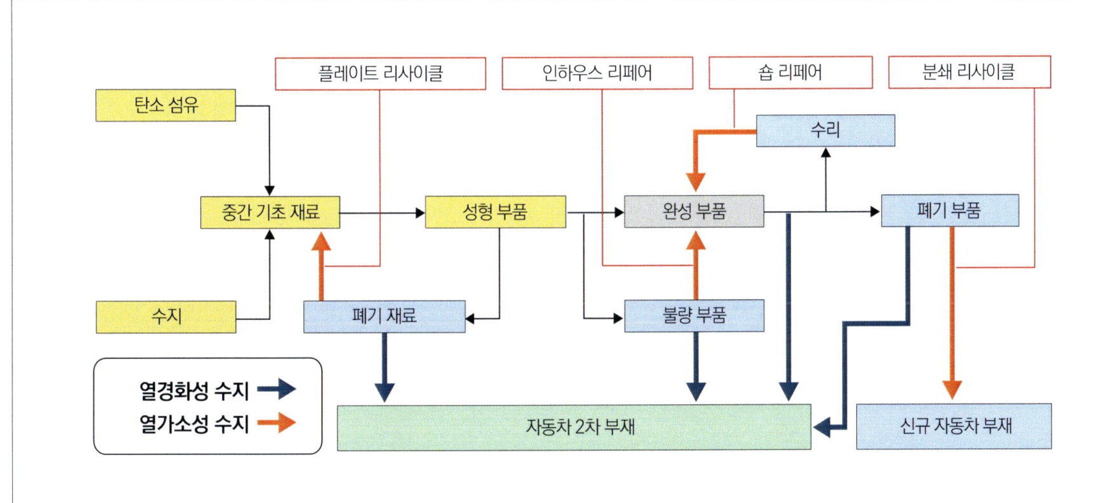

는 열경화성 수지에 대한 장점을 이미지화한 것이다. 현재 열경화성 수지는 성형할 때 생기는 잔여물이나 불량품 등을 폐기 처분하거나 기껏해야 2차 부재로 밖에 사용하지 못하였지만 열가소성 수지는 잔여물을 불연속섬유 중간 기초 재료로 재활용하거나 완성품의 NG 부품을 가열하여 수정하는 인하우스 리페어(in-house repair)라는 방법을 이용함으로써 산출량을 크게 향상시킨다. 또한 수리도 가능하여 폐기되는 부품이 신규 자동차의 부재로 사용할 수 있는 등 자원과 에너지 절약의 기능도 뛰어나다.

5000톤 프레스 머신의 내부. 절대 볼 수 없는 귀중한 사진이다. 먼저 2400톤으로 보디 외부 패널의 디자인에 관계된 조형을 만든다. 외부의 패널은 0.1mm 단위의 오차도 허용되지 않기 때문에 한 번으로 끝난다. 이어서 1000톤으로 여분의 부분을 잘라내고 800톤으로 2번 굽힘 가공 및 구멍 뚫기와 플랜지를 성형한다. 합계 5000톤이다.

프런트 플로어 부분은 중앙에 1.2mm 두께의 590MPa, 양쪽에 0.65mm 270MPa 소재를 조합시켜 레이저 용접으로 TWB(tailor welded blank, 반가공품)를 완성한다. 바깥쪽이 아래로 늘어진 것은 판 두께의 차이 때문이다.

화장실의 휴지마리 같이 코일 상태로 감긴 얇은 강판에서 필요한 길이만큼 절단하여 블랭킹(blanking, 필요한 모양으로 잘라내고 구멍을 뚫는 것)한 측면 구조의 외부 패널 소재. 보디 측면의 외부 패널은 하나로 되어 있다.

5000톤 프레스의 외관. 야지마 공장의 보디라인에는 이 밖에 4300톤, 3500톤 2대, 2400톤 2대의 프레스 머신이 설비되어 있다.

▶▶ Special Report

스바루 보디의 제조 현장

후지중공업의 야지마 공장을 방문하여 스바루 레거시와 스바루 임프레자 등의 보디 생산현장을 취재하였다.
2개의 보디 용접라인에서 매달 약 3만대를 생산하고 있으며, 경자동차 이외의 전체 모델을 담당한다.
생산 현장의 모습을 직접 보니 자동차 모노코크 보디는 얇은 강판을 프레스로 성형하여 접합한 것이라는 사실을 실감할 수 있다.
그렇기 때문에 프레스와 접합이 기본이고 중요한 것이다.

글 : 마키노 시게오(Shigeo MAKINO) · 사진 : 세야 마사히로(Masahiro SEYA)

5000톤 프레스에서 사용하는 금형 작업장. 모델마다 금형이 다르기 때문에 매일 몇 번이고 금형을 교환한다. 한 가지 금형을 크레인 한도인 30톤으로 맞추는데도 요령이 필요해서 개체 측면이 긴 엑시거 모델에서는 고생을 했다고 한다.

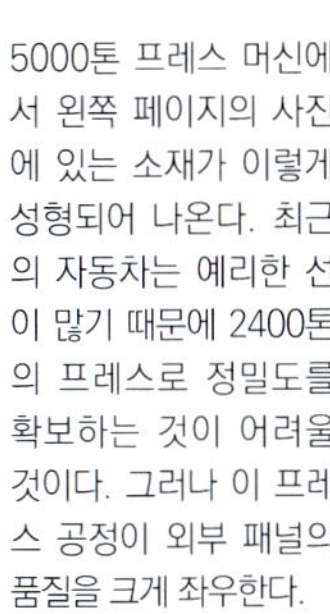

5000톤 프레스 머신에서 왼쪽 페이지의 사진에 있는 소재가 이렇게 성형되어 나온다. 최근의 자동차는 예리한 선이 많기 때문에 2400톤의 프레스로 정밀도를 확보하는 것이 어려울 것이다. 그러나 이 프레스 공정이 외부 패널의 품질을 크게 좌우한다.

▶ 보디 용접을 위한 기구

공장 내에는 견학하는 사람들을 위한 공연으로 「사자춤 로봇」을 보여주고 있다. 내용은 스폿 용접용의 6축 로봇이 배치되어 있어서 프로그래밍된 섬세한 사자춤을 볼 수 있다. 용접 로봇의 성능을 맘껏 발휘하는 사자춤을 넋을 잃고 보게 된다.

저항 스폿 용접 건(gun) 끝에 장착되어 있는 전극 팁. 흐르는 전류는 최대 12000A이며, 평균 8000A 정도이다. 이 형상은 용접 부위나 판의 두께 등에 따라 달라진다. 50~100타점마다 자동으로 연마되어 2일에 1~2회(1일 0.5~1회) 정도 교환된다.

용접 로봇에 부착되어 있는 건(gun) 부분은 용접하는 부위에 알맞도록 다양한 형태가 있다. 위 사진의 건은 보디 바닥 면의 깊숙한 부분까지 들어가도록 「펀치」의 팔이 길게 되어 있는 타입이며, 왼쪽 사진의 건은 루프 사이드를 잡고 용접하는 팔이 짧은 타입이다. 모든 전극 팁 안에는 냉각수가 흐르며, 항상 순환되고 있다.

5000톤 프레스 머신에서는 A필러에서 리어 엔드까지의 커다란 보디 측면의 패널이 계속해서 만들어지며, 소재를 튼튼한 금속제의 「금형」에 넣은 다음 성형하는 「프레스」 공정이다. 특징적인 임프레서의 D필러나 피플 무버(people mover)적인 엑시거의 리어 쿼터 유리 주변의 조형이 도장도 안 된 강판 프레스의 단품 상태임을 알 수 있다.

「외부 패널의 디자인에 관계되는 부분의 금형은 디자인이 결정되기 전 단계부터 디자인 부문과 제조현장이 밀접하게 연락을 취하며 작업을 한다. 어떤 디자인으로 할 것인지, 그것을 현실화시키려면 어떤 프레스 방법이 필요한지. 긴밀한 연대가 필요한 것이다. 경험한 적이 없는 방법에 도전하지 않으면 만들 수 없는 디자인을 점점 요구받기 때문에 프레스 부문은 디자인 부문과 싸우면서도 『좋아, 한번 해 봅시다』하며 의기투합을 하게 된다」

외부 패널은 1회의 프레스가 철칙이다. 금형을 바꿔서 프레스를 하면 미묘한 오차가 발생하기 쉽다. 뼈대 옆의 보이지 않는 이너 부분은 형상으로서의 성능을 철저히 발휘시키기 위한 정밀 프레스로서 같은 프레스 작업이라도 최우선 과제는 달라진다. 프레스 성형이 필요한 소재는 자동차 1대당 100장 이상이다. 그리고 그것들을 설계도에 따라 접합하는 것이 보디 조립 라인의 업무이다. 부분마다 서브스테이션에서 접합되며, 그것이 2개의 메인 라인에 집합되어 보디가 된다. 야지마 공장에서는 95%가 저항 스폿 용접이다. 강판 소재의 조성(組成)이나 판의 두께에 따라 용접의 조건이 바뀌지만, 라인에서는 최적으로 프로그램된 로봇이 묵묵히 작업을 수행하고 있다.

「양산을 개시하기 직전에 어느 부분의 용접 타점을 증가시키고 싶다는 요청이 자주 발생된다. 실제 주행을 하다보면 역시 이렇게 하는 편이 좋다는 설계 쪽의 『생각』이 있기 때문에 제조현장에서는 거기에 맞추지 않으면 안 되는 것이다.」

더구나 야지마 공장의 보디 용접라인에는 4모델이 같이 흘러간다. 세세한 사양의 변경이나 마이너 체인지, 기종의 추가와 같은 작업이 해마다 있다. 현장의 힘이라는 것은 이러한 상황에서 드러나는 것이다.

사이드 스트럭처(보디 측면)의 용접 라인. 안쪽에서 사진 앞쪽으로 흐르는 작업으로 접합된다. 먼저 외부 패널과 이너를 세팅하고 이곳저곳을 꽉 물리도록(clamp) 하여 결합되는 부분의 정밀도를 유지한 상태에서 점점 용접 부위를 확대해 간다.

사이드 스트럭처 용접 라인에 있는 마지막 로봇은 사이드 실 내부의 보강판을 세운다. 용접 건으로 고정하여 로봇 암으로 전체를 잡고 건 끝이 소정의 위치에 오도록 조작한다. 로봇의 움직임은 치밀하고 정확할 뿐만 아니라 신속하다.

앞뒤로 나눠진 플로어와 프런트 사이드 멤버가 장착된 엔진 룸 주변을 접합하는 공정이다. 이로써 자동차 바닥(floor)의 부분이 완성되며, 다음 공정에서 사이드 스트럭처가 여기에 합체된다.

▶ 보디의 생산 라인에서 조립 순서

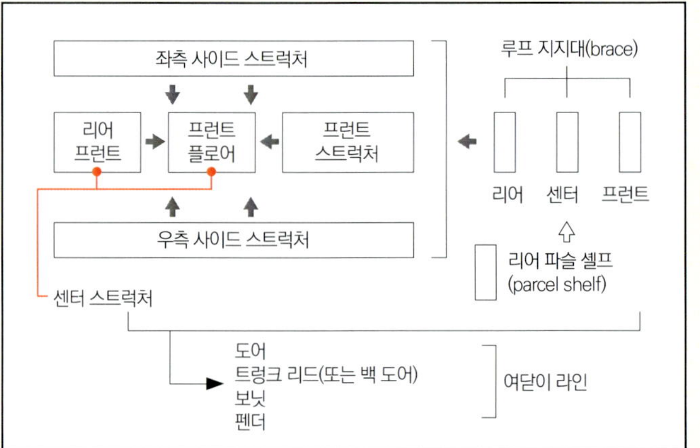

보디의 각 부분은 각각 독립적인 서브스테이션에서 조합된 후 센터 스트럭처에서 차례로 결합된다. 그렇게 완성된 보디 셸(body shell)에 도어나 후드 등의 「덮개 종류」가 장착되면 화이트 보디(white body)가 완성되는 것이다.

▶ 바닥과 사이드 스트럭처의 매리지(marriage) 공정

바닥에 좌우 사이드 스트럭처를 장착하고 우선은 탭의 폴딩으로 고정해 둔다. 거의 동시에 루프 안쪽의 크로스 멤버나 세단의 후방 셸프(parcel shelf) 등 가로로 배치되는 재료가 로봇에 의해 자동으로 장착된다. 그 다음 단계에서는 클램프가 많이 갖추어진 커다란 지그가 등장하여 용접의 타점을 증가시키며, 다음 단계에서 또 다시 스폿 타점이 증가된다. 정밀한 보디를 만들고 짧은 시간에 용접하며, 더구나 다양한 차종이 혼재되어 있기 때문에 단계마다 공정시간을 맞추는 장면을 볼 수 있었다.

보디 제작 라인의 마지막 공정이다. 여기까지의 공정에서는 정해진 순서대로 스폿 용접을 하고 용접 타점을 증가시키면서 보디의 정밀도를 높여가는 작업이 진행되어 왔는데 이 공정에서 스폿 용접이 더 많이 이루어진다. 이 공정이 완료되면 보디는 로케이터 핀(locator pin)으로 반송이 가능해 진다.

조립된 화이트 보디는 엘리베이터로 2층으로 올라가며, 한 번 더 추가되는 용접 공정으로 보내지기 전에 보관된다.

▶ 야지마공장의 생산 모델

야지마 공장에서 생산되는 것은 레거시/임프레자(STI포함)/포레스타/엑시거의 4차종이다. 공통 플랫폼(기본 뼈대)을 사용하지만 디자인이나 치수도 모두 다르다. 혼합 생산을 위한 시스템과 노하우에 놀랐다.

스바루 제조본부 군마제작소
제1생산 기술부
프레스 기술과
아사이 테츠오 과장

스바루 제조본부 군마제작소
생산기술 연구부
보디 기술개발 그룹 주사
사카이 켄스케 A담당

야지마 공장의 보디 제작 라인을 안내해 주었던 담당자들이다. 아사이는 바이크 마니아이다. 사카이는 임프레사 STI 랠리 사양을 갖고 있다. 일상의 「작업」에 대해 정열적으로 얘기해 주었다.

Chapter
03

보디 컨트스럭션
최신 유럽 모델

유럽 메이커의 보디 뼈대는 명확한 전략을 간파할 수 있다.
보디 제조에 대한 트렌드는 역시 유럽에서부터인 것 같다.

유럽 자동차의 보디 설계는 「뼈대」를 중시하는 경향

유럽은 일본에 비해 입수할 수 있는 강판의 종류가 적다.
성형성이 뛰어난 금형에서 냉각 프레스를 할 수 있는 초고장력 강은 일본의 철강 메이커에서만 생산하고 있기 때문이다.
그렇기 때문에 보디의 설계 자체에 힘을 쏟고 있는지도 모른다.

글 : 마키노 시게오(Shieo MAKINO) · 일러스트 : BMW/VW

- 180~240MPa 고장력강(일본의 270~340 상당)
- 260~320MPa 고장력강(370~440 상당)
- 340~700MPa 고장력강(590~980 상당)
- 1000MPa 초고장력강(1310 이상)

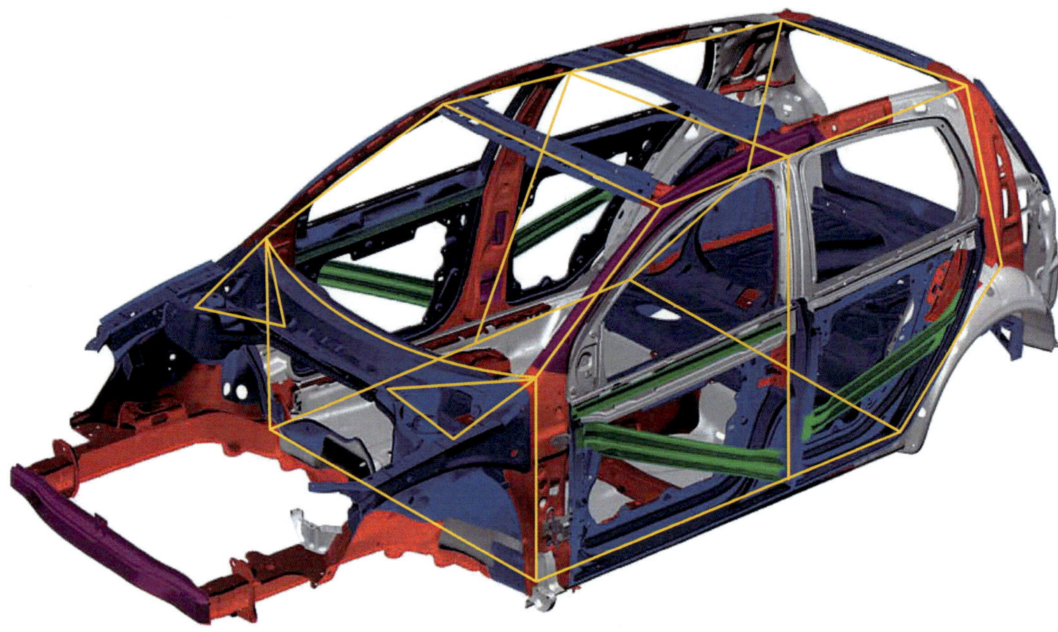

판매를 시작한 연도는 골프 쪽이 약간 먼저다. 세단이나 해치백의 보디 구조에 대한 차이를 알 수 있다. 뒷바퀴 주위를 좌우로 연결하는 세단에 비하여 해치백은 바닥과 테일 게이트 개구부의 설계에 있어서 강성을 확보하고 있다(황색 라인이 뼈대의 중요부분). 아래의 파사트 CC는 현재 가장 핫 스탬핑의 부품이 많은 보디로서 VW에 있어서도 실험적인 의미가 바탕에 있다고 생각된다. 골프 쪽이 소재 면에서는 현실적이다.

일본에서 강판의 강도 표기는 인장강도(tensile strength)로서 하중이 가해지면 「당겨져서 찢어지는」 것을 말한다. 유럽에서는 항복점(yield point)의 강도로서 하중이 가해지면 「원래의 형태로 돌아가지 않게」되는 한계점을 말한다. 유럽에서의 180~240MPa는 일본에서 270~340MPa급, 마찬가지로 260~320MPa는 370~440MPa, 340~700MPa는 590~980MPa급에 해당한다. 자주색 부분은 핫 스탬핑에 의해 최종적으로 1470MPa급의 강도를 갖게 된다.

각 연도에 등장한 대표적 모델('05~'07)

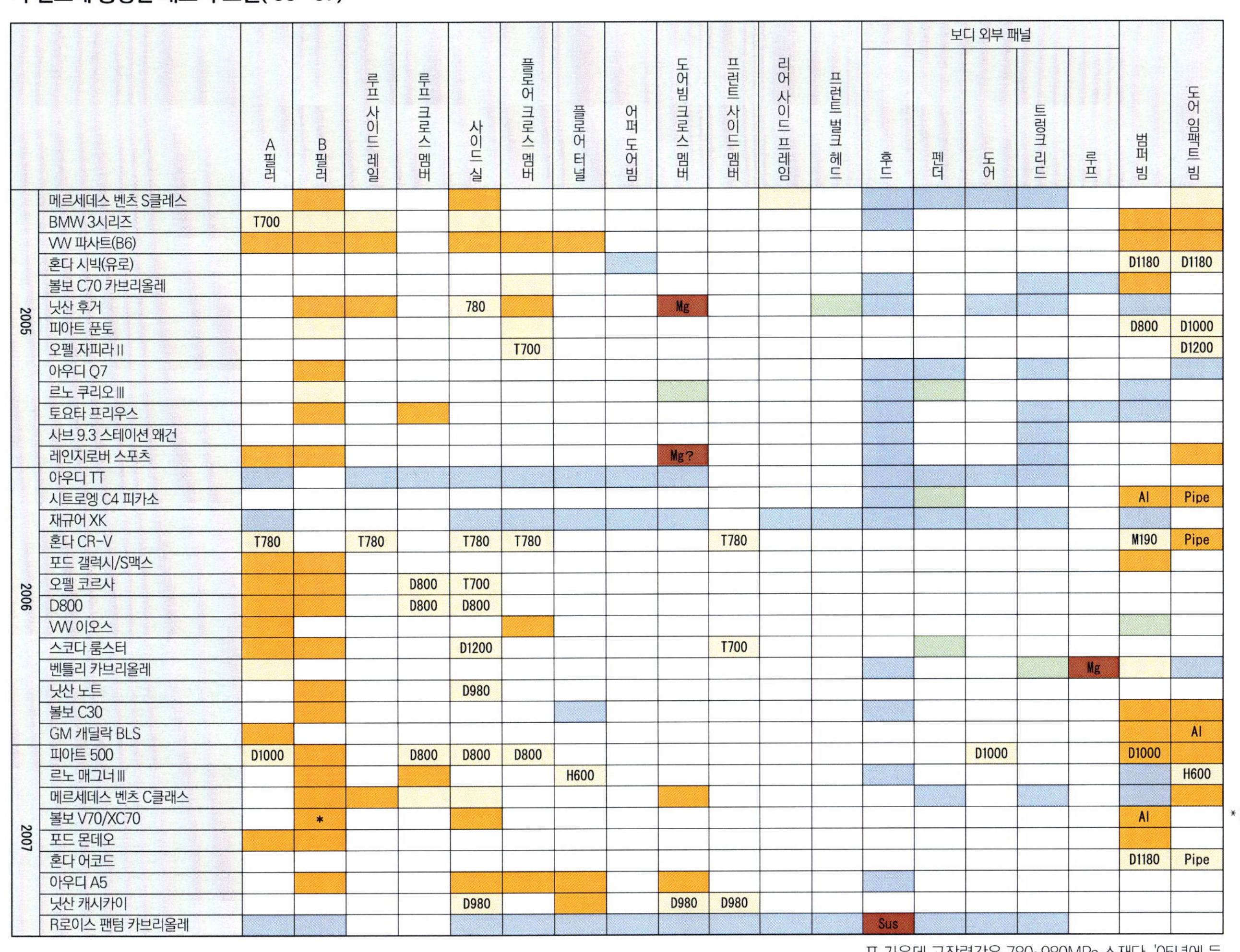

연도	모델	A필러	B필러	루프 사이드(인너) 레일	루프 크로스 멤버	사이드 실	플로어 크로스 멤버	플로어 터널	어퍼 도어 빔	도어빔 크로스 멤버	프런트 사이드 멤버	리어 사이드 프레임	프런트 벌크 헤드	후드	펜더	도어	트렁크 리드	루프	범퍼 빔	도어 임팩트 빔
2005	메르세데스 벤츠 S클래스																			
	BMW 3시리즈	T700																		
	VW 파사트(B6)																			
	혼다 시빅(유로)																		D1180	D1180
	볼보 C70 카브리올레																			
	닛산 후거					780				Mg										
	피아트 푼토																		D800	D1000
	오펠 자피라 II						T700													D1200
	아우디 Q7																			
	르노 쿠리오 III																			
	토요타 프리우스																			
	사브 9.3 스테이션 왜건																			
	레인지로버 스포츠									Mg?										
2006	아우디 TT																			
	시트로엥 C4 피카소																		AI	Pipe
	재규어 XK																			
	혼다 CR-V	T780		T780		T780	T780				T780								M190	Pipe
	포드 갤럭시/S맥스																			
	오펠 코르사				D800	T700														
	D800				D800	D800														
	VW 이오스																			
	스코다 룸스터					D1200					T700									
	벤틀리 카브리올레																		Mg	
	닛산 노트					D980														
	볼보 C30																			
	GM 캐딜락 BLS																			AI
2007	피아트 500	D1000			D800	D800	D800										D1000		D1000	
	르노 매그너 III							H600												H600
	메르세데스 벤츠 C클래스																			
	볼보 V70/XC70		*																AI	
	포드 몬데오																			
	혼다 어코드																		D1180	Pipe
	아우디 A5																			
	닛산 캐시카이					D980				D980	D980									
	R로이스 팬텀 카브리올레											Sus								

■ 초고장력강(Ultra High Tensile Strength Steel)의 핫(열간) 프레스 성형 ■ 고장력강(High Tensile Strength Steel) ■ 알루미늄 합금 ■ 수지종류 ■ 기타

UHSS=Ultra High Tensile Strength Steel = 초고장력강/유럽에서는 항복점 강도 780MPa이상(일본은 인장강도로 표시)
D=Dual Phase High Tensile Strength Steel(DP강)
T=Transformation Induced Plasticity Ultra High Strength Steel(변태유기 소성형 초고장력강=TRIP강)
AHSS=선진(Advanced)고장력강/DP 및 TRIP를 포함한 780~590MPa(항복점 강도) 강판재
※UHSS/AHSS를 총칭해서 일본에서는 「하이텐」으로 부르고 있다.

표 가운데 고장력강은 780~980MPa 소재다. '05년에 등장한 모델 중에도 B필러에 핫 스탬핑 소재를 사용한 예가 많은데 그 경향은 점점 강해져 왔다. 그렇다고는 하지만 소재만으로 보디의 성능 운운하는 것은 난센스로서 이 표는 「재료의 변천 추이」정도로 참고하길 바란다.

* C필러도 동일

상단과 다음 페이지의 표는 필자와 편집부에서 각 연도별 유럽에서 판매된 모델의 각 부위에 어떠한 소재가 사용되었는지를 조사한 것이다. 유럽의 자동차 중에서 특히나 독일의 자동차를 비롯하여 각 회사가 신차를 판매할 때 상세한 데이터를 발표하는 경우가 많을 뿐만 아니라 SAE나 용접학회의 논문으로도 상세한 것을 보고하기 때문에 데이터 양은 풍부하다. 일본의 경우는 「자동차 메이커와 모델 정도로 끝」이기 때문에 상세한 데이터가 부족해서 각 회사가 딜러에게 배포한 보디 수리 지침서 등을 참고하면서 표를 작성하였다.

전체적인 경향이라고 할 수 있는 것은 HTSS(고장력강)의 사용 부위가 증가되었다는 점과 사용하는 HTSS의 강도가 향상되었다는 점이다. 상단의 2005년 데이터와 다음 페이지의 2010년 데이터를 비교해 보면 한 눈에 알 수 있다. 유럽 시장에서 일정 대수 이상 판매된 모델은 EU(유럽연합)의 충돌안전기준을 통과할 필요가 있어서 표에 나타난 모델은 모두 EU 기준에 적합한 자동차들이다. EU의 일부 국가에 몇몇 모델만 출하되고 있는 중국 차량은 키트카(오너 자신이 조립하는 자동차) 등 소량으로 생산하는 차량에 대해 인정을 받고 있는 나라별 인증만 취득하고 있지만 유럽과 미국, 일본 메이커의 모델은 최저한 전면/측면의 EU 충돌안전 기준을 만족하고 있다.

부위 별로 보면 A필러 소재는 각 사마다 사양별로 사용하고 있으며, 냉간에서 성형할 수 있는 590MPa 정도까지의 HTSS를 사용하거나 혹은 열간 프레스(핫 스탬핑)를 이용하여 1300~1500MPa급의 강도까지 높아지는 쪽을 사용한다는 것이다. B필러는 열간 프레스가 압도적으로 많을 뿐만 아니라 1470MPa급이 많다. 사이드 실은 2006년 무렵에는 590~780MPa급의 HTSS로 정착되는가 싶더니 2007년 이후 갑자기 1300MPa 이상의 열간 프레스로 유행되며 옮겨갔다.

이러한 것들이 모두 충돌 안전성을 위해서인가 하면 그렇지는 않다. 보디의 강성, 특히 동강성(dynamic stiffness)에 영향을 미치는 부분에서는 강판의 강도를 높여도 판의 두께를 거의 얇게 하지 않는 경우가 많다. 오히려 뼈대 부분은 판의 두께가 증가되는 경향조차 볼 수 있는데 전형적인 예가 2008년도에 등장한 VW의 파사트 CC이다.

파사트 CC에서 1470MPa급 열간 프레스를 사용한 부위는 A필러/스티프너(stiffener), 사이드 실, 크로스 멤버, B필러/이너, 루프 사이드 등 캐빈을 둘러싼 중요 부분의 거의 대부분이다. 열간 프레스의 부품수로 보더라도 현 시점에서 파사트 CC를 넘어서는 모델은 없다. 그런데 일반적으로 780MPa 소재에서 1470MPa 소재로 변경되었을 경우에 기대할 수 있는 게이지 다운(판 두께 감소)을 하고 있지 않다.

BMW의 뉴 5시리즈/5시리즈 GT도 마찬가지다. 뼈대 부위의 평균 판 두께가 이전 모델의 1.0mm에서 신형 1.1mm로 증가했지만 HTSS의 사용 부위와 HTSS의 강도도 증가되고 있다. 구형은 대시 패널보다도 앞쪽이 알루미늄 합금이지만 신형은 좌우 스트럿 타워 부분

각 연도에 등장한 대표적 모델('08~'10)

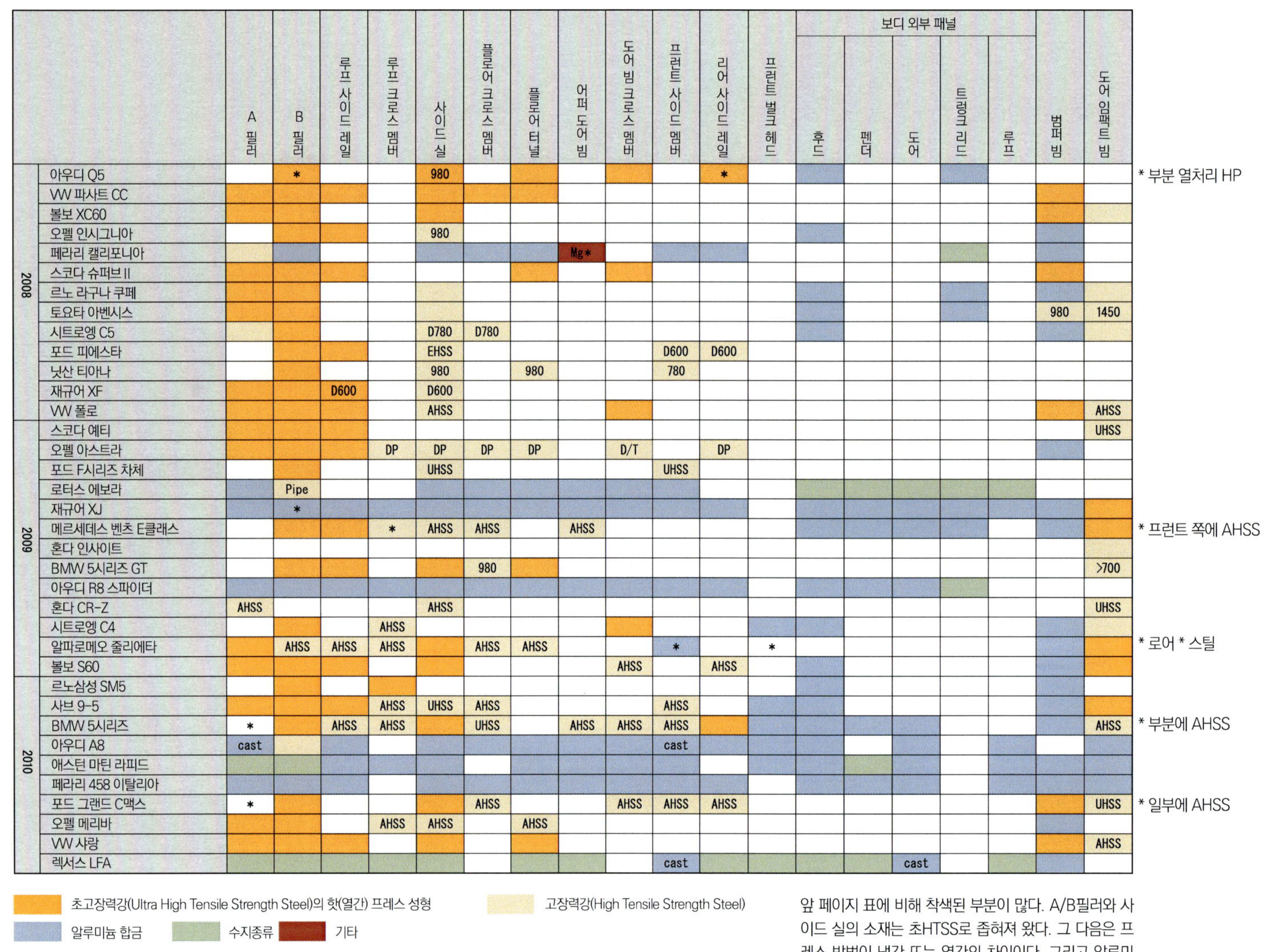

연도	모델	A 필러	B 필러	루프 사이드 레일	루프 크로스 멤버	사이드 실	플로어 크로스 멤버	플로어 터널	어퍼 도어 빔	도어 빔 크로스 멤버	프런트 사이드 멤버	리어 사이드 레일	프런트 벌크 헤드	후드	펜더	도어	트렁크 리드	루프	범퍼 빔	도어 임팩트 빔	비고
2008	아우디 Q5		*			980						*									* 부분 열처리 HP
	VW 파사트 CC																				
	볼보 XC60																				
	오펠 인시그니아					980															
	페라리 캘리포니아								Mg*												
	스코다 슈퍼브 II																				
	르노 라구나 쿠페																				
	토요타 아벤시스																		980	1450	
	시트로엥 C5					D780	D780														
	포드 피에스타					EHSS					D600	D600									
	닛산 티아나					980		980			780										
	재규어 XF			D600		D600															
	VW 폴로					AHSS														AHSS	
2009	스코다 예티																			UHSS	
	오펠 아스트라				DP	DP	DP	DP		D/T		DP									
	포드 F시리즈 차체					UHSS				UHSS											
	로터스 에보라		Pipe																		
	재규어 XJ		*																		
	메르세데스 벤츠 E클래스				*	AHSS	AHSS		AHSS												* 프런트 쪽에 AHSS
	혼다 인사이트																				
	BMW 5시리즈 GT						980													>700	
	아우디 R8 스파이더																				
	혼다 CR-Z	AHSS				AHSS														UHSS	
	시트로엥 C4					AHSS															
	알파로메오 줄리에타		AHSS	AHSS		AHSS				AHSS	AHSS	*							*		* 로어 * 스틸
	볼보 S60									AHSS	AHSS										
2010	르노삼성 SM5																				
	사브 9-5					AHSS	UHSS	AHSS			AHSS										
	BMW 5시리즈	*		AHSS	AHSS		UHSS			AHSS	AHSS	AHSS							AHSS		* 부분에 AHSS
	아우디 A8	cast									cast										
	애스턴 마틴 라피드																				
	페라리 458 이탈리아																				
	포드 그랜드 C맥스	*				AHSS				AHSS	AHSS	AHSS							UHSS		* 일부에 AHSS
	오펠 메리바				AHSS	AHSS		AHSS													
	VW 샤랑																		AHSS		
	렉서스 LFA												cast				cast				

초고장력강(Ultra High Tensile Strength Steel)의 핫(열간) 프레스 성형   고장력강(High Tensile Strength Steel)
알루미늄 합금   수지종류   기타

UHSS=Ultra High Tensile Strength Steel = 초고장력강/유럽에서는 항복점 강도 780MPa이상(일본은 인장강도로 표시)
D=Dual Phase High Tensile Strength Steel(DP강)
T=Transformation Induced Plasticity Ultra High Strength Steel(변태유기 소성형 초고장력강=TRIP강)
AHSS=선진(Advanced)고장력강/DP 및 TRIP를 포함한 780~590MPa(항복점 강도) 강판재
※UHSS/AHSS를 총칭해서 일본에서는 「하이텐」으로 부르고 있다.

앞 페이지 표에 비해 착색된 부분이 많다. A/B필러와 사이드 실의 소재는 초HTSS로 좁혀져 왔다. 그 다음은 프레스 방법이 냉간 또는 열간의 차이이다. 그리고 알루미늄 합금을 많이 사용하는 고액의 모델이 많다는 사실이 놀랍다. 알루미늄이 좋은지 나쁜지가 아니라 보디로 만드는 유럽 메이커의 파워가 그렇다는 것이다.

등에 알루미늄 제조부품이 남아 있는 정도(사용 중량의 15%)로서 대부분이 강판 소재로 바뀌었다. 그러나 프런트 부분의 화이트 보디 중량은 감소되었다. 전체적인 보디의 강성은 50%가 향상되었다고 한다.

BMW 5시리즈는 많은 부재를 알루미늄에서 철로 변경하였음에도 불구하고 중량은 가벼워졌고 강성은 높아졌으며, VW 파사트도 뼈대 부분의 중량비가 증가되었다. 이것은 뼈대 부분은 튼튼하게 만들고 다른 부분에서는 게이지 다운의 효과를 얻는 설계의 방법이 가져다 준 결과라고 생각하여야 한다. 즉 뼈대 부분을 튼튼하게 하고 다른 부분의 두께를 최대한 줄이는 대담한 게이지 다운을 감행하여도 상관없다라는 설계이다.

036페이지 아래의 파사트 CC 뼈대의 일러스트를 동급의 일본 자동차와 비교하면 뼈대의 조립이 확실하게 두드러진 것을 알 수 있다. 모노코크 보디 안에 스페이스 프레임이 두드러지는 것이다. 이미 빌트인 프레임(Built-in frame)이라는 명칭을 사용하고 있는데 이것은 오히려 빌트인 스페이스 프레임(Built-in space frame)과 같은 뼈대이다. 앞으로 등장할 유럽 자동차의 보디 프레임은 빌트인 스페이스 프레임이 트렌드일 것이다.

파사트 CC를 운전해 보면 「완성도가 좋다」고 느낀다. 충돌 대책으로서의 강도뿐만 아니라 보디의 강성이 높다는 것을 감각이 아닌 실제의 효과로 전해져 온다. 본지의 「서스펜션 워칭(watching)」을 담당하는 프로 드라이버인 쿠니마사 히사오도 파사트 CC의 보디를 극찬한다. 다만 보디의 원가를 소재의 가격이나 공법을 갖고 계산하면 동급 클래스의 일본 자동차에 비하여 「0이 하나 더 많지 않나?」하는 의구심이 든다. 이 점을 어떻게 해석하면 좋을지는 해석하는 사람의 입장에 따라 다르겠지만 한 가지 틀림없는 사실은 유럽에서는 「싸니까 고만고만」해도 된다는 것이 통용되지 않는다는 것이다.

결론적으로 말하고 싶은 것은 유럽 자동차의 전체적인 경향은 「중량의 경감」이라는 것이다. 주행 1km당 CO_2 배출을 130g 이하로 낮춰야 하는 연비 규제의 시행이 곧 닥쳐오고 있어서 차량중량의 경감은 당면 과제라 할 수 있다. 이에 대한 대응책으로는 뼈대를 직선화하고 하나하나의 부품 형상을 단순하게 하면서 보강을 위한 패치워크(patchwork)를 없애고 소재의 접합은 「모델마다 소요되는 비용으로 한정」하는 정도의 대응으로 요약할 수 있을 것이다. 설계 방법에 있어서 기발한 방법이 따로 있는 것이 아니라 지금까지의 연구 성과를 집대성한 보디의 설계와 제조라 할 수 있다.

그러나 HTSS를 많이 사용하여 게이지 다운하는 방식만 이용하는 것은 아니다. 전체를 가볍게 하기 위해 뼈대의 중량을 일부러 증가시키는 것도 마다하지 않는다. 가볍게 하기 위해 고가의 재료를 일부러 사용한다 하더라도 비용은 모델을 거쳐 양산의 효과로 흡수하는 것도 문제가 되지 않는다. 「어떤 보디로 만들지」라는 명확한 목표를 설정하고 유연한 발상으로 대응하는 것이다. 그러한 전략적 사고가 정말로 유럽스럽다고 여겨진다.

BMW 5 GT

● 사용소재 목록

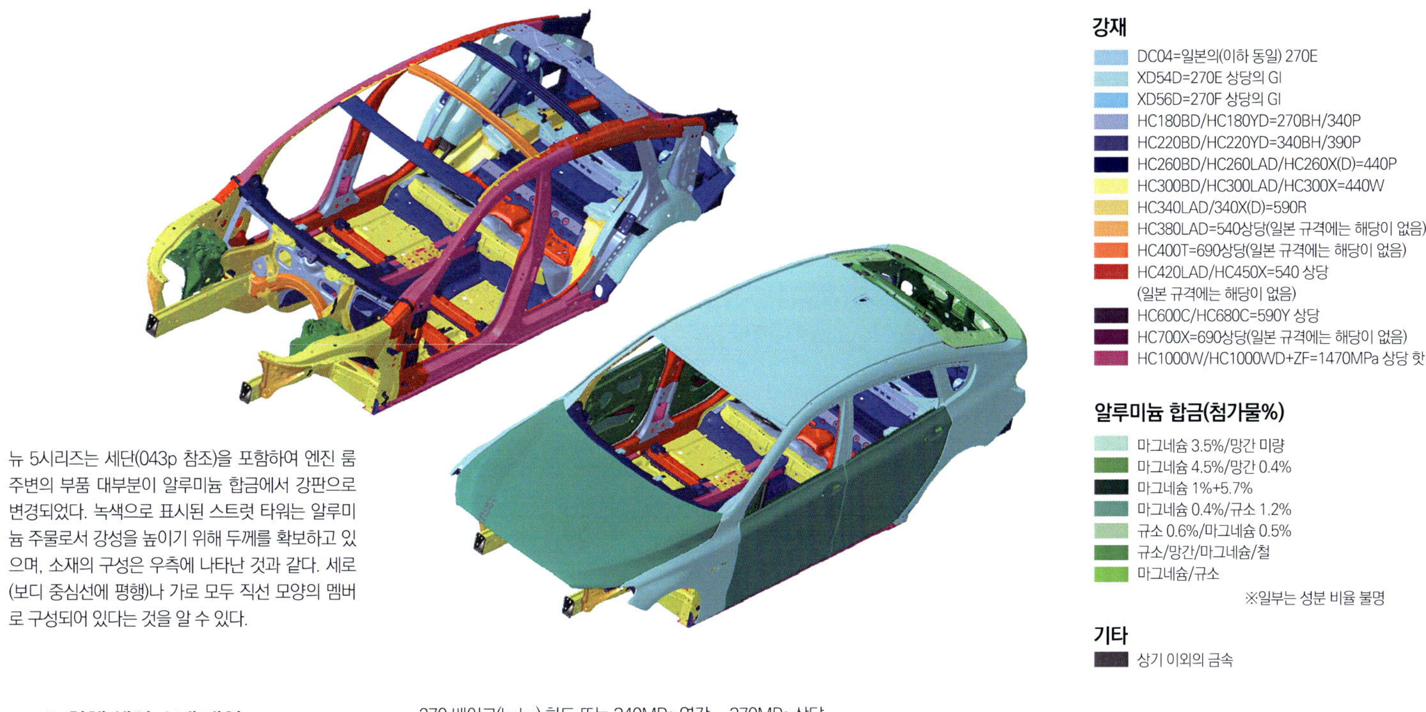

뉴 5시리즈는 세단(043p 참조)을 포함하여 엔진 룸 주변의 부품 대부분이 알루미늄 합금에서 강판으로 변경되었다. 녹색으로 표시된 스트럿 타워는 알루미늄 주물로서 강성을 높이기 위해 두께를 확보하고 있으며, 소재의 구성은 우측에 나타난 것과 같다. 세로(보디 중심선에 평행)나 가로 모두 직선 모양의 멤버로 구성되어 있다는 것을 알 수 있다.

● 차체 셸의 소재 내역

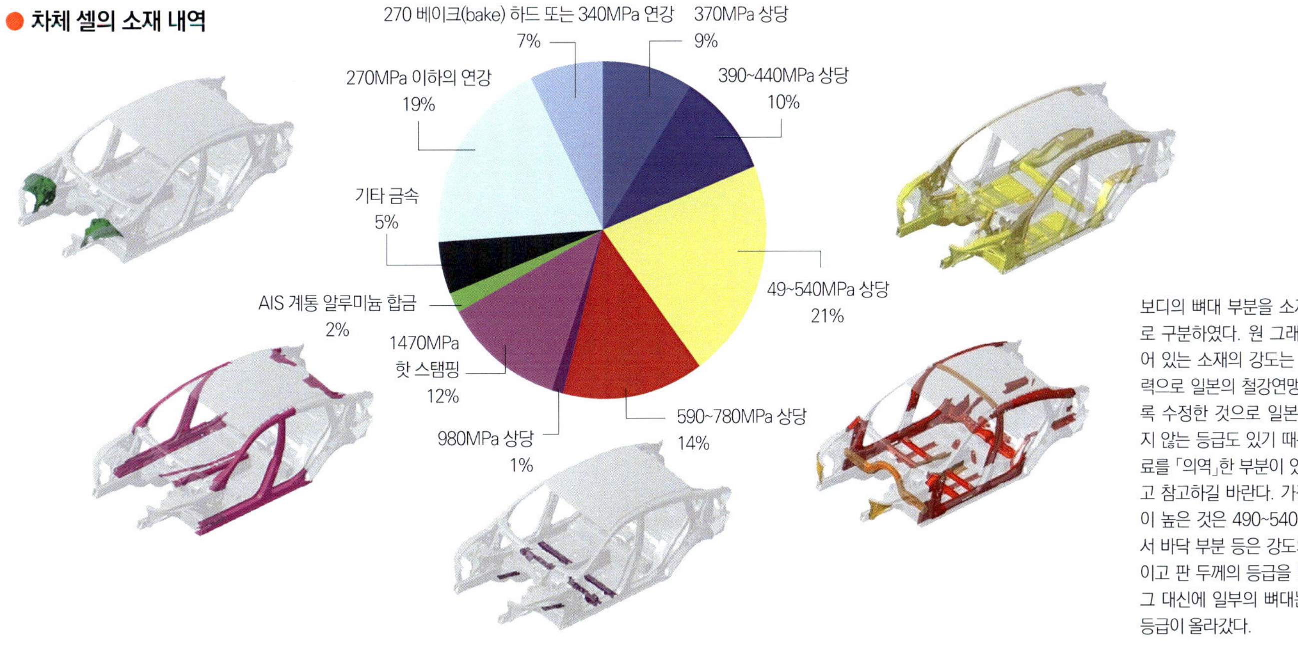

보디의 뼈대 부분을 소재 별로 색으로 구분하였다. 원 그래프에 표기되어 있는 소재의 강도는 필자의 판단력으로 일본의 철강연맹규격에 맞도록 수정한 것으로 일본에는 존재하지 않는 등급도 있기 때문에 원래 자료를 「의역」한 부분이 있어, ~정도라고 참고하길 바란다. 가장 사용 비율이 높은 것은 490~540MPa 소재로서 바닥 부분 등은 강도의 등급을 높이고 판 두께의 등급을 낮추고 있다. 그 대신에 일부의 뼈대는 판 두께의 등급이 올라갔다.

● 핫 스탬핑 사용 부위

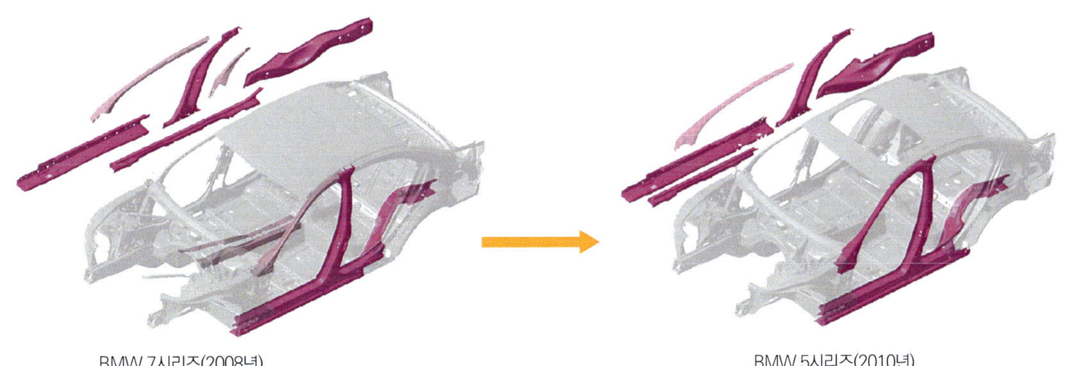

BMW 7시리즈(2008년)

BMW 5시리즈(2010년)

핫 스탬핑은 붕소가 혼합된 아연 도금 강판으로 이루어진다. 7시리즈의 판 두께는 사이드 실이 1.0+1.5mm/B필러는 1.8+1.6mm/플로어 터널 리인포스(reinforce, 도금 없음)가 1.5mm/A필러 리인포스(도금 없음)가 1.6mm다. 5시리즈에서는 플로어 터널과 B필러 이너 말고는 그대로 가져왔다. 핫 스탬핑에 의한 경량화 효과는 20.7kg으로 도어와 같은 덮개의 종류를 알루미늄으로 바꾼 효과(36.2kg)에 이어 2번째다.

아래의 보디 소재 일러스트와 왼쪽 일러스트를 비교해 주길 바란다. 핫 스탬핑으로 성형한 초고장력 강판의 사용부위를 잘 알 수 있다. 또한 041p 폴로(동일한 PQ25 플랫폼을 사용)의 일러스트와 비교하면 A1과의 공통점에 대한 차이를 알 수 있어서 흥미롭기까지 하다. A1은 아우디의 브뤼셀 공장에서 생산된다.

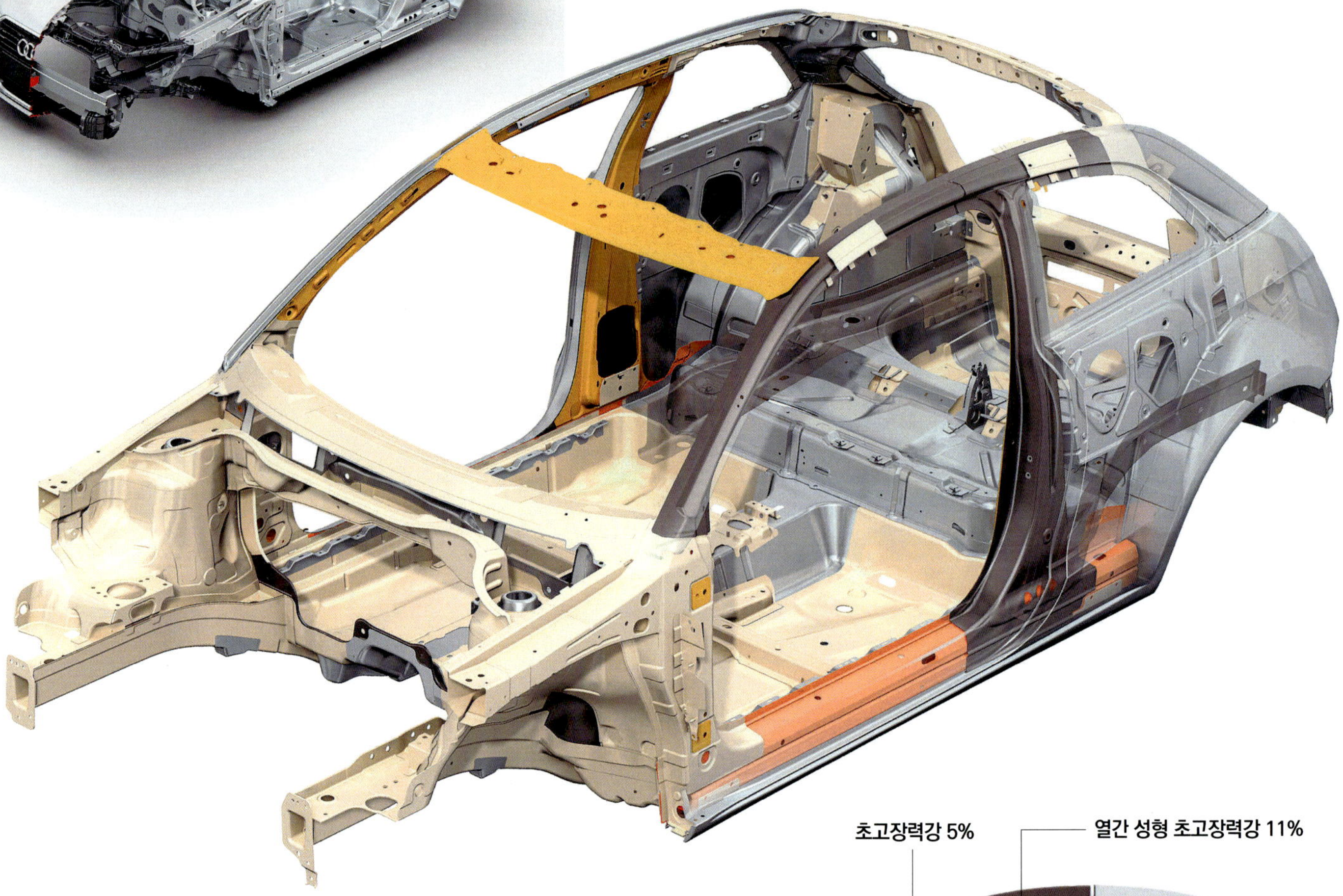

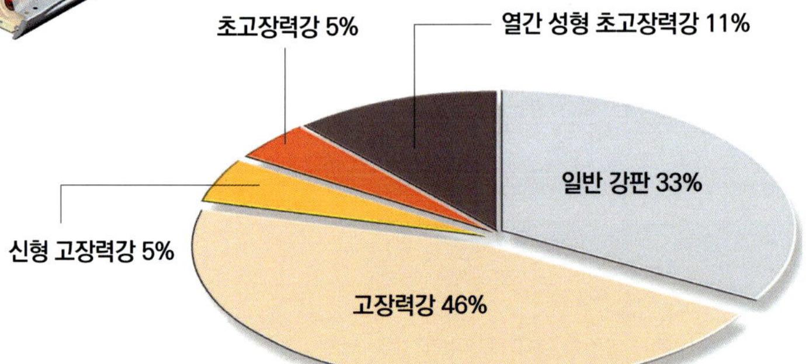

화이트 보디는 221kg의 프리미엄 컴팩트

아우디의 프리미엄 컴팩트 차량인 A1의 플랫폼은 VW 폴로와 동일한 PQ25를 사용한다. 그렇지만 아우디는 프리미엄 컴팩트를 표방하기 때문에 아우디다운 개량을 하고 있다. 폴로보다 더 많은 고장력 강판을 사용한 것이 A1이며, 보디의 2/3에 고장력 이상의 강판을 사용하고 있다. 핫 스탬핑으로 성형한 초고장력 강판의 비율이 폴로가 8%인데 비해 A1은 11%로서 주로 동승석 셀(passenger cell)의 주변에 사용하고 있다. 아우디의 발표에 따르면 A1의 화이트 보디 중량은 221kg으로 경량급이며, 접합은 당연히 레이저 용접도 많이 사용했는데 1대당 66m 분량이나 되는 부분에 접착제를 사용했다는 것도 포인트이다. 아우디에 의하면 부분에 따라서는 접착제만으로 충분한 강도를 확보할 수 있어서 그 덕분에 경량화가 가능했다고 한다.

초고장력강 5%

열간 성형 초고장력강 11%

일반 강판 33%

신형 고장력강 5%

고장력강 46%

보디의 3분의 2는 고장력강판

글 : MFi · 사진 : AUDI

아우디 A1의 컨셉트가 최초로 등장한 것은 2007년의 도쿄 모터쇼였으며, 그때의 이름은 「메트로 프로젝트 콰트로」였다. A1이 데뷔한 것은 2010년. 3도어 해치백만 판매되었는데 폴로보다도 고급스러운 「프리미엄 컴팩트」라는 컨셉트는 바뀌지 않았다. 전체 길이×전체 너비×전체 높이는 3970×1740×1440mm. 휠 베이스는 2465mm.

● POLO

신세대 플랫폼 PQ25의 보디 뼈대

글 : MFi · 사진 : VW

2009년에 모델 체인지된 VW 폴로는 새로운 플랫폼(PQ25 플랫폼)을 사용하였다. 전체 길이×전체 너비×전체 높이는 3970×1682×1453mm으로 구형(PQ24 플랫폼)과 비교하여 54mm가 길어졌고, 32mm가 넓어졌으며, 14mm가 낮아진 보디를 갖게 되었다. 그런데도 불구하고 보디에서 7.5%, 차량 전체에서도 2.5%가 가벼워진 것은 보디의 조성과 뼈대가 진화되었기 때문이다.

구형보다 보디의 크기는 커졌으면서도 중량은 가볍게

VW 그룹의 PQ25 플랫폼을 사용하고 있는 폴로는 2009년에 데뷔하였다. 구형 폴로는 1999년에 생산이 시작된 PQ24 플랫폼을 사용했었는데 신세대 PQ25 플랫폼으로 변경되면서 이 클래스에서 처음으로 유로 NCAP의 별5개를 획득하면서 보디의 중량을 7.5% 가볍게 하는데 성공했다. 보디의 크기가 커졌는데도 경량화할 수 있었던 것은 위 등급인 PQ35 플랫폼(VW 골프나 아우디 A3, TT 등 연간 200만대 정도로 생산되는 메가 플랫폼)에서 쌓아온 초고장력 강판에 대한 노하우를 적극적으로 사용한 것이 가장 큰 이유다. 강판의 강도가 높으면 성형성이 나빠지지만 유럽의 메이커는 초고장력 강판을 가열한 후 성형하는 핫 스탬핑 성형을 하는 경우가 많다. 현재 PQ25 플랫폼을 사용하고 있는 것은 폴로 외에 아우디 A1, 세아트 이비자가 있다.

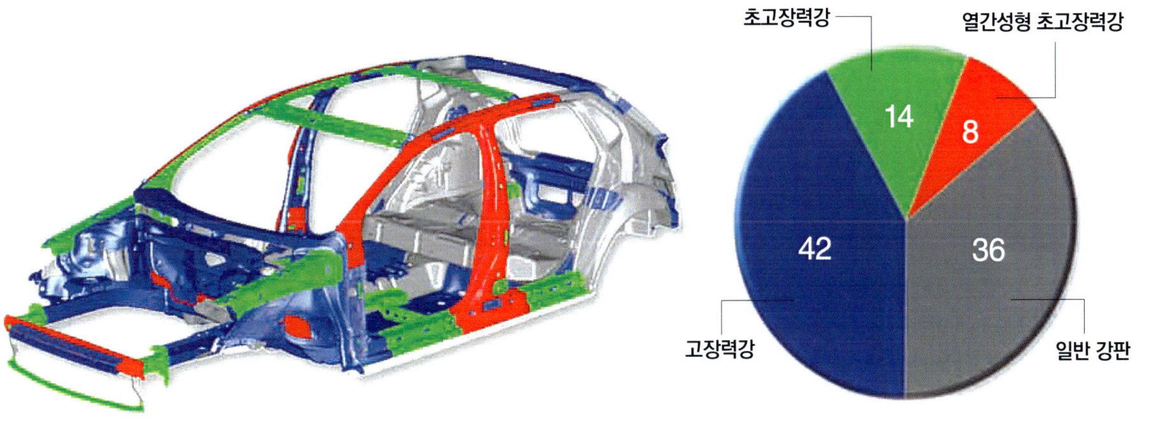

140MPa 이하의 일반 강판(연강)의 비율은 36%로 소형급으로는 상당히 낮으며, 1000MPa를 넘는 초고장력 강판은 측면 충돌 시에 캐빈이 변형되지 않도록 B필러에 사용되고 있다. 폴로에서는 사이드 실의 센터 부분이나 A필러에도 초고장력 강판이 사용되고 있다. 앞으로 충돌할 때의 충격을 흡수하는 사이드 멤버는 고장력강(140~300MPa)이 사용된다.

VW PASSAT CC

B6 파사트와 동일한 핫 프레스 소재로 구성된 보디

글 : MFi · 일러스트 : VW

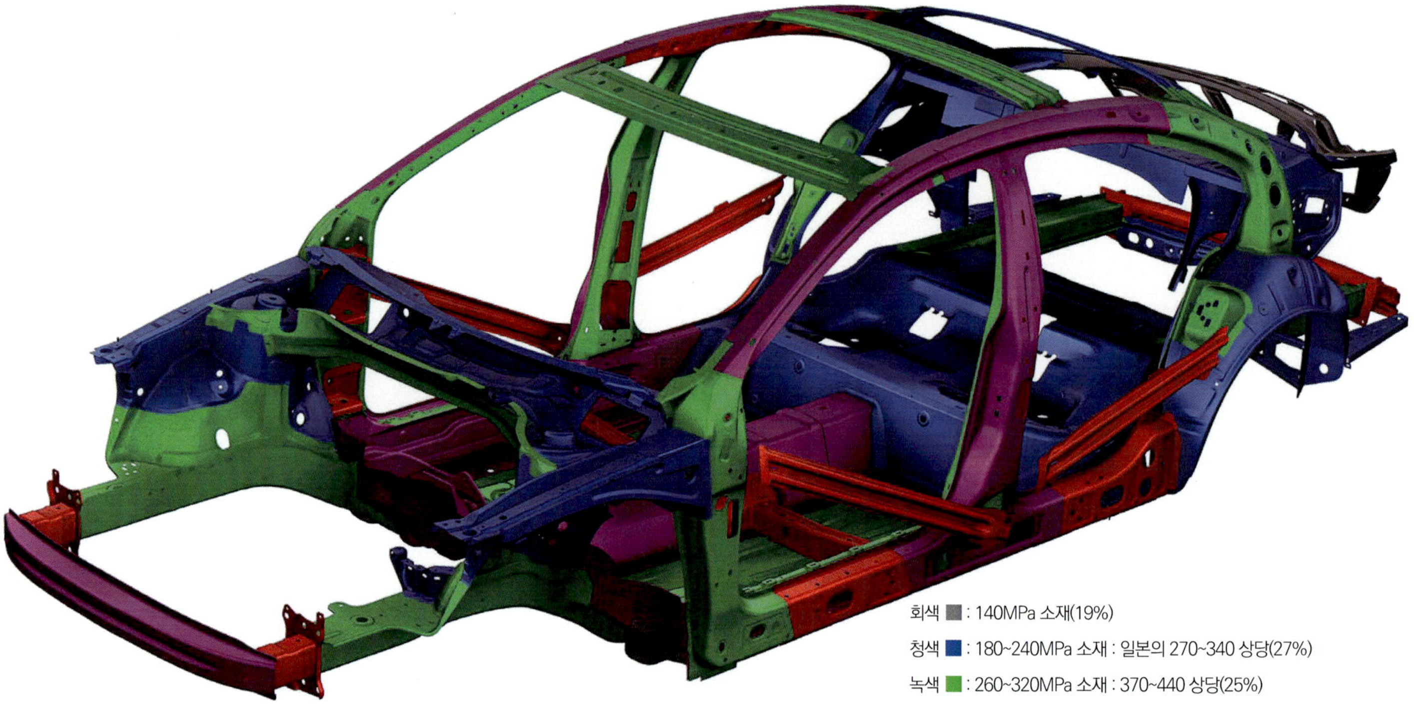

회색 : 140MPa 소재(19%)

청색 : 180~240MPa 소재 : 일본의 270~340 상당(27%)

녹색 : 260~320MPa 소재 : 370~440 상당(25%)

적색 : 340~700MPa 소재 : 590~980 상당(13%)

자색 : 핫 프레스 1000MPa~ : 1310 이상(16%)

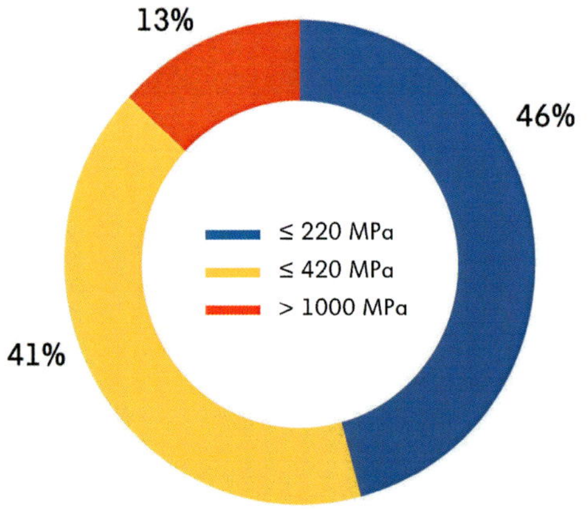

13%

46%

41%

≤ 220 MPa
≤ 420 MPa
> 1000 MPa

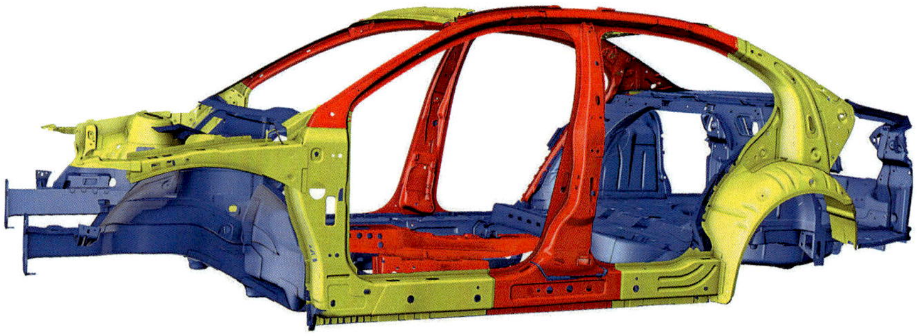

파사트 CC의 보디 강재 비율을 크게 3가지로 나눠 해설하면 420MPa 이상의 강재가 절반 이상을 차지하는 구조로 되어 있다. 상단 그림과의 비율과 다른 것은 상단 그림에는 도어 빔이나 범퍼 빔 등이 포함되어 있지 않고 내용이 다르기 때문이다. 필러의 핫 프레스를 비롯하여 캐빈을 튼튼하게 지지하고 있는 모습을 파악할 수 있다.

아직도 세계 최첨단의 보디

2005년에 데뷔한 B6형 파사트는 핫 프레스 부위가 지금까지 전례 없이 많아서 관계자의 간담을 서늘하게 하였으며, 그 구조는 파사트 CC까지 이어져 오고 있다. 세단에 비해서 길고(+50mm) 넓으며(+35mm), 낮은(-70mm) 보디를 갖고 있으며, 좌우 사이드 멤버 위쪽의 프레임과 윈도우 크로스 멤버, 리어 패널, A필러의 리인포스가 신설되었다. 프런트 패널, B필러/A필러, 범퍼 빔 등 많은 부위에 핫 프레스 1000MPa 이상의 강재를 사용하고 있으며, 측면 충돌에 대응하기 위하여 B필러 바깥쪽에 핫 프레스 소재를, 안쪽에는 260~320MPa 소재를 사용한다. 파사트 CC의 디자인 정체성이다. A필러에서 C필러에 걸쳐 포물선을 그리는 루프 라인도 핫 프레스 소재로 만들어져 있다.

「컴포트 쿠페」를 추구하는 파사트 CC는 2008년에 데뷔하였다. 물론 보디의 베이스가 된 것은 2005년에 데뷔를 끝마친 B6형 파사트다. 구형 B5형은 아우디 A4를 베이스로 하고 있었지만 B6형은 PQ46 플랫폼을 사용하기 때문에 엔진+트랜스미션이 가로로 배치된 구조를 하고 있다.

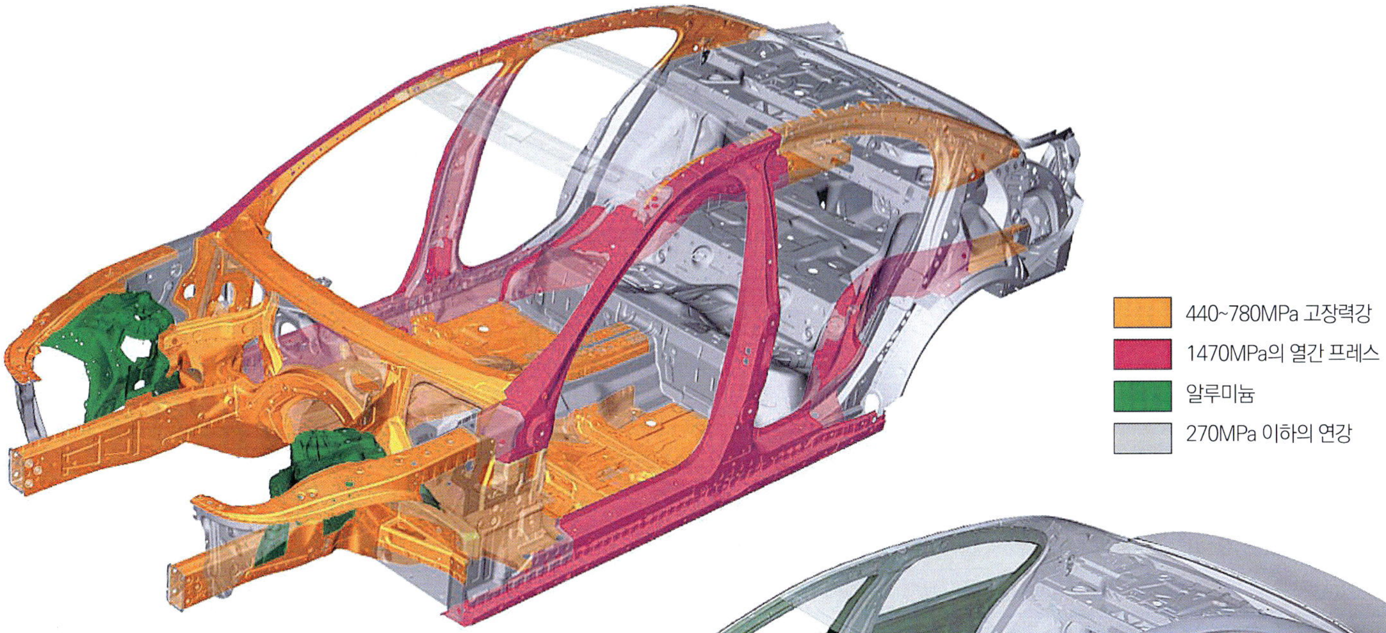

핫 프레스 초고장력 강판과
다단계(Multi-phase) 강판으로 만든 보디

6세대를 맞은 F10(세단)과 11형(왜건) BMW 5시리즈. 플랫폼의 베이스는 F01/02형 7시리즈이며, 5시리즈로는 먼저 해치백인 「GT」가 데뷔를 하였다(F07형). A필러/B필러 및 사이드 실에는 핫 프레스로 만든 UHSS 소재를, 플로어와 벌크 헤드에 멀티 페이즈 강판을 사용하여 캐빈을 강하게 만든 동시에 응력을 받지 않는 후드나 프런트 펜더, 이너 펜더, 4개의 도어 등을 알루미늄으로 만들어 경량화를 도모하였다. 이러한 성과는 충돌 테스트를 할 때 여실히 나타나는데 EURO NCAP의 최고득점과 더불어 주로 측면에서 충돌하는 「폴 사이드 임팩트」 등의 테스트 내용이 더 엄격한 US NCAP에 있어서도 최고 득점(별 5개)을 획득한 "최초의 자동차"라는 명예를 얻고 있다.

2009년에 등장한 F10/11의 BMW5 시리즈는 전체 길이 4910×전체 너비 1860×전체 높이 1475mm, 휠 베이스 2970 mm의 보디 크기를 갖추면서 구형(E60/61형)보다 길이 55mm, 너비 15mm, 높이 5mm가 더 커졌다. 휠 베이스는 80mm나 늘어나 캐빈이 크게 넓어졌다.

BMW 5 SERIES SEDAN

가벼움과 강력함을 추구하여 50 : 50의 앞뒤 중량 밸런스를 유지

글 : MFi · 일러스트 : BMW

아우디가 시판하는 모델에 최초로 전체 알루미
늄화를 실현한 것은 1994년의 A8이다. ASF=
아우디 스페이스 프레임의 명칭처럼 알루미늄
으로 강도와 강성을 부담하는 뼈대를 만들고 거
기에 외부 패널을 부착하는 구조였다. 그로부터
16년이 지나 3세대로 진화한 A8이 ASF의 최
신판이다. 전체 길이×전체 너비×전체 높이는
5145×1950×1465㎜다.

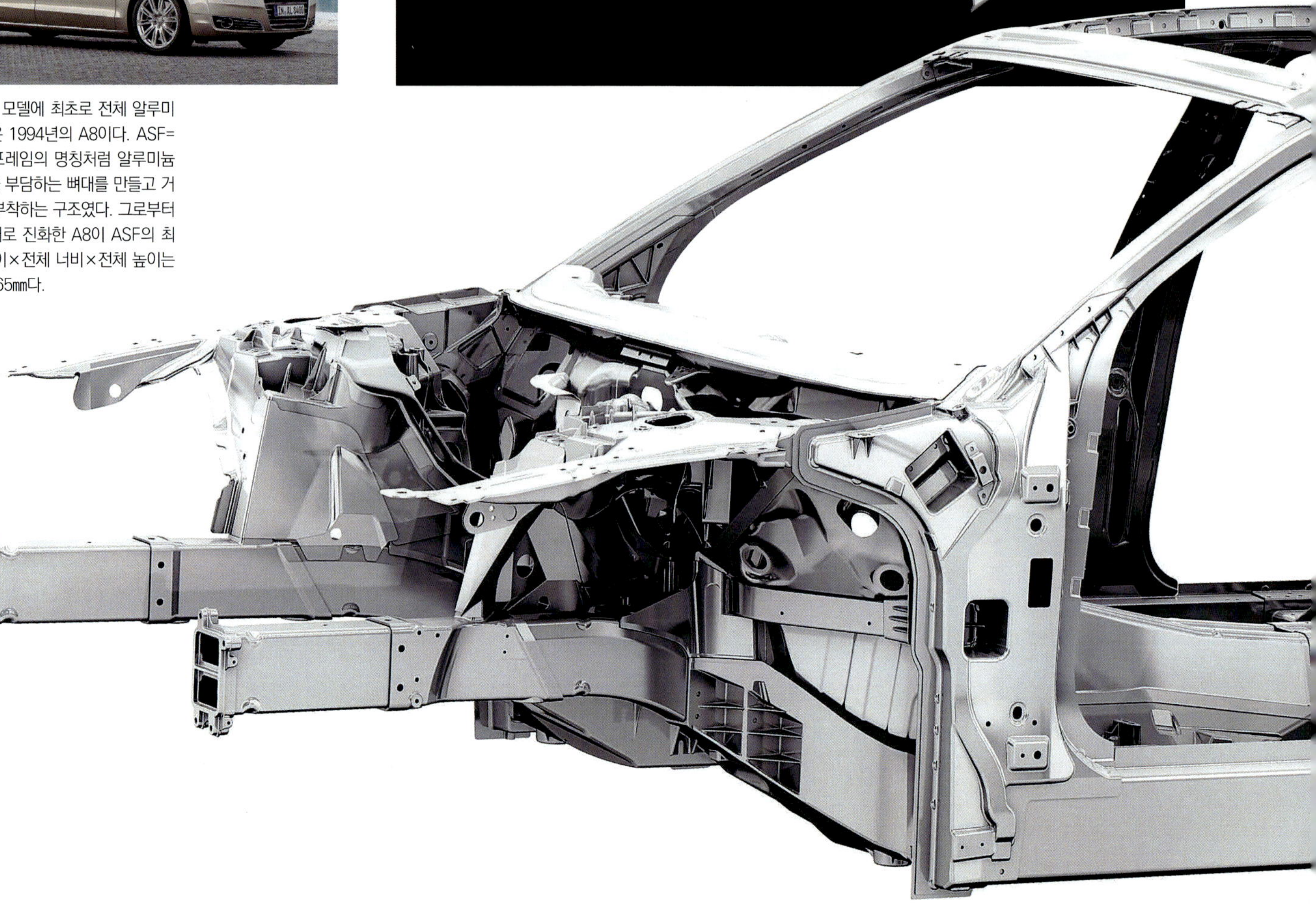

A8

알루미늄 보디의 선구자인 아우디의 최신작

글 : MFi · 사진 : AUDI

알루미늄 기술의 견본과 같은 보디

아우디의 알루미늄 스페이스 프레임인 ASF(Audi Space Frame)의 최신작이 A8이
다. A8 중에서는 3세대에 해당하며, 중량 면에서 알루미늄이 유리한 점은 분명하다.
A8은 스틸로 만들었을 경우보다 40%나 가벼워진다고 한다. A8에 알루미늄을 사용
하는 방법에 대하여 풍부한 노하우를 갖고 있는 아우디만의 기술이 여기저기 투입되
어 있으며, 13종류나 되는 알루미늄은 압출 소재, 다이캐스트 소재, 패널 소재를 특
성에 맞도록 나누어 사용하고 있다. 접합에도 아우디가 갖고 있는 노하우가 아낌없
이 투입되었으며, 1847군데의 셀프 피어싱 리벳(self-piercing rivet), 632군데의
셀프 탭핑 스크루, 202군데의 스폿 용접, 25군데의 MIG 용접, 6m의 레이저 용접,
44m의 접착제에 의한 접착 등 다채로운 접합 기술이 사용되고 있다. 이 아우디 A8
의 보디는 2010년 유로 카 보디 어워드를 수상하였다.

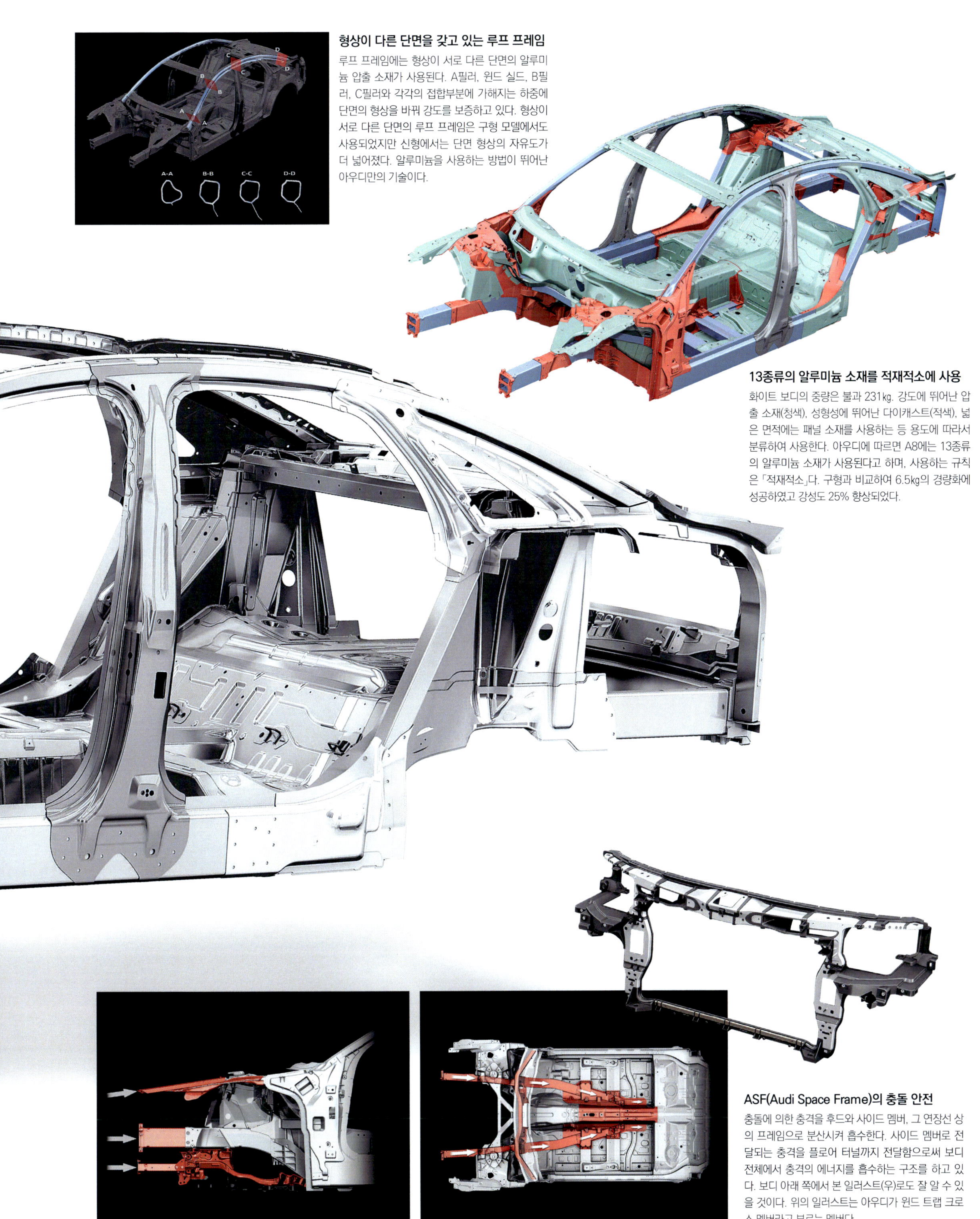

형상이 다른 단면을 갖고 있는 루프 프레임

루프 프레임에는 형상이 서로 다른 단면의 알루미늄 압출 소재가 사용된다. A필러, 윈드 실드, B필러, C필러와 각각의 접합부분에 가해지는 하중에 단면의 형상을 바꿔 강도를 보증하고 있다. 형상이 서로 다른 단면의 루프 프레임은 구형 모델에서도 사용되었지만 신형에서는 단면 형상의 자유도가 더 넓어졌다. 알루미늄을 사용하는 방법이 뛰어난 아우디만의 기술이다.

13종류의 알루미늄 소재를 적재적소에 사용

화이트 보디의 중량은 불과 231kg. 강도에 뛰어난 압출 소재(청색), 성형성에 뛰어난 다이캐스트(적색), 넓은 면적에는 패널 소재를 사용하는 등 용도에 따라서 분류하여 사용한다. 아우디에 따르면 A8에는 13종류의 알루미늄 소재가 사용된다고 하며, 사용하는 규칙은 「적재적소」다. 구형과 비교하여 6.5kg의 경량화에 성공하였고 강성도 25% 향상되었다.

ASF(Audi Space Frame)의 충돌 안전

충돌에 의한 충격을 후드와 사이드 멤버, 그 연장선 상의 프레임으로 분산시켜 흡수한다. 사이드 멤버로 전달되는 충격을 플로어 터널까지 전달함으로써 보디 전체에서 충격의 에너지를 흡수하는 구조를 하고 있다. 보디 아래 쪽에서 본 일러스트(우)로도 잘 알 수 있을 것이다. 위의 일러스트는 아우디가 윈드 트랩 크로스 멤버라고 부르는 멤버다.

마그네슘까지 이용한 합성 구조

파나메라의 플랫폼은 완전히 새로 개발한 것으로 보다 뼈대의 설계를 기본적으로 생각하는 것은 타입 997 이후의 911 계통과 근본적으로 상통되는 합성(composite) 구조로서 HTSS강, 스테인리스 스틸, 마그네슘, 알루미늄을 적재적소에 나누어 사용하고 있다. 일러스트 가운데 엷은 청색 부분이 알루미늄 소재를 사용한 부위로 「덮개의 종류」에 머물지 않고 앞부분의 크러셔블 구조도 알루미늄으로 구성되어 있다. 911 계통에서는 이 부분에 테일러드 블랭크 용접(tailored blank welding ; 차압용접) 강판을 사용하여 「흡수」하게 되는데 엔진이 앞에 배치되어 있는 파나메라는 충격을 흡수하는 공간이 한정되어 있어서 충격의 흡수에 중점을 두었기 때문이다. 분홍색 부위는 HTSS강인 차압 용접 강판, 청녹색은 마그네슘 단조로 된 부위(도어 창틀 부분), 스테인리스 스틸 부위는 장력에 맞게 녹색, 황색, 오렌지색으로 표현되며, 적색에 가까울수록 장력이 높다.

강도와 강성이 필요한 부위에는 요구되는 수준에 맞추어 HTSS강을 사용한다. 이러한 결과 「뼈대」는 HTSS강으로 구성되었다. 강성이 낮아도 상관없는 부분 또한 충돌 시에 잘 찌그러져야 하는 부분에는 알루미늄을, 거의 강성이 불필요한 부분에는 마그네슘을 사용함으로써 경량화를 추구하였다. 서스펜션의 주변 부품도 거의 알루미늄화한 결과 거구임에도 불구하고 기본 등급의 차량중량을 1730kg으로 머물게 하였다.

Porsche PANAMERA

소재의 특성을 살려 적재적소에 구분하여 사용한 경량의 보디

글 : 마츠다 유지(Yuji MATSUDA) · 사진 : PORSCHE

빌트인 프레임 같은 뼈대의 구성

2세대 카이엔의 플랫폼은 파나메라와 공용이지만 보디 뼈대의 구성은 상당한 변경이 이루어져 있다. 사이드 패널은 전체에 걸쳐 초HTSS강을 사용하고 있다. 구체적인 장력은 명시되지 않지만 일러스트의 색채 규격이 파나메라와 공통이라면 붉은색 부분이 1180MPa, 분홍색 부분이 차압 용접 강판으로 추측된다. 필러와 루프, 벌크 헤드, 사이드 멤버로 구성된 루프 부분의 강도와 강성을 철저하게 높임으로써 모노코크 보디 안에 프레임을 만들어 붙인 것과 같은 구조를 하고 있으며, 그 밖의 다른 부위는 필요한 수준으로 맞춘다는 계획이었다. 옅은 청색의 후드와 리어 게이트는 알루미늄 소재이며, 플로어에 비교적 장력이 낮은 스틸을 깐 것은 공간이 큰 SUV라는 패키지 상 공진(共振) 주파수의 대역을 조금 옮기기 위한 조치로 여겨진다. 투아렉 보디도 뼈대의 구조는 동일하다.

Porsche CAYENNE

핫 스탬핑의 HTSS강을 보디 사이즈 전체에 사용

글 : 마츠다 유지(Yuji MATSUDA) · 사진 : PORSCHE

카이엔과 투아렉이 같이 사용하는 플랫폼 부품은 VW의 슬로바키아 브라티슬라바 공장에서 생산되지만 카이엔의 어퍼 보디 제조와 차량의 어셈블리는 포르쉐의 라이프치히 공장에서 만들어지고 있다. 덧붙이자면 같은 라이프치히 공장에서 어셈블리를 제조하고 있는 파나메라 보디는 VW의 하노버 공장에서 제조한다.

투아렉의 일러스트 착색은 사용하는 부재나 장력을 나타내는 규칙이 없고 단순히 구조를 알기 쉽게 나타내기 위한 방법이기 때문에 카이엔과는 다르지만 구성은 동일하다. 화이트 보디에서만 구형의 모델과 비교하여 67kg이나 가벼워지면서도 정적 비틀림의 강성은 구형 모델에 비하여 5%가 상승되었다.

VW TOUAREG

플랫폼을 같이 사용하는 형제 자동차

글 : 마츠다 유지(Yuji MATSUDA) · 사진 : VW

PLATFORM 2

다양한 차종과 차량의 형식에 유연하게 대응한다

글 : MFi · 일러스트 : Peugeot / Citroen

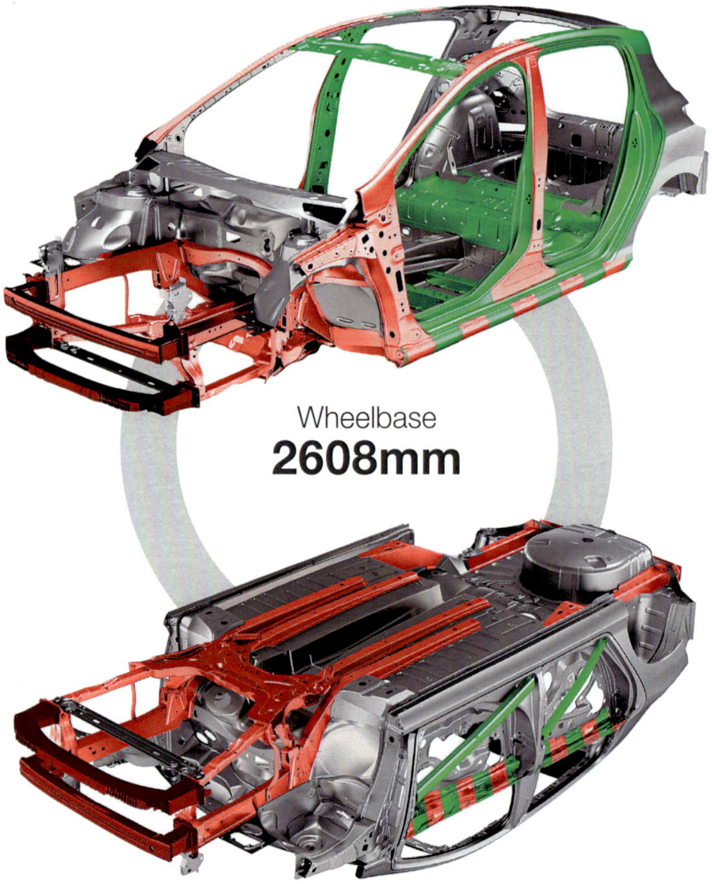

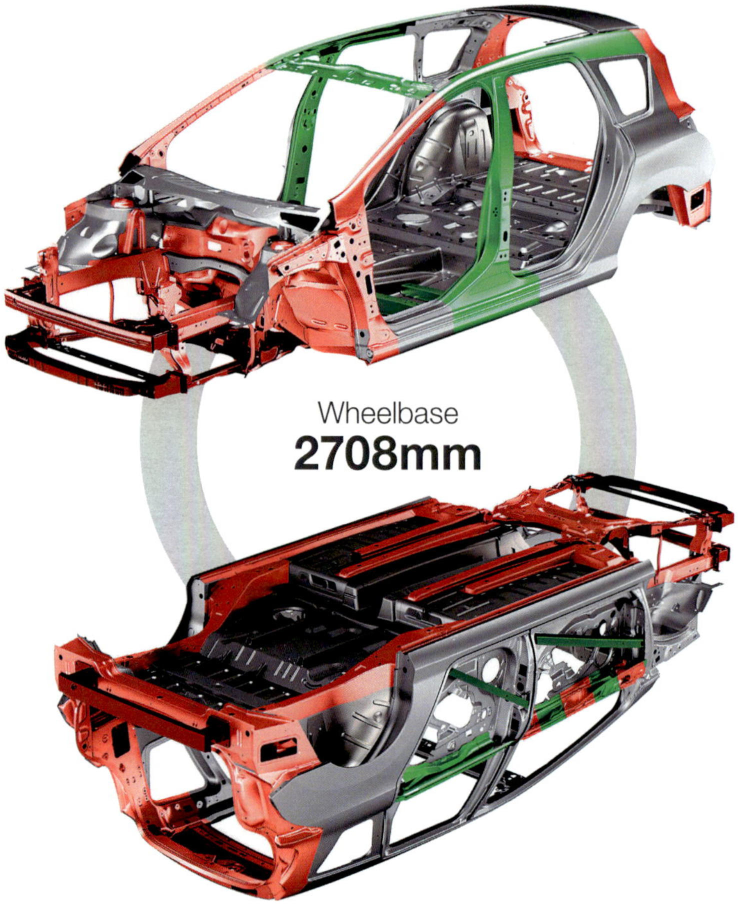

● **푸조 308**

308은 푸조의 핵심 차종이다. 플랫폼 2의 기본형이라고도 할 수 있으며, 휠 베이스는 가장 짧은 2608㎜로 3도어 및 5도어의 해치백과 4도어 세단 등의 차종이 갖추어져 있다.

● **푸조 308SW**

스테이션 왜건 판인 308SW는 휠 베이스를 100㎜ 길게 했다. C필러 이후의 글라스 영역과 더불어 리어 게이트의 개구부도 거대하기 때문에 힌지 부분과 루프를 포함한 강도 확보에 주력하였다.

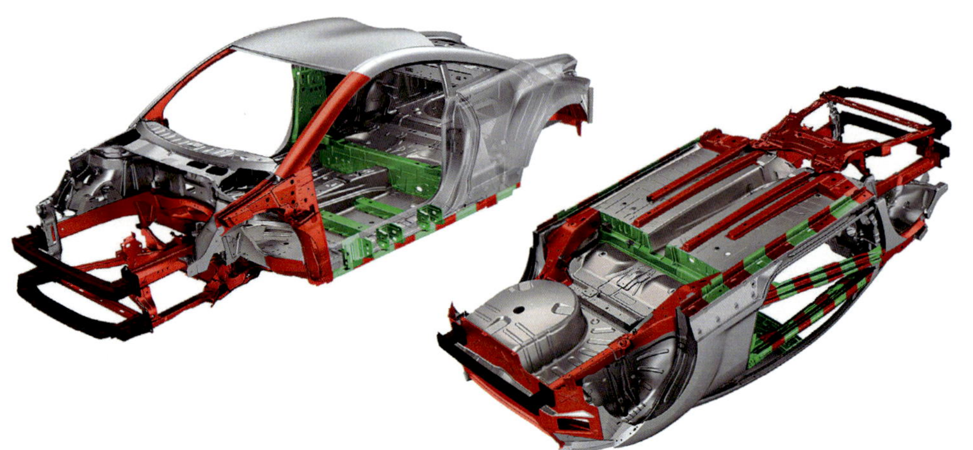

● **푸조 RCZ**

FF 가로 배치의 2+2 스포츠 RCZ. 휠 베이스 2610㎜로 308 플랫폼을 사용한다. 개구부가 작고 보디 전체의 높이도 높지 않기 때문에 보디의 높은 강성을 기대할 수 있다.

세그먼트마다 플랫폼을 준비

PSA(Peugeot Societe Anonyme=푸조 주식회사)의 세그먼트 자동차용 플랫폼「Platform 2」는 동사(同社)의 푸조 브랜드 및 시트로엥 브랜드
의 각 자동차에 폭넓게 사용된다. 아래의 일러스트와 같이 휠 베이스가 길고 짧지만 308시리즈, 각 MPV(Multi Purpose Vehicle), RCZ, 그리고
시트로엥 C4 등에서 현재 사용 중이다. 쉽게 상상할 수 있도록 207시리즈/시트로엥 C3 시리즈 등의 B세그먼트용으로는「Platform 1」이, 새롭게
데뷔한 508을 비롯한 D/E세그먼트용으로는「Platform 3」가 준비되어 있다. A세그먼트인 1007/시트로엥 C1은 토요타와의 협업에 의한 차량이
기 때문에 이 3종의 플랫폼으로 OEM을 뺀 상당히 많은 자사의 모든 차종을 커버하고 있다.

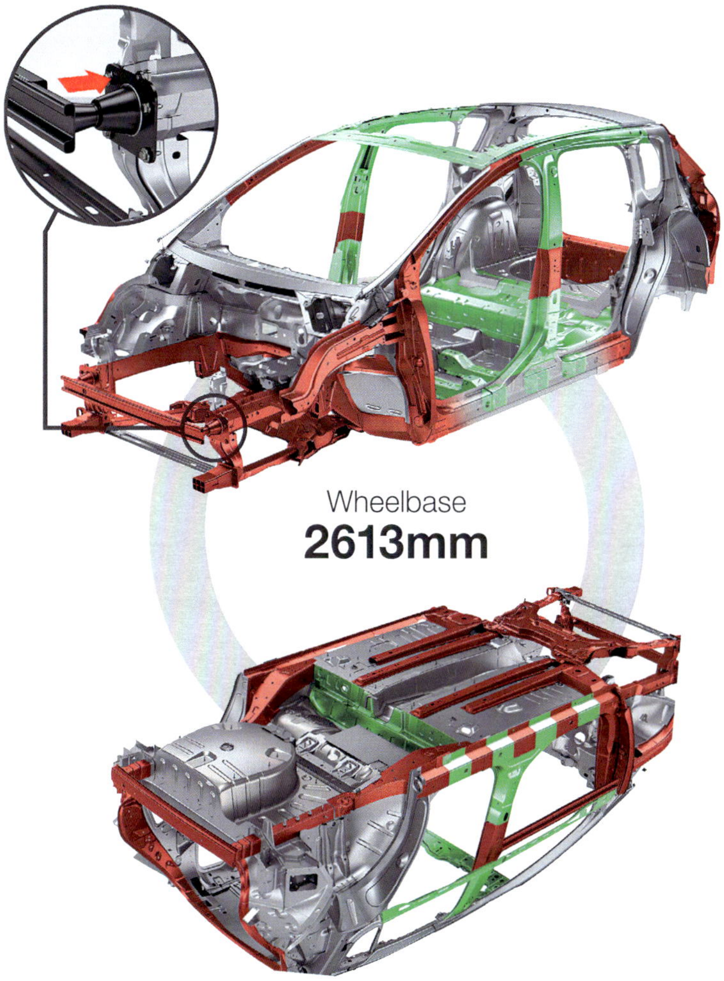

Wheelbase
2613mm

Wheelbase
2727mm

● 푸조 3008

308의 MPV 버전인 3008. 3열 시트밖에 없긴 하지만 모노 폼(monoform)의
등(背)이 높은 "미니밴" 스타일의 보디를 하고 있다. 휠 베이스는 2613mm. 전체
높이를 20mm 높여 거대한 실내가 특징이다.

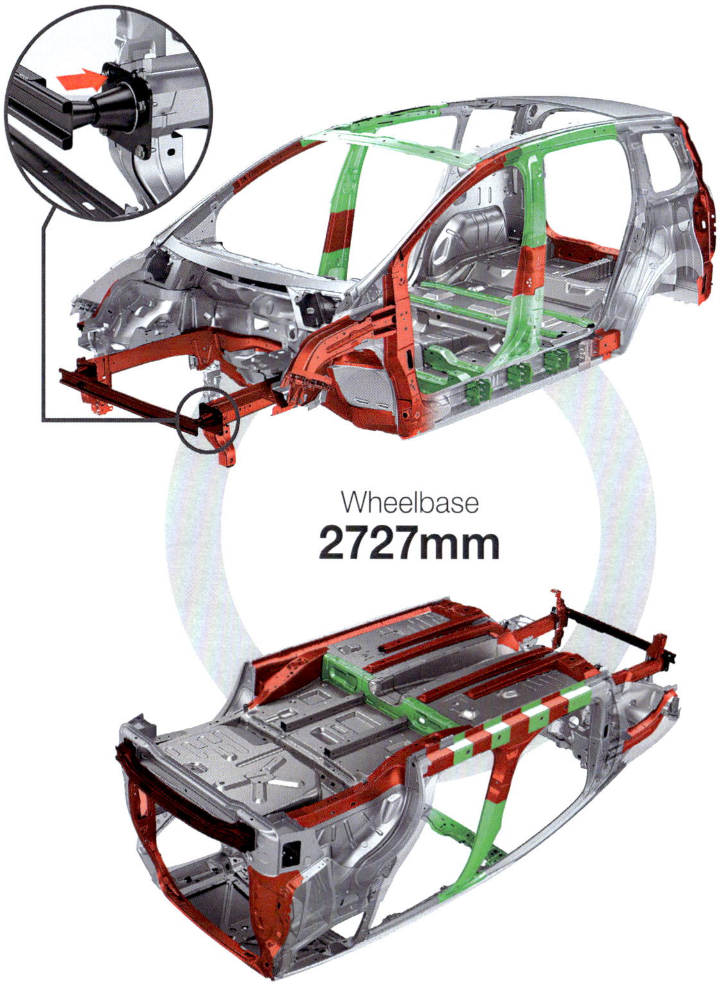

● 푸조 5008

푸조의 대형 MPV가 5008이다. 3열 시트를 갖춘 차량으로 시트로엥
C4 그랑피카소와 자매자동차 관계에 해당되지만 보디의 크기는 61mm가
짧고, 46mm가 낮아서 다른 캐릭터를 연출하고 있다.

● 푸조 파트너

상용자동차를 기초로 한 MPV 파트너는 캐빈으로부터 뒤쪽이 상자모양의 보디로
된 차량이다. 플랫폼 2를 사용함으로써 구형보다도 커졌다. 좌우 뒷 도어가 슬라이
드 구조를 하고 있는 것이 특징이다. 휠 베이스는 2728mm.

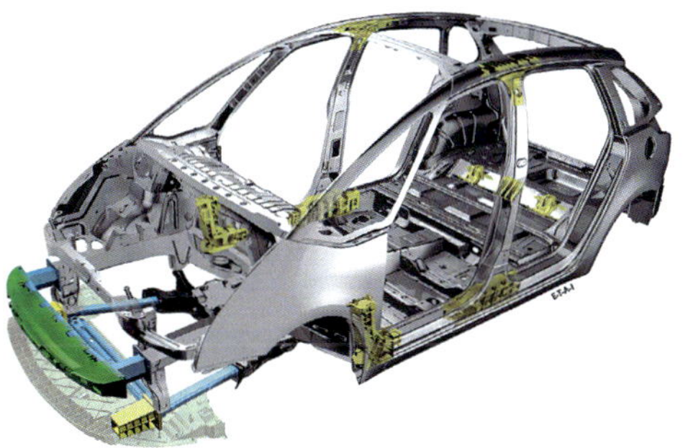

● 시트로엥 C4 피카소

시트로엥 C4 피카소는 일본의 3열 시트와는 다른 2열 5좌석의 사양이다.
한편 3열 7좌석의「그랑피카소」와는 휠 베이스가 2730mm로 공통이며, 자
매의 자동차이면서 역시 5008과는 다른 점이 흥미롭다.

도해특집 보디의 구조 [자동차의 뼈대~프로덕션 기술]

「보디(body)」란 말할 필요도 없이 자동차의 뼈대에 해당하는 중요한 요소이다.

자동차라는 상품을 밖에서 바라보는 상황에서는 운전자가 자동차의 구조나 소재는 모두 이해하기 어려운 부분이다.

그러나 이 분야의 기술 혁신도 급속히 진행되고 있다.

소재를 예로 들어 스틸은 물론이고 알루미늄이나 복합소재 등 자동차를 구성하는 소재들이 증가하고 있다.

또한 접합기술도 기존의 스폿 용접과 더불어 라인 용접 등을 많이 이용하는 메이커도 있다.

보디의 구조와 밀접하게 관계되고 있는 것이 프로덕션 기술, 즉 양산 기술이라 할 수 있다.

이번 도해의 특집에서는 자동차의 보디와 소재, 그리고 실제 양산되기까지의 진행 과정을 살펴보겠다.

자동차의 내부 구조에 주목하다 보면 흥미진진한 테크놀로지를 발견할 수 있을 것이다.

취재 협력 : 닛산자동차

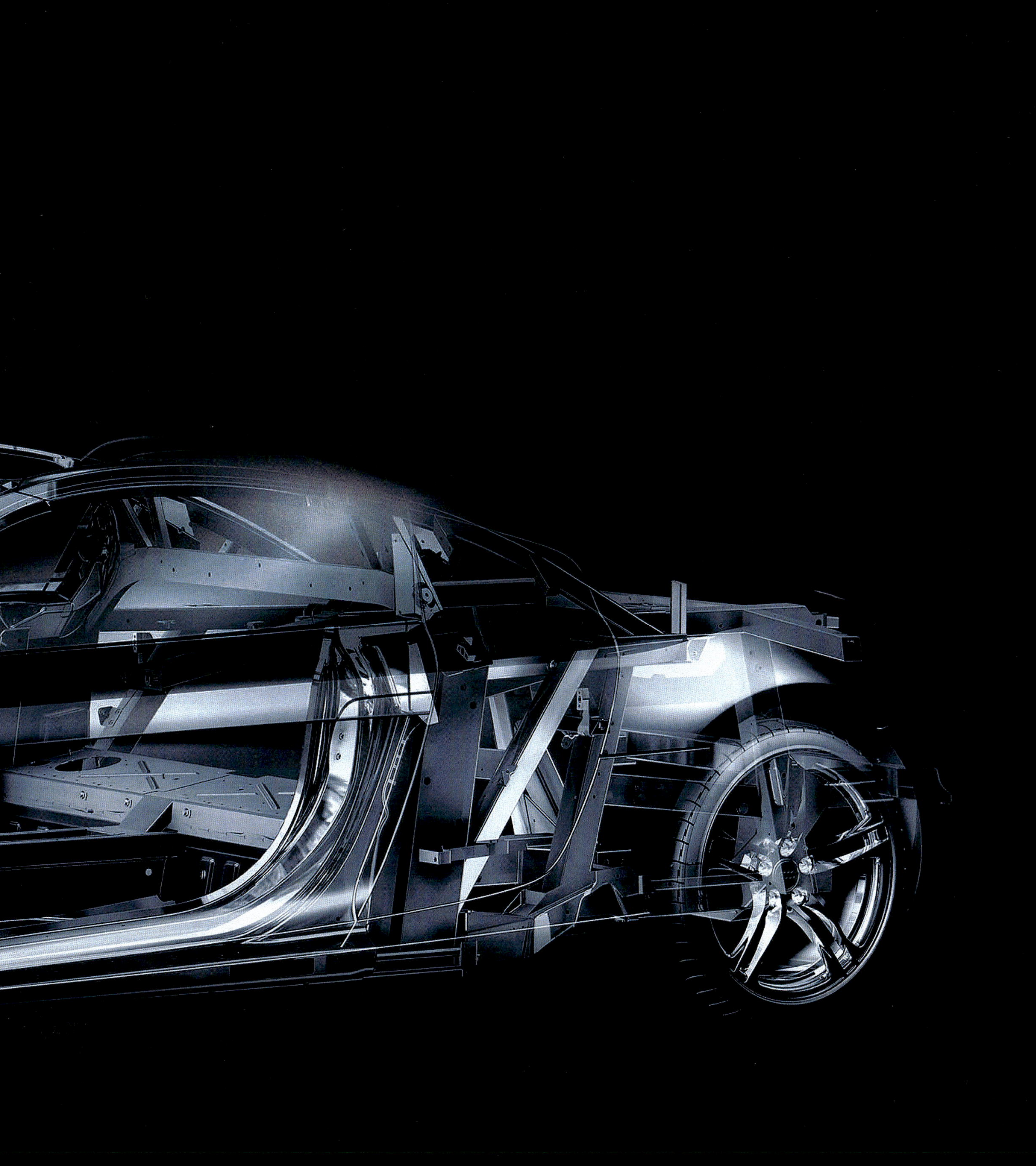

Steel Body shell

보디 뼈대의 기본은 「강(鋼)」 그 진화는 지금도 계속되고 있다

글 : 모로즈미 타케히코 · 사진 : DAIMLER-CHRYSLER

「얇은 강판 용접 · 응력 외부 패널 구조」는 계속적으로 승용자동차 뼈대의 기본을 이루고 있다

강철의 얇은 판을 자동차 뼈대의 주재료로 사용하게 된 것은 매우 오래전이었다. 아니 120여년에 이르는 자동차 역사의 초기부터 기본 뼈대의 주요 소재는 강철이었다. 그것이 보디와 뼈대를 일체화시킨 「응력 외부 패널 구조」 즉 모노코크 셀(shell) 방식이다. 그것도 얇은 강판을 용접하여 접합하는 구조가 승용자동차 보디의 정석이 되면서 거기에 맞추어 대량 생산을 위한 설비, 구조 설계가 구축되었다. 그리고 소재와 접합 방법(용접)의 개량이 시시각각 진행되면서 오늘에 이르고 있다.

최근 양산 자동차의 뼈대에 있어서 기술의 동향은 우선 각 방향에 대하여 충돌의 대책에 관한 요구가 상당히 높아짐에 따라 엔진 룸을 상하 · 좌우의 4방향으로 둘러싸는 크로스 멤버, 그리고 차량의 실내 측면 하부의 사이드 멤버와 필러, 심지어 플로어의 형상을 만드는 사다리 형상의 골재, 그리고 차체 뒤쪽 좌우의 크로스 멤버와 주요 멤버를 튼튼하게 하는 동시에 외부 충격의 입력에 대한 변형을 컨트롤할 수 있도록 판의 두께나 형상을 설계하는 것이 정석으로 되어 있다. 또한 강판 자체의 개량도

진보하면서 인장강도가 높은 고장력강, 초고장력강이 자동차 차체용 소재에서 요구되는 성형성 등의 문제를 해결해 줌으로써 사용하는 사례가 증가하고 있다. 다만 이러한 강재는 보다 강도가 높지만 강성까지 향상되는 것은 아니기 때문에 파괴에 이르는 변형이 시작되는 항복점(yield point)을 증가시키기 위한 부위에 사용하여야만 의미가 있다. 강성을 동일한 수준으로 유지하기 위해서 판 두께의 등급을 낮출 수 없으므로 고장력강을 사용하는 것이 경량화에 직결되는 것은 아니다.

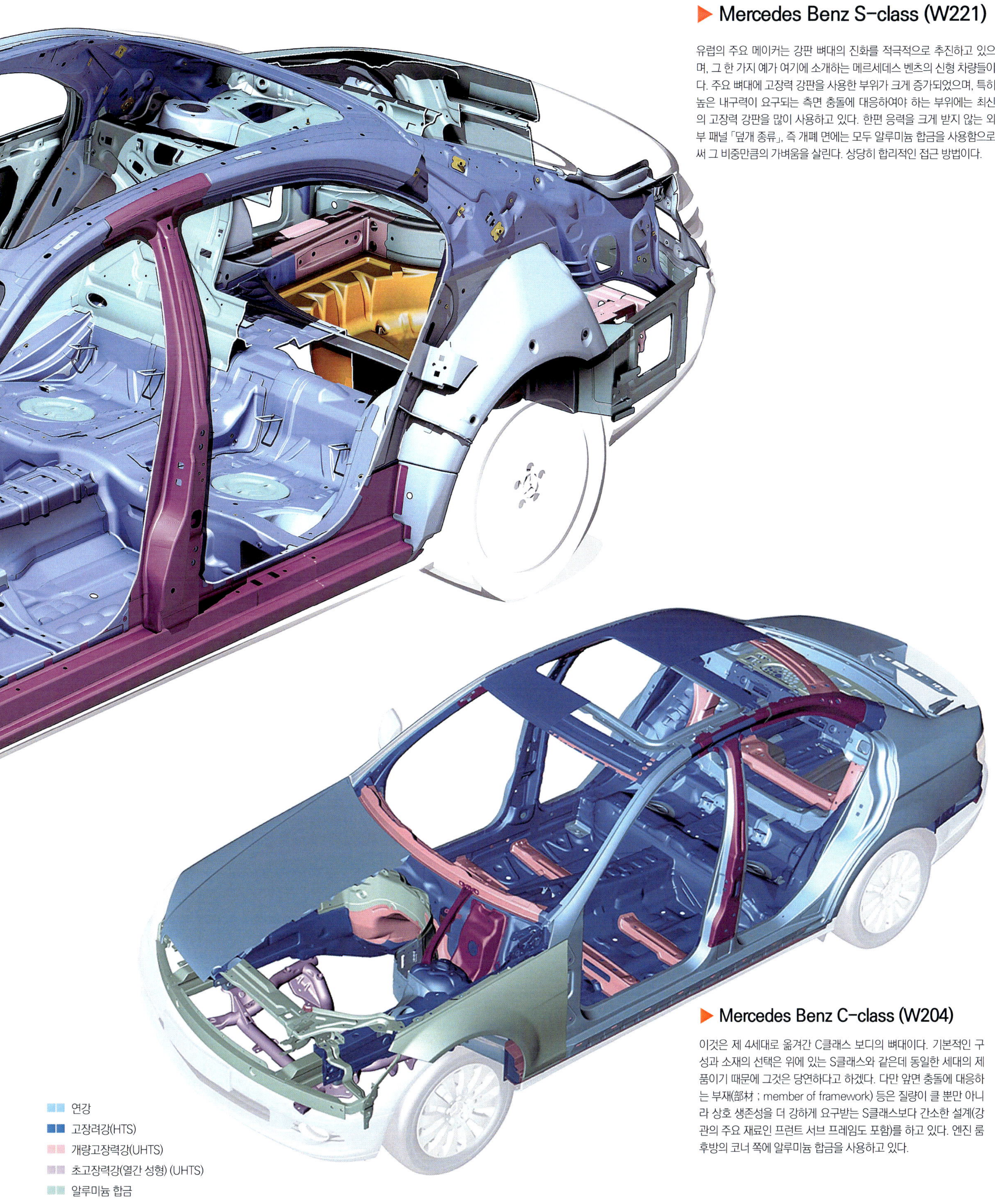

▶ Mercedes Benz S-class (W221)

유럽의 주요 메이커는 강판 뼈대의 진화를 적극적으로 추진하고 있으며, 그 한 가지 예가 여기에 소개하는 메르세데스 벤츠의 신형 차량들이다. 주요 뼈대에 고장력 강판을 사용한 부위가 크게 증가되었으며, 특히 높은 내구력이 요구되는 측면 충돌에 대응하여야 하는 부위에는 최신의 고장력 강판을 많이 사용하고 있다. 한편 응력을 크게 받지 않는 외부 패널 「덮개 종류」, 즉 개폐 면에는 모두 알루미늄 합금을 사용함으로써 그 비중만큼의 가벼움을 살린다. 상당히 합리적인 접근 방법이다.

▶ Mercedes Benz C-class (W204)

이것은 제 4세대로 옮겨간 C클래스 보디의 뼈대이다. 기본적인 구성과 소재의 선택은 위에 있는 S클래스와 같은데 동일한 세대의 제품이기 때문에 그것은 당연하다고 하겠다. 다만 앞면 충돌에 대응하는 부재(部材 ; member of framework) 등은 질량이 클 뿐만 아니라 상호 생존성을 더 강하게 요구받는 S클래스보다 간소한 설계(강관의 주요 재료인 프런트 서브 프레임도 포함)를 하고 있다. 엔진 룸 후방의 코너 쪽에 알루미늄 합금을 사용하고 있다.

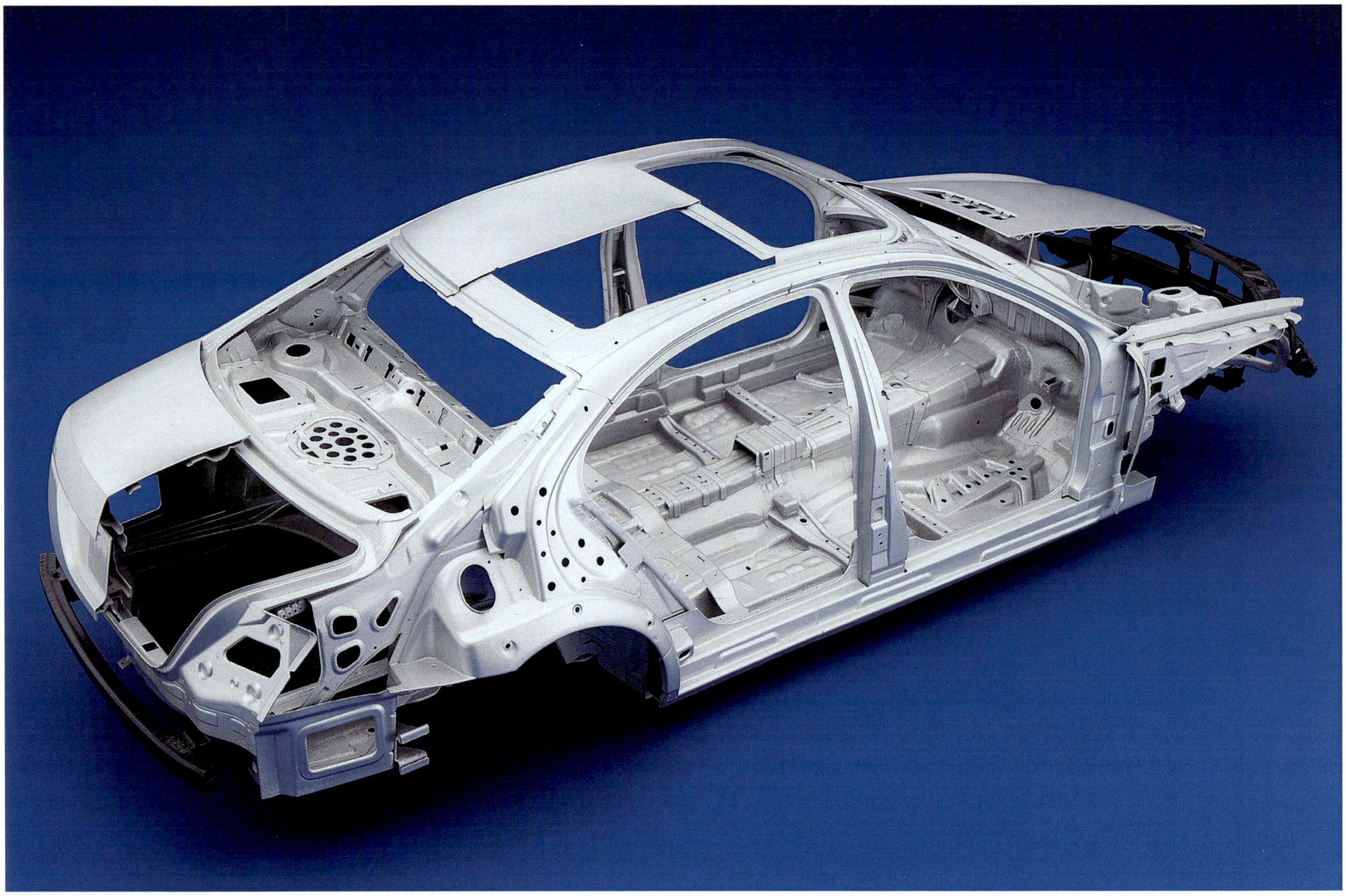

▶ **Mercedes Benz S-class(W221)**

유럽 스타일인 고강도, 고강성 보디 셸의 최신 실물 모델. 면 구성의 치밀함이 부재 단독으로 또한 부재들이 적절하게 접합되었을 때도 강도와 강성에 직결되리라는 것을 느끼게 해주는 제조물이다. 주요 부위에는 거의 스폿 용접의 흔적이 없고(즉 선 용접) 부재를 겹치도록 하기 때문에 응력이 작은 부위에 스폿 용접을 사용하고 있다.

Steel Body shell

최신 유럽 스타일인 얇은 강판 뼈대의 세부 모습

글 : 모로즈미 타케히코 · 사진 : DAIMLER-CHRYSLER

진화하는 선 용접과 점용접을 구분하여 사용

이 페이지에서는 2대의 차량에 대한 뼈대를 사진을 통하여 소개하기로 하겠다.

생산성의 장점 즉, 용접기기(헤드)의 개수를 증가시켜 지그(jig)와 함께 조합하면 동시에 다발적으로 복수의 부위를 단시간에 용접할 수 있다는 점에서 스폿 용접이 유리하다. 일본에서는 다점 동시 용접인「멀티 스폿」기기로 먼저 뼈대의 전체 형상을 만들고 더 나아가 다관절 로봇 등으로「추가되는 부분을 용접」하는 공정으로 확립시켜 보급하였다. 거기서 더 진보된 발상은 거의 나타나지 않고 있다.

이에 비하여 유럽, 특히 독일의 메이커는 이전부터 선 용접을 많이 이용해 왔다. 생산성이 떨어지는 부분은 로봇화(점용접 이상으로 정밀도나 품질이 향상된다)하는 한편, 최근에는 용접하는 방법 자체를 극적으로 진화시킴으로써 동시에 스폿 다점 용접에 대한 불리함을 극복하려고 노력 중이다.

부연 설명하자면 스폿 용접은 양쪽에서 막대 모양의 팁으로 2개 이상의 판을 끼운 상태에서 전류를 흐르도록 하면 그 저항에 의해서 발열되어 융합이 되는 방식이지만 융합이 잘 이루어지지 않는 경우가 적지 않게 발생한다. 이상적인 스폿 타점이 형성되었다고 해서「타점 간격을 25mm 이하로 줄여도 접합의 강도는 상승되지 않는다」는 검토 결과가 수십 년 전에 제시되면서 일본의 메이커가 의존하는 근거가 되었지만 정말로 그럴까. 문제는 국부적인 접합의 강도분 만이 아니라는 것이다. 말하자면「두터운 종이를 호치키스 알로만 고정」시킨 구조보다도 접합하는 선 전체를 풀을 이용하여 접합한 구조가 강하다는 것은 명백한 이치다. 용접 방법의 선택은 소재와 마찬가지로「적재적소」여야 한다.

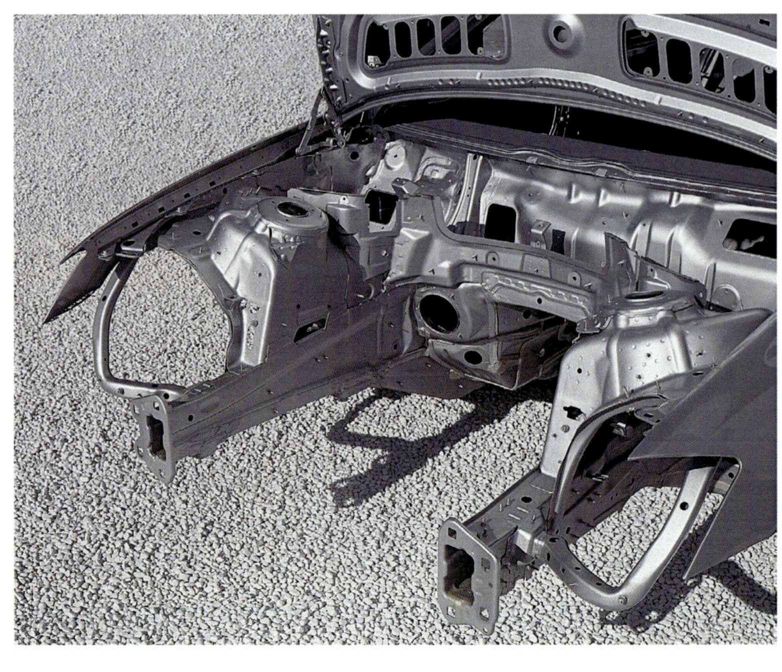

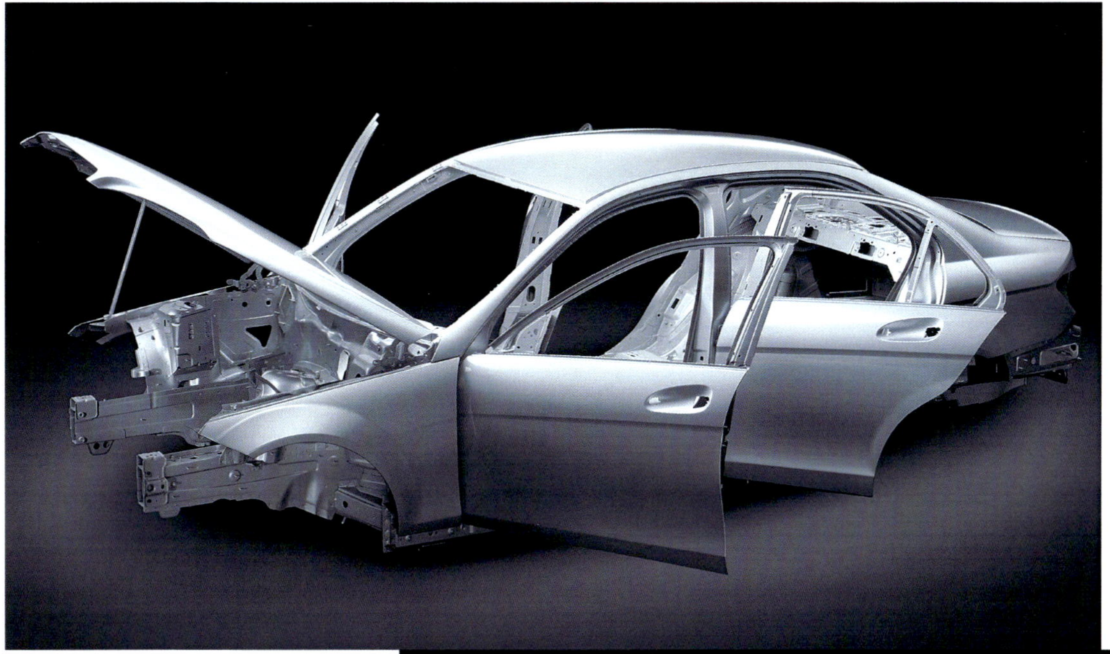

제4세대 컴팩트 메르세데스의 화이트 보디. 기본적인 구성, 면의 디자인(보강을 위한 리브나 작은 구멍 뚫기 등)이 왼쪽 페이지의 W221과 공통적인 분위기를 자아내고 있다. 엔진 룸 상부의 크로스 멤버 등에 중량과 양립 가능성(compatibility)의 요구에 대한 차이가 나타나고 있다. 강도와 강성이 필요한 뼈대 부분, 예를 들면 센터 터널은 단면을 크게 하여 튼튼하게 하고, 외부 패널 쪽은 구면에 가깝게 하여 「텐션(tension)」으로 힘을 받게 하려는 설계자의 의도가 전해져 온다.

B(센터)필러와 그 루프의 접합 부분을 확대한 모습. B필러는 053P의 그림에도 나타나 있듯이 바깥 면과 다른 면의 접합부에 열간 성형의 초고장력 강판을 배치한 3층 구조의 강판으로 되어 있다. 외부 패널을 형성하는 면의 접합과 추가 용접의 스폿 흔적은 보이지만 주요 접합 선에는 스폿 흔적이 없다.

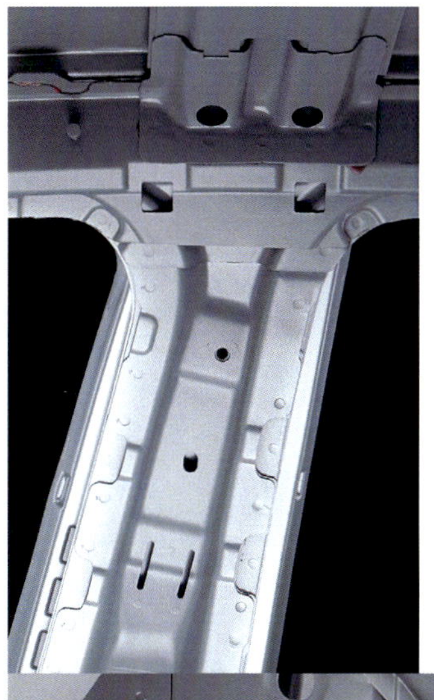

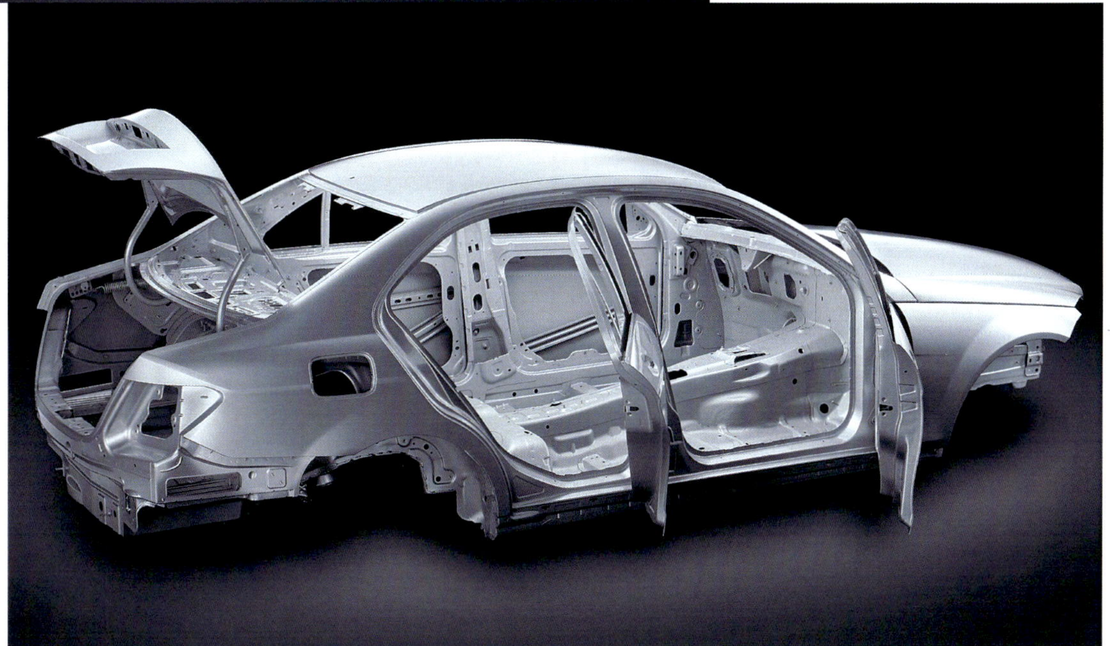

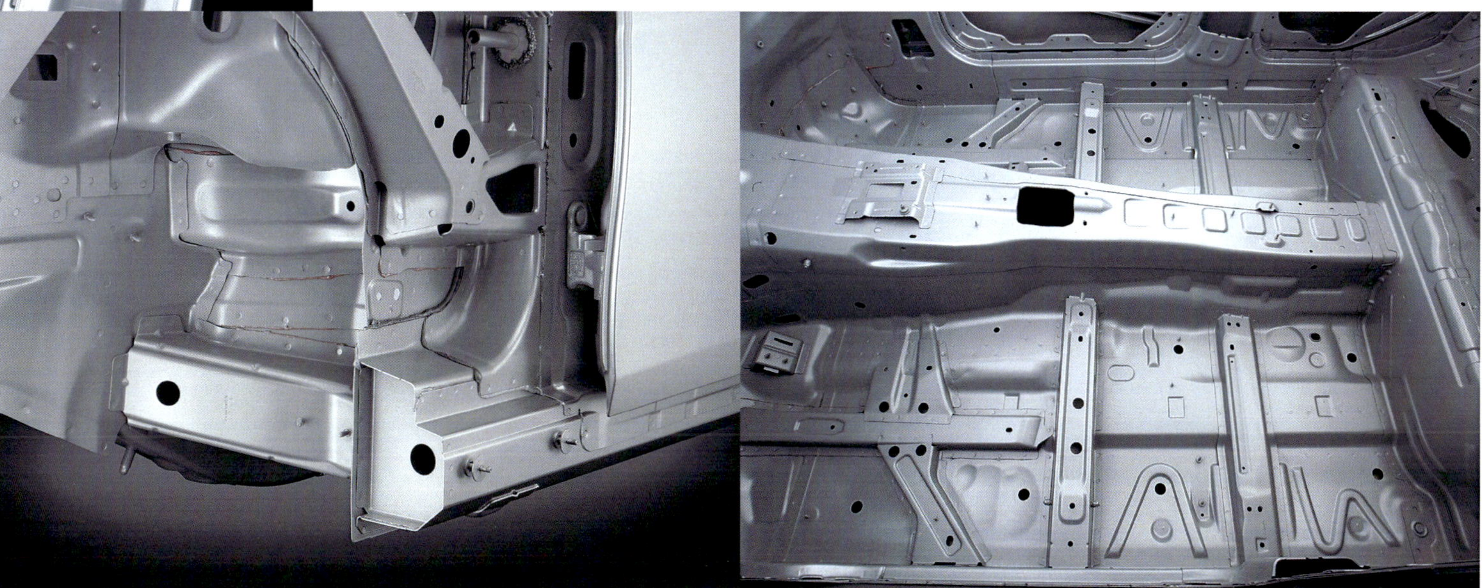

프런트 휠 아치 뒤쪽~캐빈 앞쪽의 뼈대. 주요 뼈대 소재의 단면이 튼튼한 각형(角型)을 하고 있는 것이 인상적이다. 각각의 면 끝 부분에 나와 있는 접착제와 방청 왁스도 깨끗하게 처리되었다. 도어 힌지도 고강성 주조의 새로운 설계 부품이다.

운전실 플로어. 왼쪽이 차량의 전방이다. 앞뒤 플로어를 접합하는 뒤 자리 바로 아래의 킥업(kickup) 부분이나 터널 면의 스폿 흔적은 간격이 넓은 「추가 용접」으로 이루어져 있다. 세세한 부분을 보강하는 리브의 형상 등에도 일본 자동차와는 센스의 차이가 드러나 있다.

Steel Body shell / Wagon Body

강성을 추구한 뼈대에 충돌 대책이 투입된 세대

글 : 모로즈미 타케히코 · 사진 : DAIMLER-CHRYSLER

Mercedes Benz S-class

1998년에 등장한 S클래스(사내 모델 넘버 W211) 보디의 뼈대와 시트 등 주요 부품의 컷 모델이다. 적색으로 칠해진 패널은 고장력강 등 최신의 강재를 나타낸 것이다. 기본형은 W221로 계승되지만 단면의 형상 등은 아직도 심플하다.

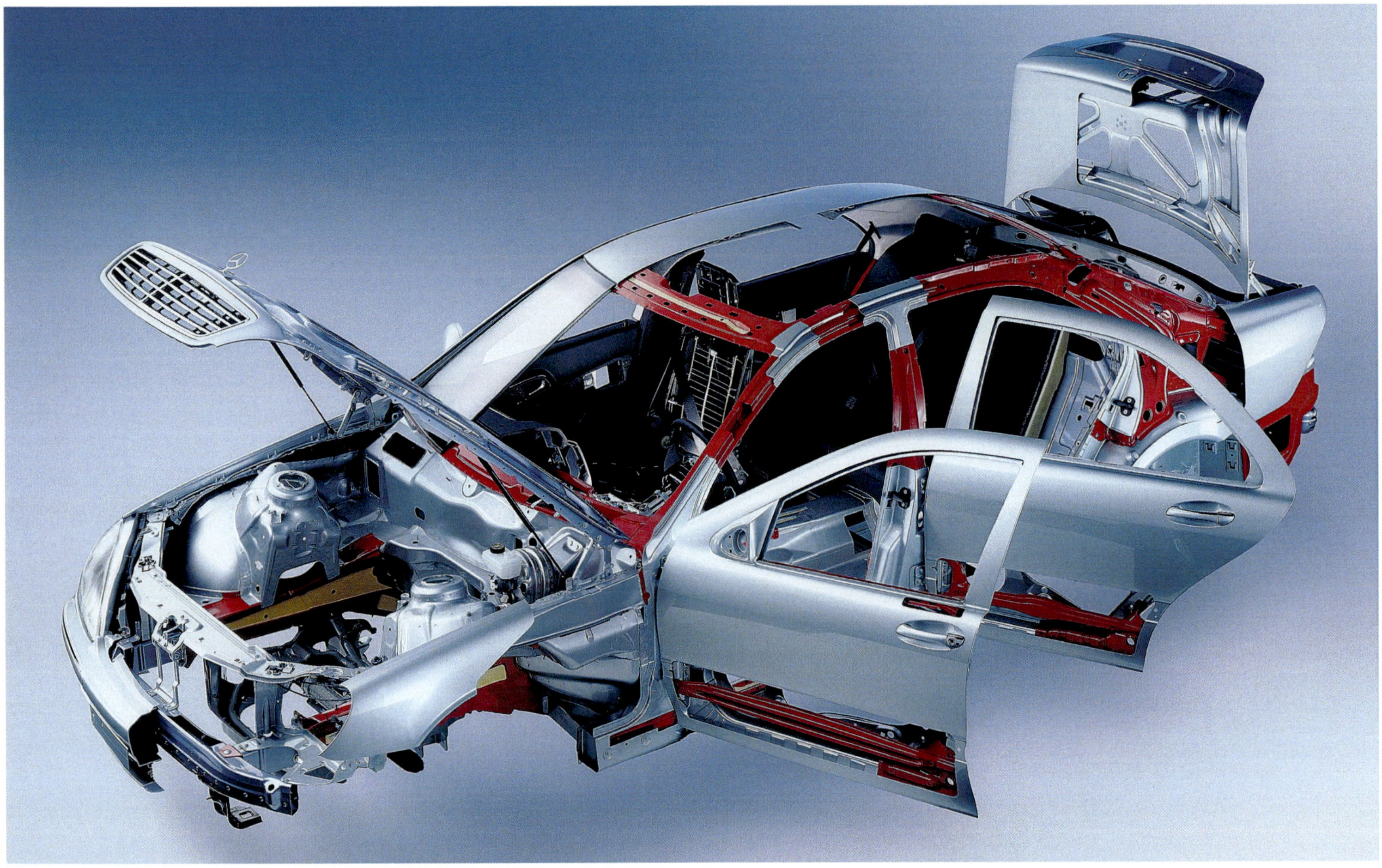

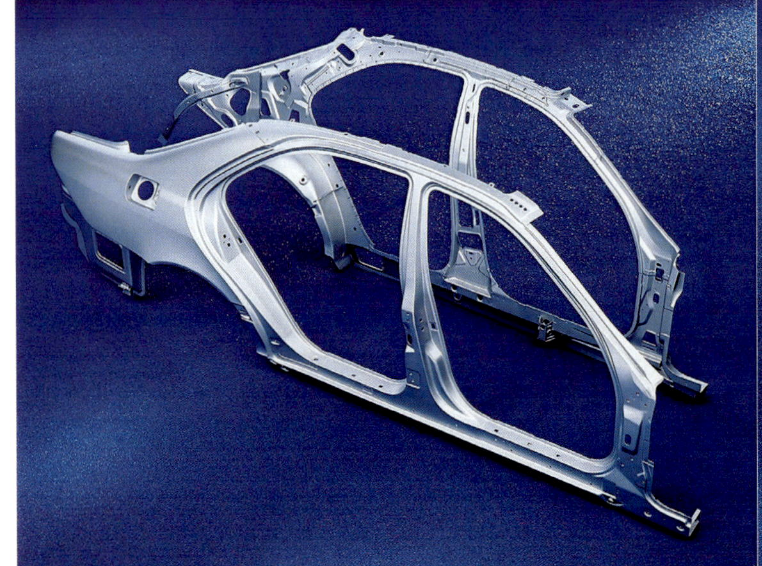

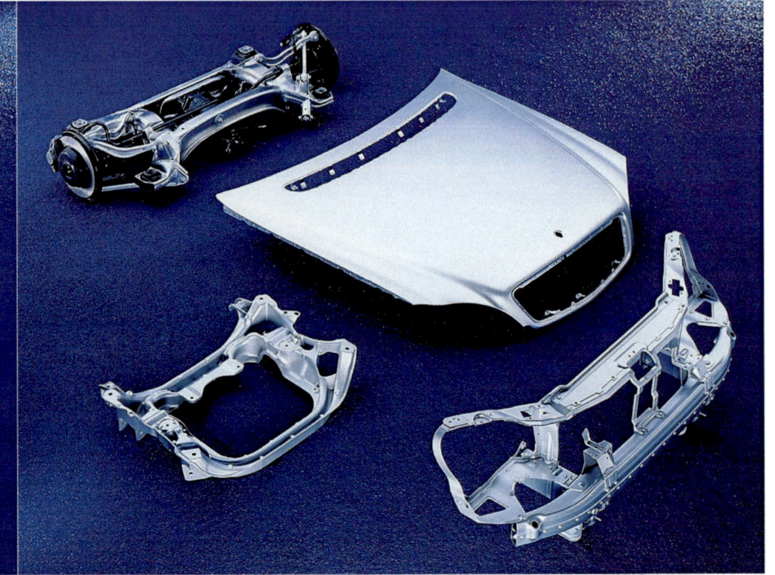

캐빈 측면의 뼈대를 구성하는 내외 2개의 대형 패널. 일본 자동차에서는 이러한 대형 개구면의 불필요한 소재의 낭비를 줄이기 위해 테일러드 블랭크(tailored blank ; 합체 얇은 판) 용접을 사용하지만, 유럽에서는 부재 단면(강도)의 변화를 최적화하는 방법으로 도입되었다.

알루미늄 합금을 사용한 부재를 나타낸 것이다. 후드, 프런트 마스크 내부 골재(램프나 열교환기의 서포트)에 사용하는 것은 논리적이라 할 수 있다. 반면에 이 시기에 서브 프레임을 알루미늄 합금화하는 것이 세계적으로 유행이었다.

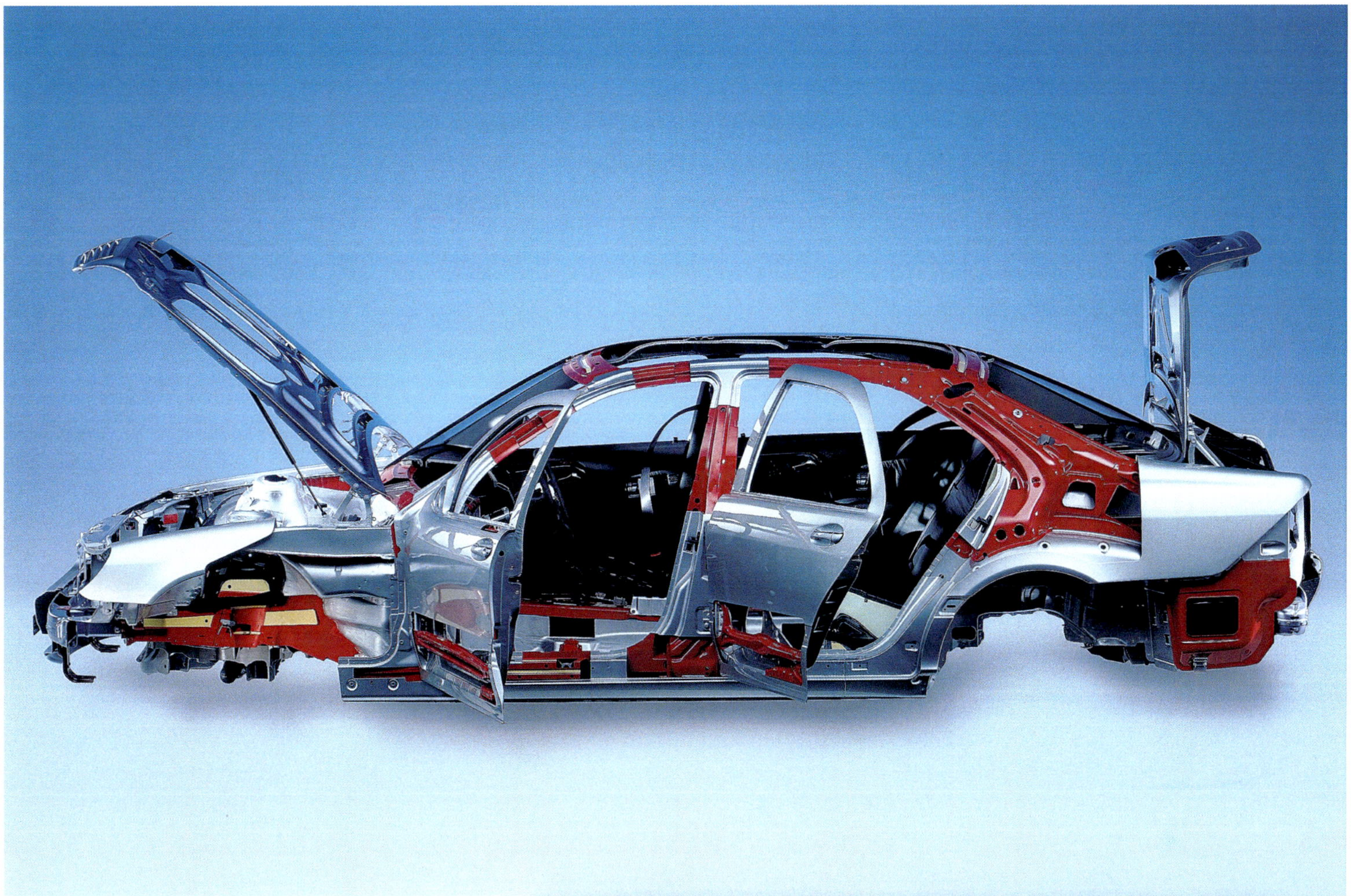

주요 부위의 단면이 크고 면으로 힘을 받는 부위는 곡면을 하고 있으며, 선 용접을 많이 사용하여 조합한 구조이다. 이 시점에서는 옛 방식의 선 용접을 줄이고 차체의 조립 공정을 「합리화」하는 방향으로 진행되었지만 그래도 일본의 자동차와 비교하면 주요 골재의 접합부분에 스폿 용접의 흔적이 적고 아직도 선 용접이 많이 사용되고 있다는 것을 알 수 있다. 강성이 너무 높은 느낌이 있는 각 부분의 면 디자인, 주요 골재의 조합 방법 등도 포함하여 역시나 독특한 모습이다. 특히 우측 엔진 룸 부분의 뼈대 조립은 플로어 터널 앞쪽 부분이나 서스펜션의 응력을 받는 부위 등 「디자인」으로서의 차체 설계를 「면으로 표현」하는 것까지 포함하여 일본의 자동차와는 아주 다르다. 차량의 실내와의 사이에 나 있는 개구면도 작다.

설계 이론과 소재 · 접합 방법의 신구 변천 시기

원래 메르세데스 벤츠와 폭스바겐, 포르쉐 같은 순수 독일 혈통 메이커의 차체 뼈대는 철강의 소재를 선택하는 방법, 그리고 구성과 설계, 성형부터 접합에 이르기까지 철저하게 「강하고 단단함」을 추구하는 것이었다(거기에 볼보도 추가된다).

예를 들면 명차 W124(E클래스)에서 엔진의 좌우로 배치되어 있는 프런트의 크로스 멤버를 두드려 보면 주조로 만든 것처럼 딱딱하고 높은 소리가 났다. 그 정도의 소재와 단면을 갖고 있었으며, 이것이 주행 성능에 영향을 미치지 않을 리가 없다. 정적인 해석 또는 표면적인 평가에서는 더 성형하기 쉬운 소재, 간편한 설계, 제조 방법으로도 비슷한 강성을 확보할 수 있다는 판단이 가능하지만 시승해 보면 분명한 차이가 나타났다.

그러한 「과잉의 품질」 같은 설계를 다소라도 개선하여 한편에서 더 엄격하고 복잡해지는 다방면의 충돌에 대한 대책을 대비한다. 10년 전의 메르세데스 벤츠가 시행하였던 제조가 정확히 그런 시대였으며, 거기에서 태어난 것이 이 페이지에서 소개하는 W211계통의 S클래스였다. 그렇긴 하지만 사진으로도 알 수 있듯이 부재와 조합의 방법은 어디까지나 벤츠 나름대로의 방식을 유지한 것으로서 면으로 또는 박스 형상으로 힘을 받는 부위에는 그 특성에 맞춘 형상으로 알루미늄 합금도 사용하고 있다. 이 시점에서는 아직 종전의 선 용접을 많이 사용하고 있었다.

제각각 진화를 거듭하는
유럽 스타일의 골격 디자인

글 : 모로즈미 타케히코

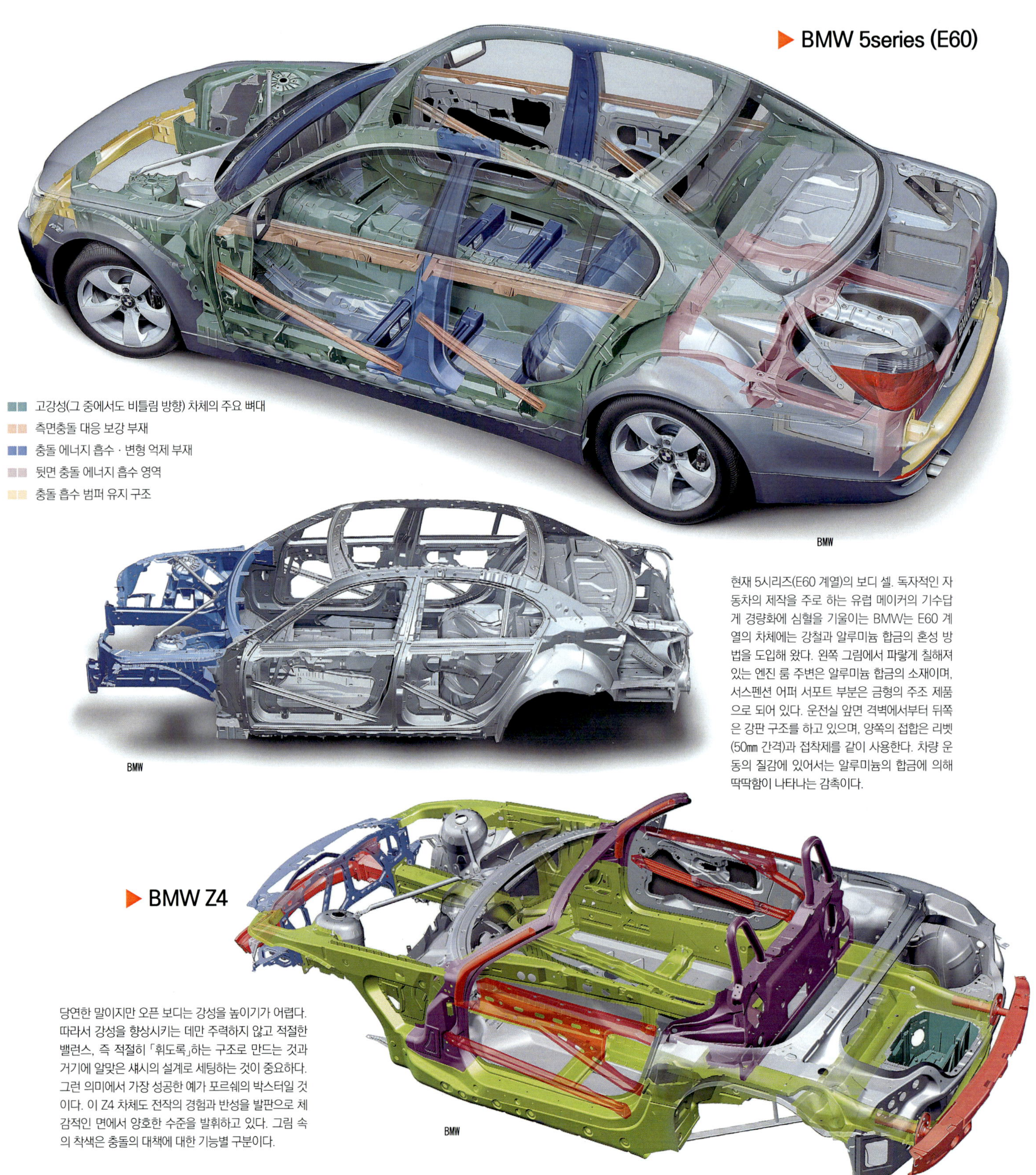

- ■■ 고강성(그 중에서도 비틀림 방향) 차체의 주요 뼈대
- ■■ 측면충돌 대응 보강 부재
- ■■ 충돌 에너지 흡수 · 변형 억제 부재
- ■■ 뒷면 충돌 에너지 흡수 영역
- ■■ 충돌 흡수 범퍼 유지 구조

현재 5시리즈(E60 계열)의 보디 셸. 독자적인 자동차의 제작을 주로 하는 유럽 메이커의 기수답게 경량화에 심혈을 기울이는 BMW는 E60 계열의 차체에는 강철과 알루미늄 합금의 혼성 방법을 도입해 왔다. 왼쪽 그림에서 파랗게 칠해져 있는 엔진 룸 주변은 알루미늄 합금의 소재이며, 서스펜션 어퍼 서포트 부분은 금형의 주조 제품으로 되어 있다. 운전실 앞면 격벽에서부터 뒤쪽은 강판 구조를 하고 있으며, 양쪽의 접합은 리벳(50mm 간격)과 접착제를 같이 사용한다. 차량 운동의 질감에 있어서는 알루미늄의 합금에 의해 딱딱함이 나타나는 감촉이다.

당연한 말이지만 오픈 보디는 강성을 높이기가 어렵다. 따라서 강성을 향상시키는 데만 주력하지 않고 적절한 밸런스, 즉 적절히 「휘도록」하는 구조로 만드는 것과 거기에 알맞은 섀시의 설계로 세팅하는 것이 중요하다. 그런 의미에서 가장 성공한 예가 포르쉐의 박스터일 것이다. 이 Z4 차체도 전작의 경험과 반성을 발판으로 체감적인 면에서 양호한 수준을 발휘하고 있다. 그림 속의 착색은 충돌의 대책에 대한 기능별 구분이다.

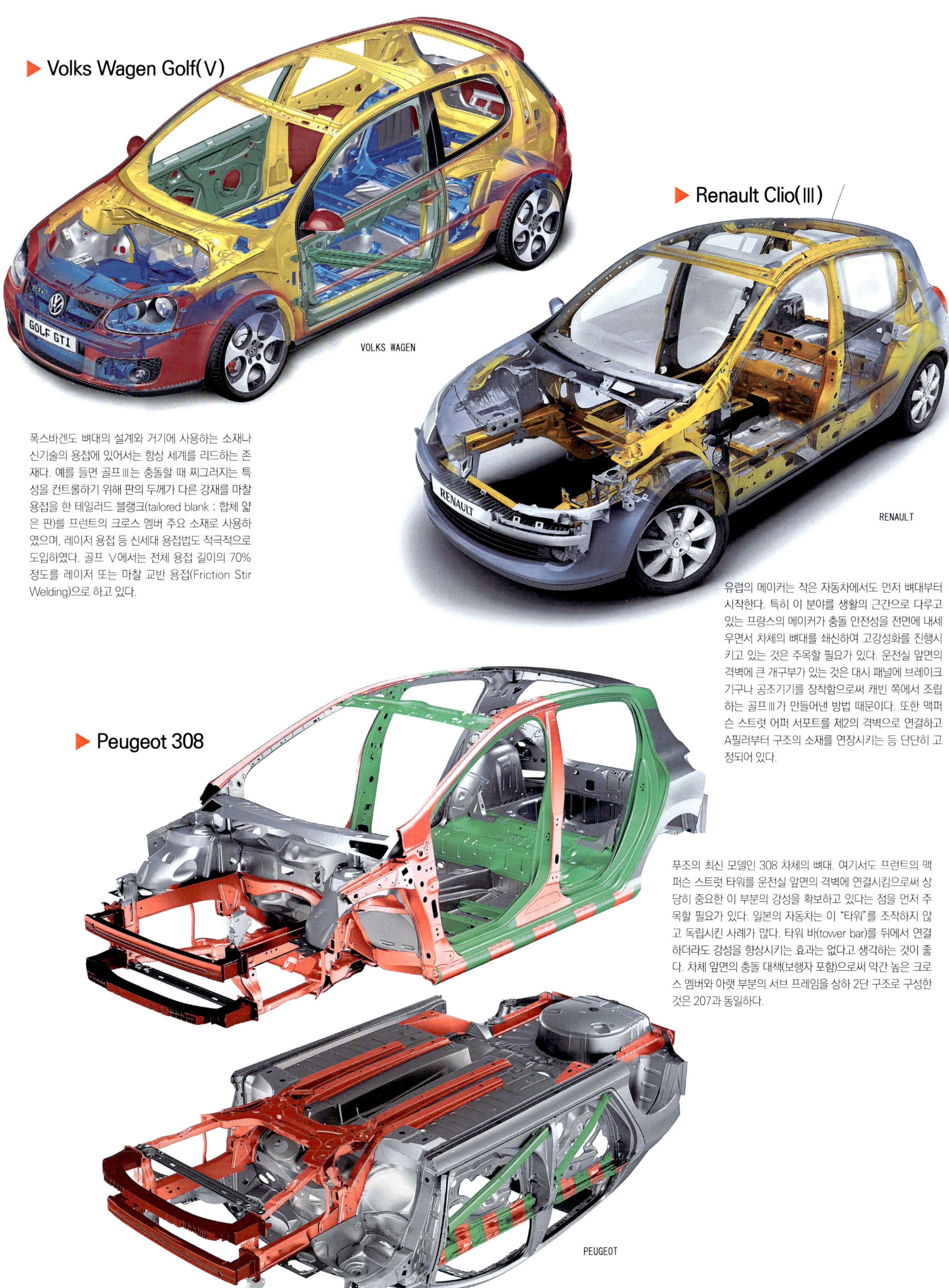

▶ **Volks Wagen Golf(Ⅴ)**

폭스바겐도 뼈대의 설계와 거기에 사용하는 소재나 신기술의 용접에 있어서는 항상 세계를 리드하는 존재다. 예를 들면 골프Ⅲ는 충돌할 때 찌그러지는 특성을 컨트롤하기 위해 판의 두께가 다른 강재를 마찰 용접을 한 테일러드 블랭크(tailored blank ; 합체 얇은 판를 프런트의 크로스 멤버 주요 소재로 사용하였으며, 레이저 용접 등 신세대 용접법도 적극적으로 도입하였다. 골프 Ⅴ에서는 전체 용접 길이의 70% 정도를 레이저 또는 마찰 교반 용접(Friction Stir Welding)으로 하고 있다.

▶ **Renault Clio(Ⅲ)**

유럽의 메이커는 작은 자동차에서도 먼저 뼈대부터 시작한다. 특히 이 분야를 생활의 근간으로 다루고 있는 프랑스의 메이커가 충돌 안전성을 전면에 내세우면서 차체의 뼈대를 쇄신하여 고강성화를 진행시키고 있는 것은 주목할 필요가 있다. 운전실 앞면의 격벽에 큰 개구부가 있는 것은 대시 패널에 브레이크 기구나 공조기기를 장착함으로써 캐빈 쪽에서 조립하는 골프Ⅲ가 만들어낸 방법 때문이다. 또한 맥퍼슨 스트럿 어퍼 서포트를 제2의 격벽으로 연결하고 A필러부터 구조의 소재를 연장시키는 등 단단히 고정되어 있다.

▶ **Peugeot 308**

푸조의 최신 모델인 308 차체의 뼈대. 여기서도 프런트의 맥퍼슨 스트럿 타워를 운전실 앞면의 격벽에 연결시킴으로써 상당히 중요한 이 부분의 강성을 확보하고 있다는 점을 먼저 주목할 필요가 있다. 일본의 자동차는 이 "타워"를 조작하지 않고 독립시킨 사례가 많다. 타워 바(tower bar)를 뒤에서 연결하더라도 강성을 향상시키는 효과는 없다고 생각하는 것이 좋다. 차체 앞면의 충돌 대책(보행자 포함)으로써 약간 높은 크로스 멤버와 아랫 부분의 서브 프레임을 상하 2단 구조로 구성한 것은 207과 동일하다.

Steel Body shell / Wagon Body

차체의 후방 · 개방된 뼈대가 갖는 어려움을 어떻게 극복할까

글 : 모로즈미 타케히코

SUBARU

왜건 뼈대의 약점을 극복한 사례…

최근 일본의 시장에서는 다용도 기능 때문에 왜건의 보디에 대한 요구가 편중되었지만(상당히 변모된 것이다) 사실은 뼈대부터 시작되는 자동차의 생산 측면에서는 적지 않은 어려움이 있다. 운전실의 뒷면에 격벽이 없고 차체의 뒷면이 뻥하니 오픈되어 있다. 다시 말하면 차체의 뼈대 뒷부분에는 「박스」의 형상을 갖추기 위한 「벽」이나 「기둥」이 없다는 것이다. 그 때문에 차체 뒷부분의 강성, 그것도 박스로서의 장력이 저하된다. 뼈대의 강성뿐만 아니라 노면으로부터 발생되는 진동이 실내로 입력되어 저주파의 기주진동(氣柱振動, organ pipe oscillation)을 쉽게 일으키는 등 운동능력과 쾌적성에 대한 단점이 발생되며, 그것을 극복한 사례가 지금껏 없다고 해도 무방하다.

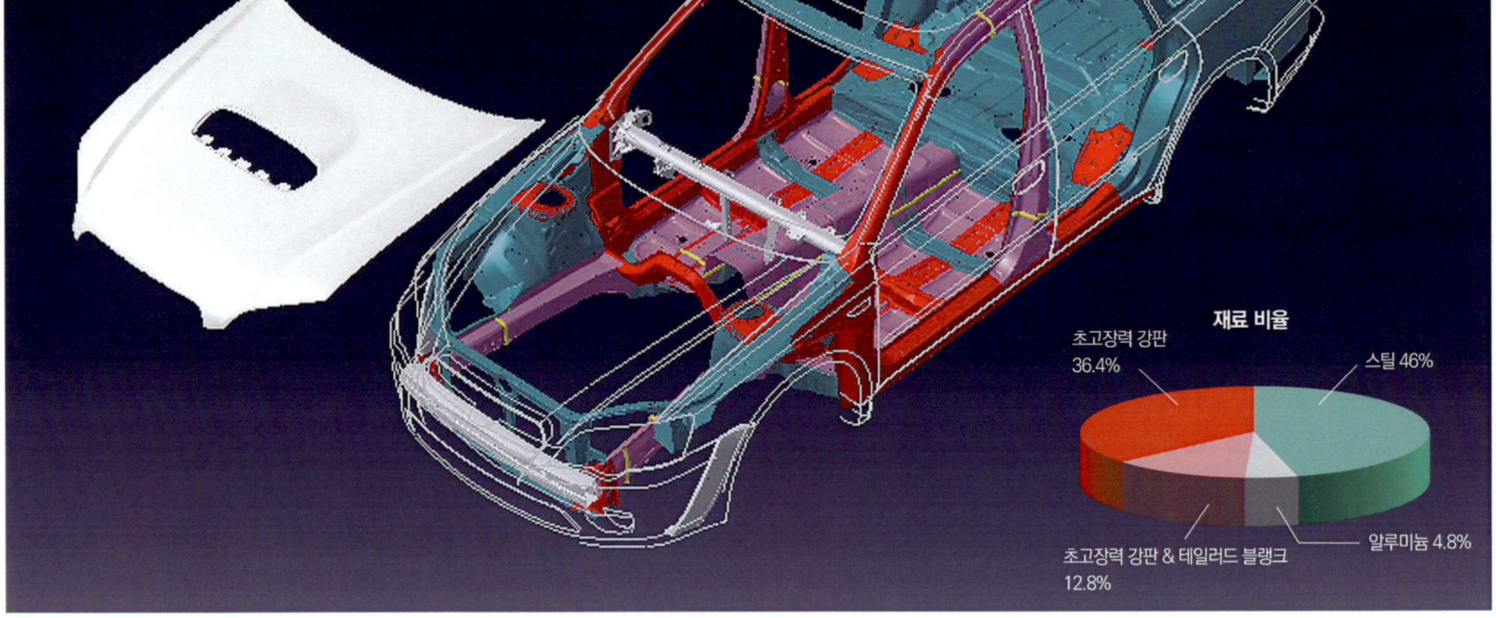

재료 비율
초고장력 강판
36.4%
스틸 46%
알루미늄 4.8%
초고장력 강판 & 테일러드 블랭크
12.8%

Subaru Legacy

스바루의 주행 성능을 유지하는 기본은 뼈대에 있다라는 인식은 제작자 쪽에서도 강하다. 이 레거시도 일본의 자동차 가운데 일찍이 초고장력 강판을 많이 사용하였으며, 보다시피 높은 강도를 필요로 하는 부위에 사용하며, 경량화는 또 다른 테마이다.

SEDAN

SUBARU

WAGON

SUBARU

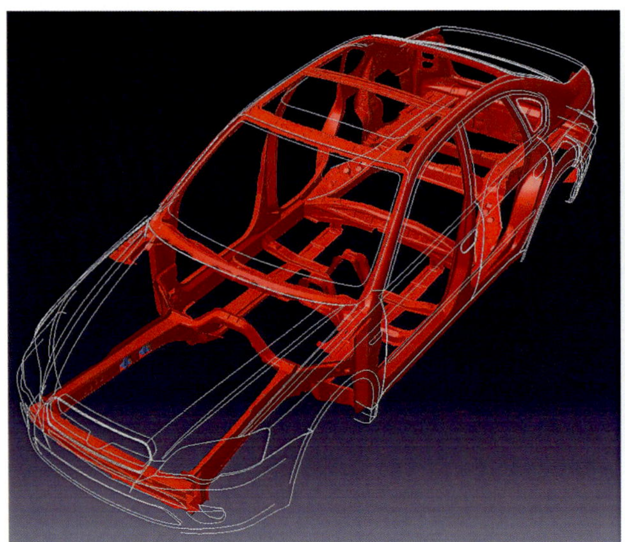

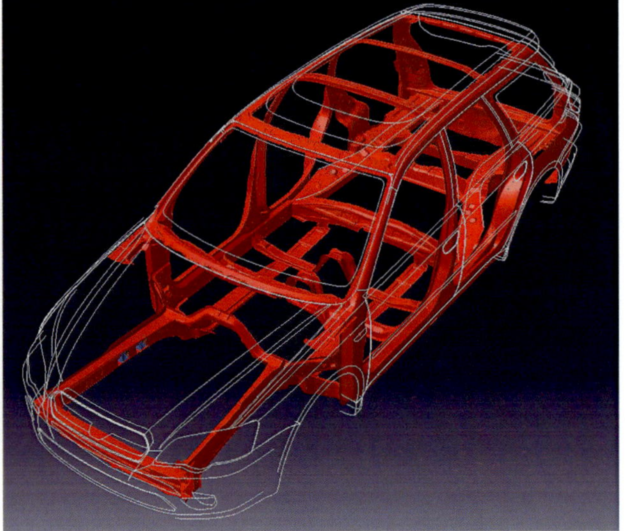

위 그림까지 합하여 이렇게 동일한 기본 설계를 갖는 세단과 왜건을 비교 관찰하면 차체의 뒷부분이 「박스」 형상으로 갖추어지는데 큰 차이가 있다는 것을 알 수 있다. 특히 최근 일본 자동차의 경우 엔진 룸 뒤쪽 · 운전실 격벽 부분에도 가로 방향의 뼈대와 면이 적고, 대시 패널도 볼트로 체결하는 파이프 정도로 완성되는 경우가 많다. 그렇게 되면 운전실 부분의 「박스」는 결코 튼튼해지지 않고 저주파의 드러밍(drumming) 계열의 진동도 쉽게 발생한다. 용접의 방법 이전에 이 부분에 대한 뼈대 설계의 정석, 평가 검토 방법(CAD-CAE)에서 재검토가 필요할 것이다.

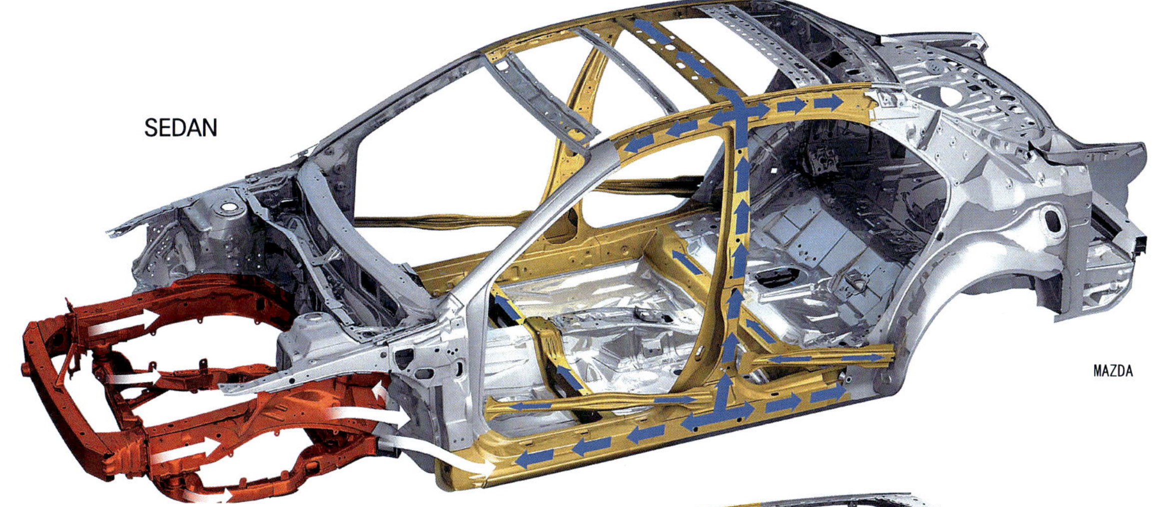

▶ Mazda Atenza

일본의 자동차로서는 엔진 룸에서부터 운전실에 걸쳐 비교적 단단한 뼈대를 갖추고 있다. 유럽과 미국 양쪽의 포드와 관련 메이커에 공급하는 공통 플랫폼이라는 타이틀이 좋은 면으로 작용하고 있다. 이것은 최근의 마쯔다 자동차 전반에 걸쳐 나타나는 일이기도 하다. 그렇긴 하지만 여기서도 세단의 뼈대에 비하여 왜건의 B필러부터 뒤쪽은 확실하게 벽이 적고 뼈대도 가늘다. 다만 5도어를 포함하여 차체에 의한 차량의 운동에 따른 질감의 차이는 비교적 작다.

▶ Mitsubishi Delica D:5

「(강성을 만들어 내는 것은 어렵다) 미니밴 계열의 왜건 보디를 강하고 튼튼하게 구축했다」는 점을 판매 포인트의 하나로 어필하는 델리카 D:5. 운전실 앞면의 격벽 주위를 강하고 튼튼한 구조물로 만들고 거기서부터 먼저 A필러를 연결한다. 뒤쪽은 B, C, D필러 부분에서 루프로부터 플로어까지 고리 모양의 루프를 연결하고 그것들을 루프 사이드와 플로어 부분 사이드 실(및 보조적으로 도어)의 크로스 멤버에 결합시킨다. 이 컨셉트는 방향성 가운데 하나일 것이다.

▶ Citroen Gran C4 Picasso

유럽형 미니밴의 최신 모델 가운데 하나다. 엔진 룸의 내면 구조는 C4 등과 같이 사용하면서 덮개 부근까지 앞 유리가 나와 있는 폼을 활용하여 이곳에 먼저 강하고 튼튼한 구조물을 형성한다. A, B 필러의 상하를 결합하는 지점, 시트를 유지하는 후방 플로어 면의 가로 방향 골재 등 각 부분에 강도와 강성을 높이는 설계를 하고 있다. 일본의 자동차에 비하면 시트나 시트 벨트 등 고정부분의 조성물이 아주 잘 만들어져 있을 뿐만 아니라 단단해서 이것이 차량의 운동에 대한 질감으로 나타난다.

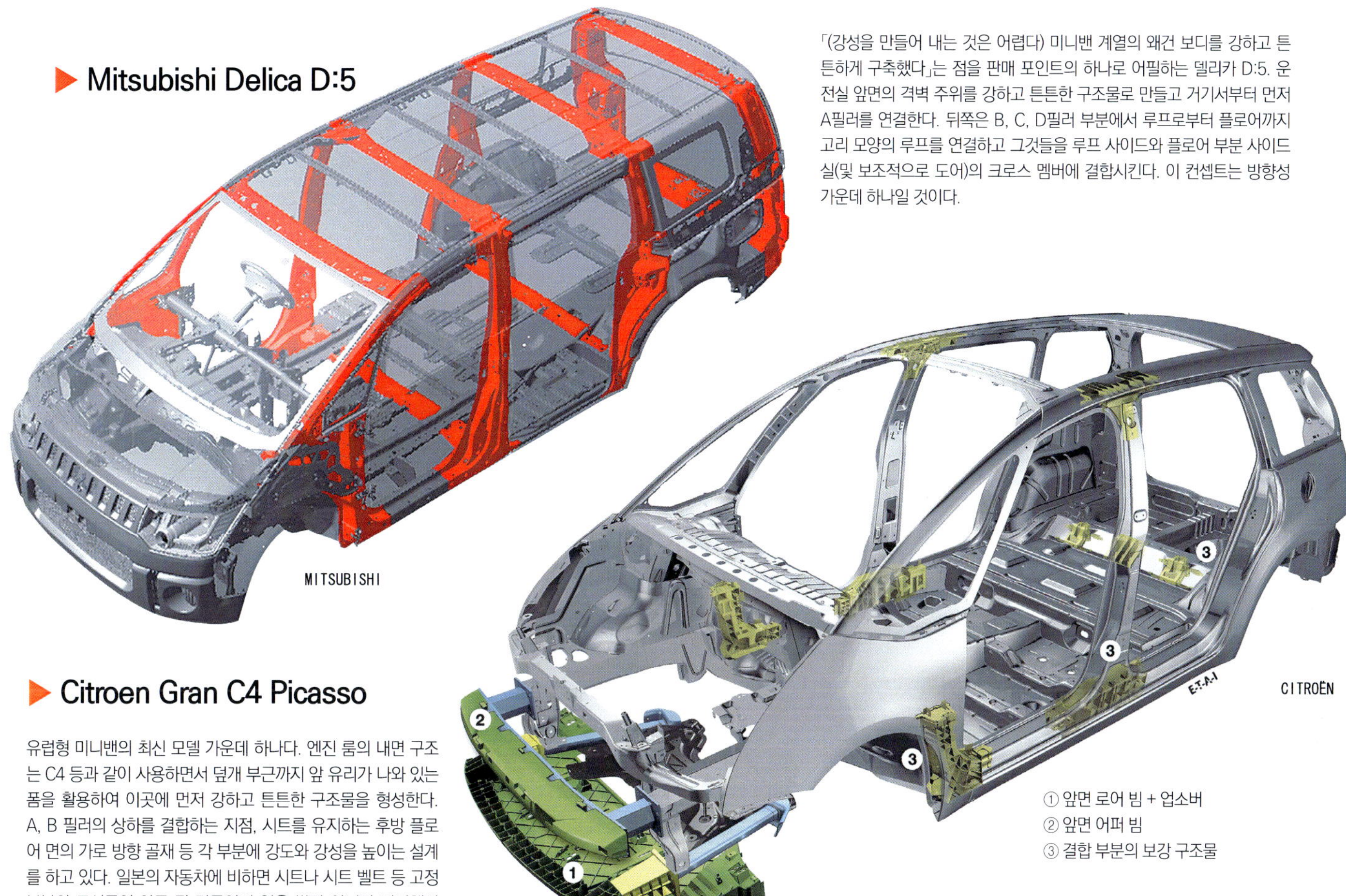

기본 뼈대 하나에서 변화된 모델을 만든다

글 : 모로즈미 타케히코 · 사진 : PORSCHE

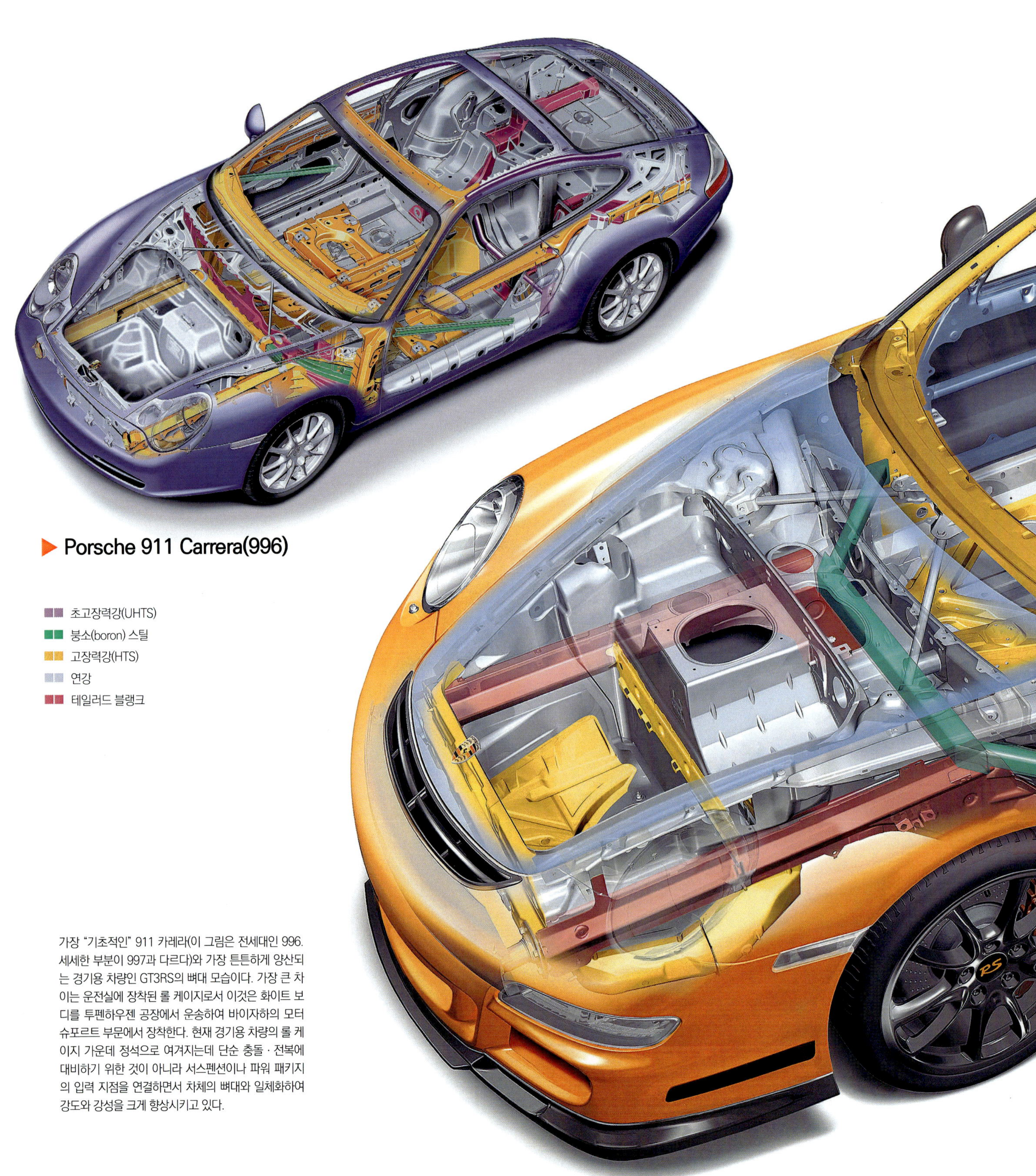

가장 "기초적인" 911 카레라(이 그림은 전세대인 996. 세세한 부분이 997과 다르다)와 가장 튼튼하게 양산되는 경기용 차량인 GT3RS의 뼈대 모습이다. 가장 큰 차이는 운전실에 장착된 롤 케이지로서 이것은 화이트 보디를 투펜하우젠 공장에서 운송하여 바이자하의 모터 슈포르트 부문에서 장착한다. 현재 경기용 차량의 롤 케이지 가운데 정석으로 여겨지는데 단순 충돌 · 전복에 대비하기 위한 것이 아니라 서스펜션이나 파워 패키지의 입력 지점을 연결하면서 차체의 뼈대와 일체화하여 강도와 강성을 크게 향상시키고 있다.

일반 도로용부터 서킷용까지 대응하기 위한 모델

하나의 기본 뼈대에서 주로 사용하는 상황과 운동 한계(즉 타이어 그립)가 다른 모델을 분류하여 생산한다. 이것은 이전부터 포르쉐가 해 왔던 방식으로 현재의 911(997계열)에서는 특히 그 변화(variation)가 확대된 모델이 많다. 먼저 일반적인 운전자와 일반도로를 주행하기 위한 기본 모델인 카레라/카레라 4계열과 그 파생 모델로서의 카브리올레(오픈 상태에서 운동성이 더 좋은 것은 유럽 스타일이다), 타르가(유감스럽지만 역시 강성이 부족할 뿐만 아니라 글라스 루프로 인해 위쪽이 단단한 경향이 강하다)까지가 강성의 수준이 동일한 기본형이다. 그리고 현격히 큰 파워를 받아들이는 주행속도, 즉 노면에서 전달되는 충격이 증가하는 것에 대응한 터보, 그리고 순수 경기용 차량으로서의 GT3RS(카레라 컵 자동차 등도 기본 뼈대는 공통), 심지어 로드 카와 레이스 카 사이를 연결하는 튼튼한 모델을 지향하는 사용자를 위한 하이그립 타이어 장착 서킷 주행까지 염두에 둔 GT3 계열과 운동 능력이나 각 부분에 작용하는 충격, 응력이 아주 광범위한 범위에 미치는 차종에 부재의 변경이나 보강이 추가되는 형태로 대응하고 있다.

그 한편으로 현재 997계열의 기본 설계는 모두 전작 996계열을 소폭으로 변경하는 정도로 그친다. 콕피트(cockpit)까지의 앞쪽 뼈대는 박스타(986)와 사실상 같기 때문이다. 경영 위기 속에서 911이라는 신세대 "아이콘"의 개발이 이미 진행되던 986계열을 토대로 만들 수밖에 없었다. 그렇기 때문에 스포츠 카 메이커로서 그들의 미래는 「차기 911」에 달려 있다고 하겠다.

경량 · 고강성의 보디를 "양산"하기 위한 노력

글 : 모로즈미 타케히코 · 사진 : PORSCHE

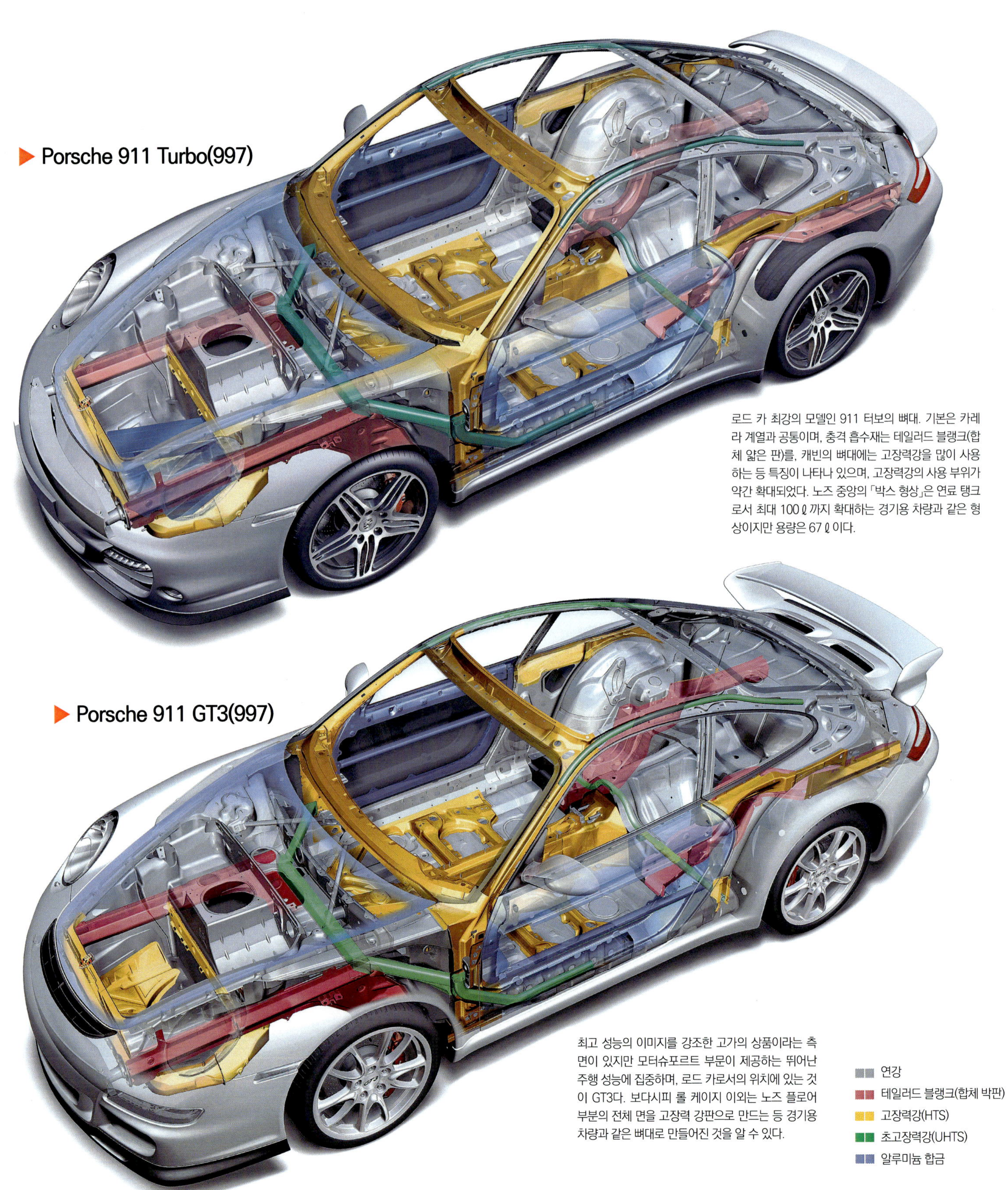

로드 카 최강의 모델인 911 터보의 뼈대. 기본은 카레라 계열과 공통이며, 충격 흡수재는 테일러드 블랭크(합체 얇은 판)를, 캐빈의 뼈대에는 고장력강을 많이 사용하는 등 특징이 나타나 있으며, 고장력강의 사용 부위가 약간 확대되었다. 노즈 중앙의 「박스 형상」은 연료 탱크로서 최대 100 ℓ 까지 확대하는 경기용 차량과 같은 형상이지만 용량은 67 ℓ 이다.

최고 성능의 이미지를 강조한 고가의 상품이라는 측면이 있지만 모터슈포르트 부문이 제공하는 뛰어난 주행 성능에 집중하며, 로드 카로서의 위치에 있는 것이 GT3다. 보다시피 롤 케이지 이외는 노즈 플로어 부분의 전체 면을 고장력 강판으로 만드는 등 경기용 차량과 같은 뼈대로 만들어진 것을 알 수 있다.

▶ Porsche 911 Carrera Coupe(997)

- 연강
- 테일러드 블랭크
- 고장력강(HTS)
- 초고장력강(UHTS)
- 고장력 스테인리스 강

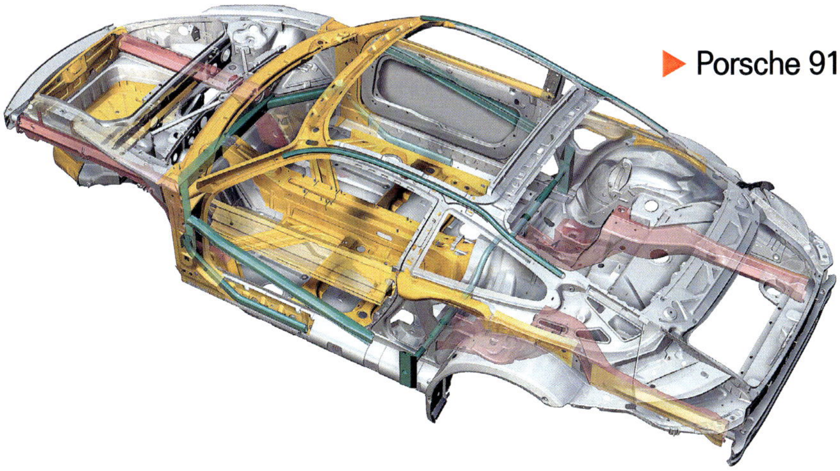

911~993계열의 강하고 튼튼한 백본(backbone)형 프레임의 저면(底面)으로 만들어진 프레임 워크와는 전혀 다르게 현대적인 얇은 강판으로 만든「박스」모양의 모노코크에 추가적으로 보강하는 방식의 구성이다. 뒷부분의 충격 방지 멤버(파워 패키지 지지구조이기도 하다)는 테일러드 블랭크와 고장력강을 결합(bean-jam wafer)한 구조로 되어 있다.

▶ Porsche Boxter(987)

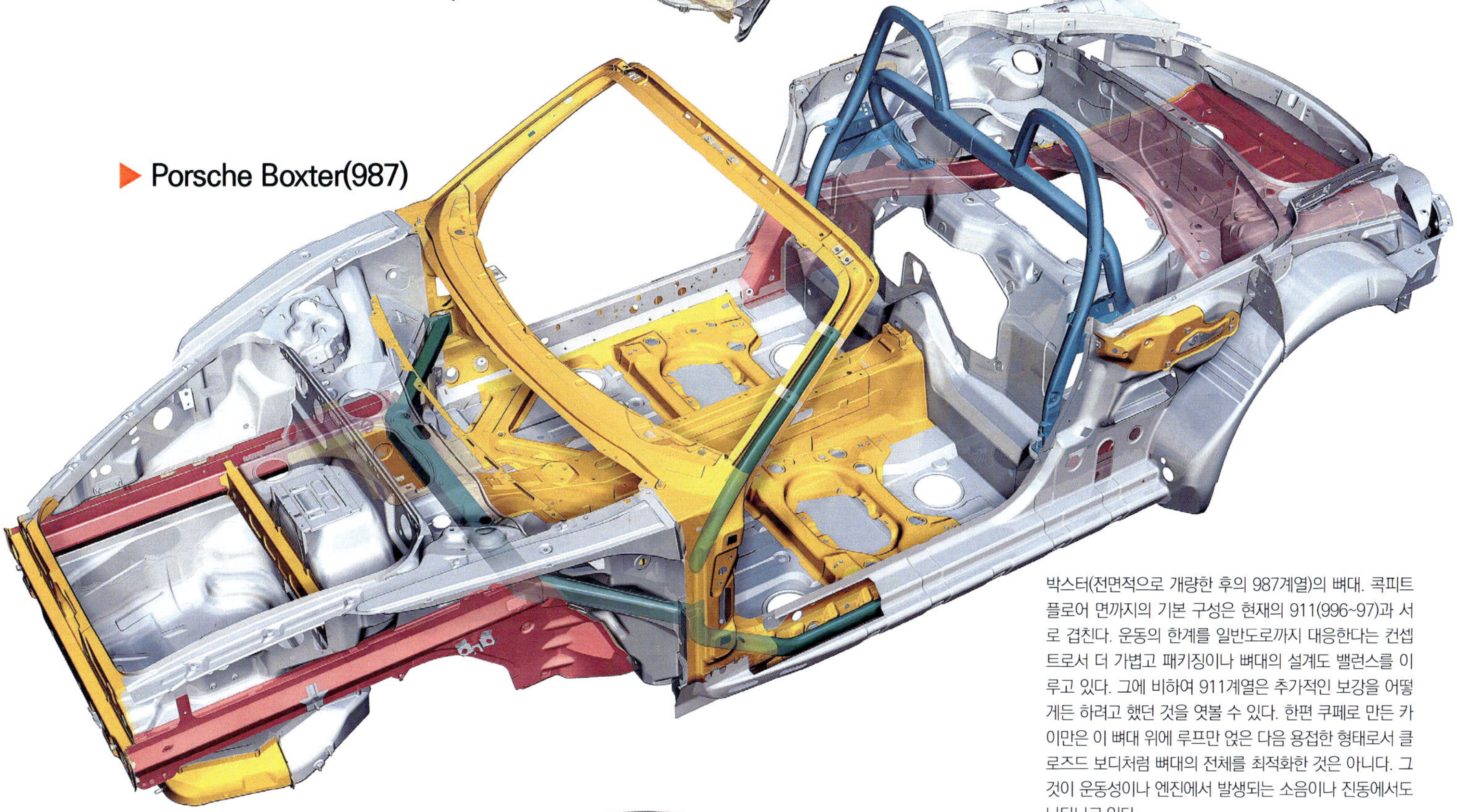

박스터(전면적으로 개량한 후의 987계열)의 뼈대. 콕피트 플로어 면까지의 기본 구성은 현재의 911(996~97)과 서로 겹친다. 운동의 한계를 일반도로까지 대응한다는 컨셉트로서 더 가볍고 패키징이나 뼈대의 설계도 밸런스를 이루고 있다. 그에 비하여 911계열은 추가적인 보강을 어떻게든 하려고 했던 것을 엿볼 수 있다. 한편 쿠페로 만든 카이만은 이 뼈대 위에 루프만 얹은 다음 용접한 형태로서 클로즈드 보디처럼 뼈대의 전체를 최적화한 것은 아니다. 그것이 운동성이나 엔진에서 발생되는 소음이나 진동에서도 나타나고 있다.

▶ Mazda RX-8

RX-8은 새로운 컨셉트를 토대로 개발되었는데 차량 전체의 패키징이나 뼈대의 설계에서도 그러한 의도가 표현되어 있다. 그것은 마쯔다로서 동시에 복수의 스포츠 계열 모델을 공통의 기본형에서 구분하여 만들겠다는 발상을 구체화한 출발점이 되었다. 플로어 터널의 백본형화, 그 뒤쪽에서 뒷바퀴 현가 스프링 계통의 지지점을 연결하는 비스듬한 지지대, 심지어 고장력 강판을 많이 사용하는 등 강성에 대한 의지를 엿볼 수 있다.

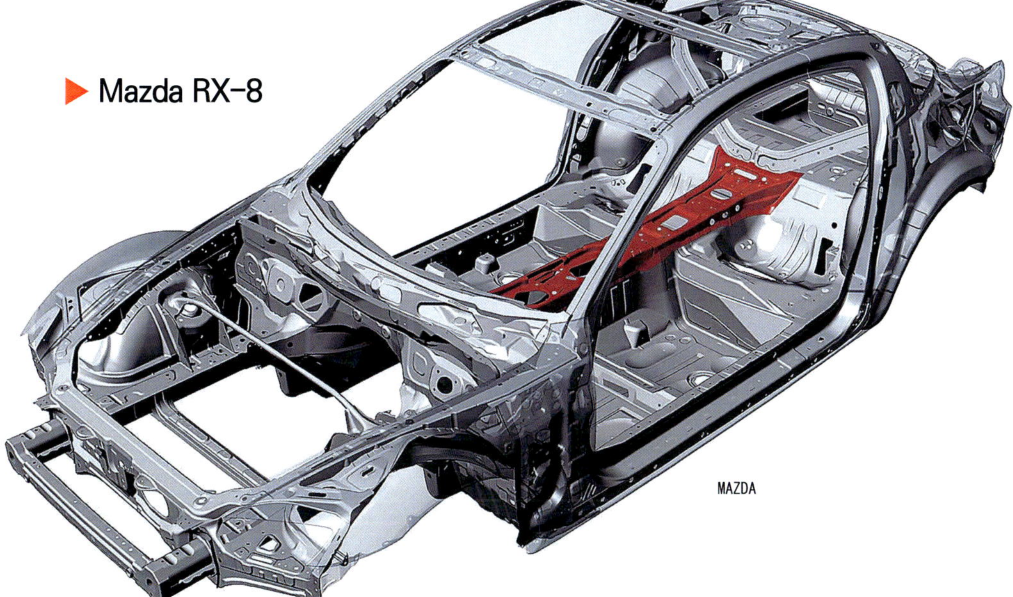

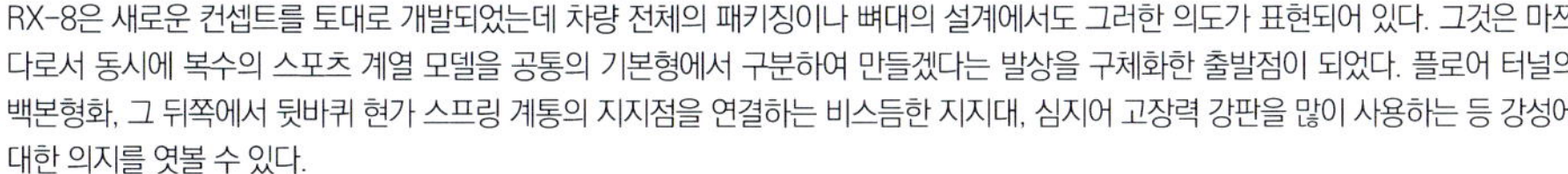

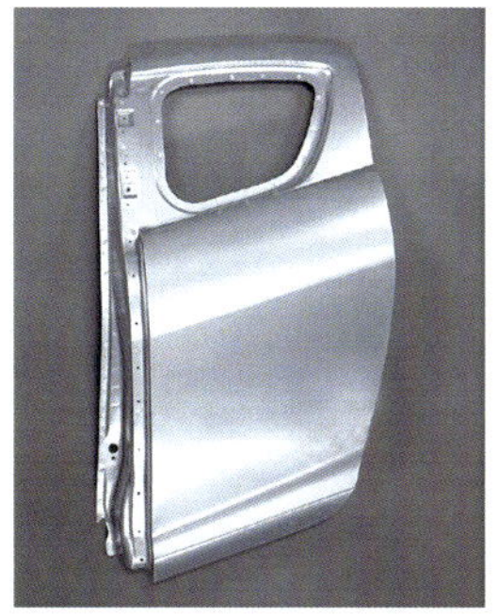

새로운 4도어 4시터 스포츠의 구체화한 필러가 없는 좌우 여닫이 구조의 뒤 도어. 상하 도어 래치 사이를 고장력 강관의 뼈대(빌트인 필러)가 연결한다.

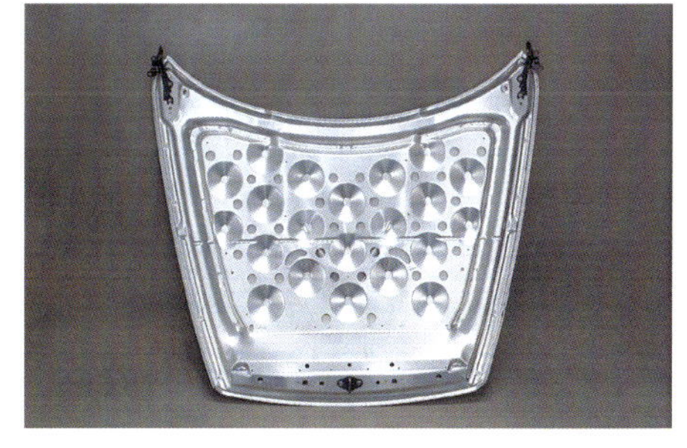

후드는 알루미늄 합금. 안쪽 패널에는 사진에서 보듯이 원형 모양의 음각이 파여 있어서 판 두께를 증가시키지 않고 필요한 강성을 확보하는 동시에 보행자 충돌대책의 공간을 확보하고 있다.

Steel Frame ~ Al Frame – 콜벳 C6의 경우
강하고 튼튼한 하나의 부재가
높은 운동성의 기본

글 : 모로즈미 다케히코 · 사진 : GM-CHEVROLET

▶ **Chevrolet Corvette(C6)**

하이드로포밍(hydroforming)에 의해서 이음매가 없는 일체성형

「미국을 대표하는 스포츠카」로 불리어 온 콜벳이지만 운동성이 같은 시대 속에서 「스포츠카」로 자리매김한 것은 오랜 역사의 제 5세대에 해당하는 "C5"부터라고 해도 무방하다. 초대부터 FRP(fiber reinforced plastic) 보디로 만드는 등 소량으로 생산(미국으로서는)하기 때문에 모험을 시도했었는데 C5에서는 현재의 초편평 타이어를 장착하면서 고속 운동능력을 발휘하는데 적합한 프레임까지 갖춤으로써 높은 운동성의 기본을 이루었다.

먼저 차량의 앞뒤를 세로로 지나가는 좌우 주요 구조의 소재로써 강관을 하이드로포밍, 즉 금형 안에 들어간 파이프의 안쪽에 강한 수압을 가하여 순식간에 성형하는 방법을 사용하여 이음매 없이 하나로 만든다. 여기에 횡단재(橫斷材)나 캐빈의 루프(고리 모양의 구조)를 더해 페리미터 프레임(perimeter frame)을 만든다. 나아가 플로어에는 허니콤 플레이트(honeycomb plate)를 이용함으로써 탑승객이 느끼는 자잘한 진동의 전달도 상당히 적어졌다.

현재의 "C6" 계열에서도 이 프레임으로 계승되었지만 그 정점에 추가된 Z06은 프레임의 소재가 알루미늄 합금으로 변경되었다. 페라리 등과 같은 판매의 포인트로 하는 주요 목적이라고 생각되며, 주행하는 느낌은 알루미늄이 그렇듯이 단단함으로 나타낸다. 7ℓ의 튜닝된 V8이 만들어내는 가속은 박력이 넘치고 통쾌하기까지 하다.

「외부 패널」이 없는 상태의 콜벳 C6. C5로부터 도입된 새로운 패키징, 그리고 프레임을 계승하였다. 이 상태(bare chassis)로 주행하는 것도 가능하다. 앞뒤의 서스펜션 픽업 부분의 사이를 연결하는 측면의 굵은 크로스 멤버가 하이드로포밍에 의해 일체 성형된 것이다. 다른 성형·접합 방법으로는 이러한 강하고 튼튼한 일체의 부재를 얻지 못한다. 캐빈의 플로어 면은 알루미늄+노멕스 하니콤의 판재로서 왼쪽 페이지의 실물 사진에서는 단면이 나타나 있다.

▶ Corvette Z06(Al-Frame)

C6의 최고 성능 모델인 Z06의 베어 섀시(bare chassis). 표면의 질감에서 알 수 있듯이 사이드의 주요 멤버를 비롯한 프레임 소재는 형상은 그대로 유지하고 알루미늄 합금으로만 변경하였다. 프런트 미드십에 장착되는 엔진은 표준 모델을 탑재하는 6ℓ의 LS2에 비하여 LS7이라고 불리는 7ℓ의 튜닝 V8 엔진이며, 커넥팅 로드나 밸브는 티탄 합금제를 사용한다. 6단의 MT(T56계열)는 뒷바퀴 쪽의 프레임 사이에 장착되는 트랜스 액슬에 배치된다.

Aluminium-Alloy Space Frame

알루미늄 합금의 뼈대, 양산화로 가는 길을 개척하다

글 : 모로즈미 다케히코 · 사진 : AUDI

▶ **Audi A8(Ⅱ)**

■■ 패널 소재
■■ 압출 소재
■■ 단조 소재
── 레이저 심 용접

외부 패널까지 조립한 실차 제품 상태의 제 2세대 아우디 A8 보디 셸. 아래의 사진은 차체에 외부 패널을 장작하기 전 모습이다. 당연히 각종 알루미늄 합금의 소재를 섞어서 사용하는 이러한 종류의 뼈대에 스폿 용접을 사용하는 의미는 희박하며, 오히려 레이저 심 용접이나 최신의 마찰 교반 용접이 적합하다. 펜더나 도어, 후드 종류가 체결 및 탈착하기 쉬운 구조를 하고 있다는 사실은 강철제의 차체 이상으로 중요하다. 강철제의 차체와 똑같은 C필러 일체형의 리어 펜더는 복구성에 걱정스러운 부분 중 하나이다.

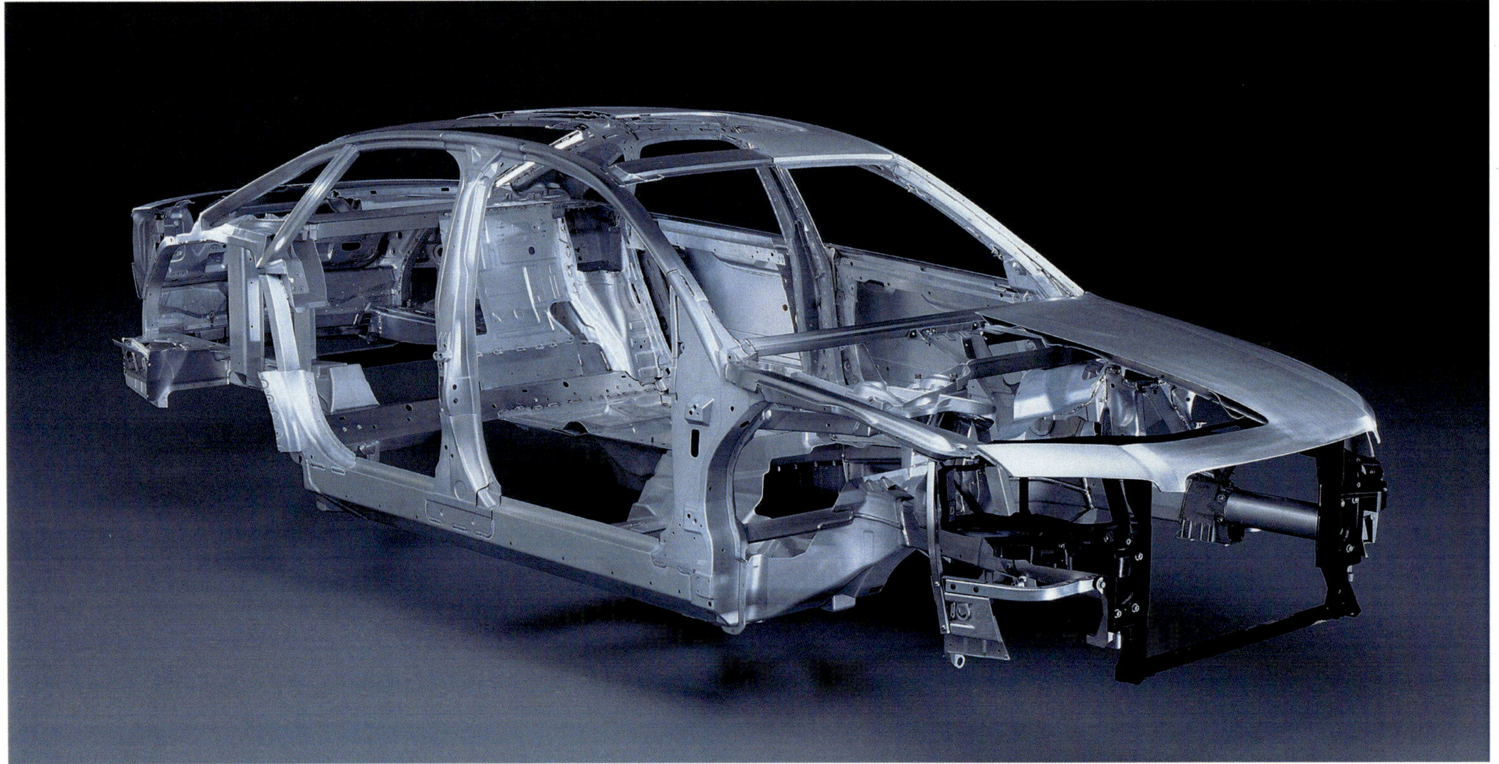

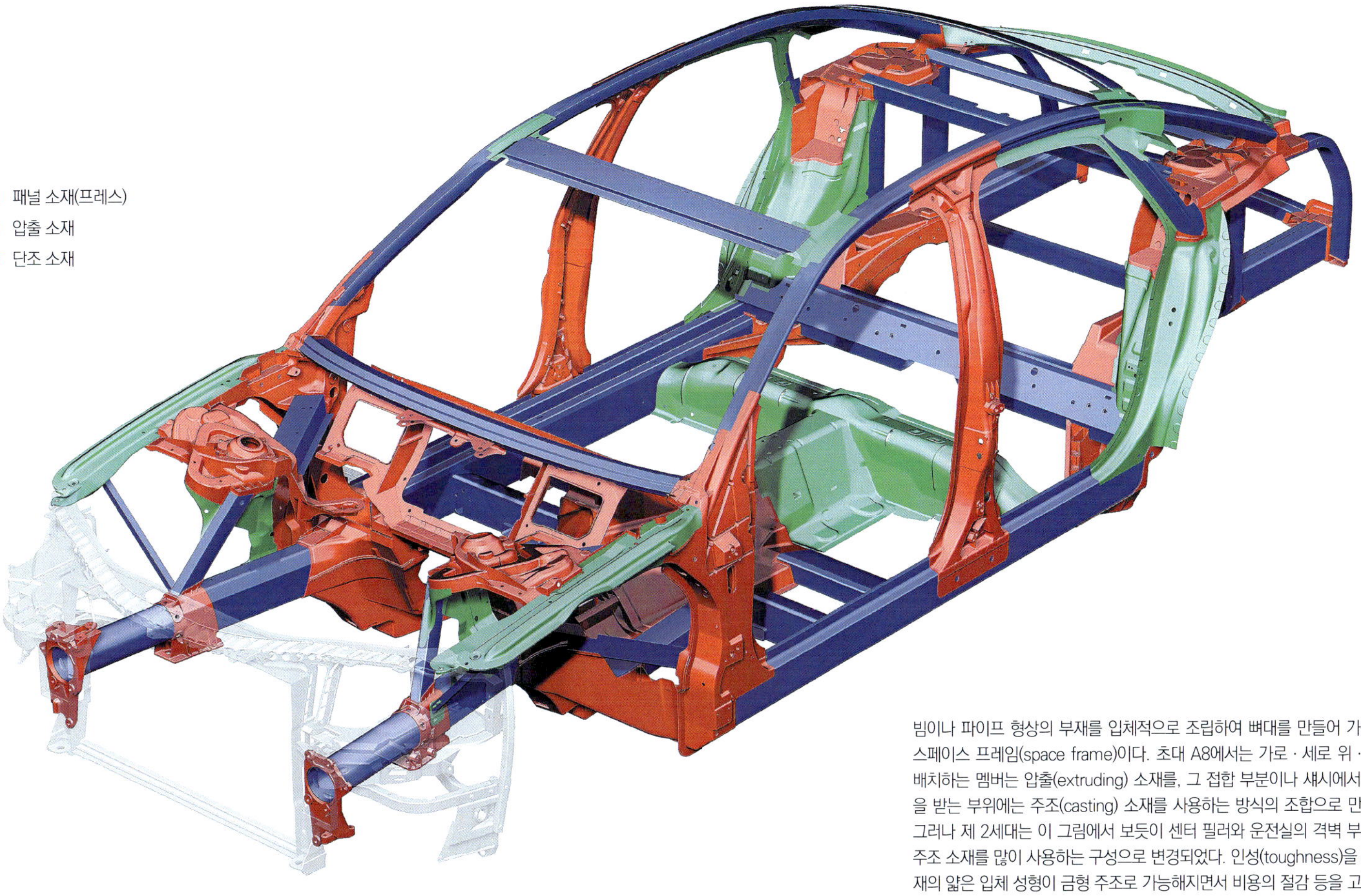

빔이나 파이프 형상의 부재를 입체적으로 조립하여 뼈대를 만들어 가는 것이
스페이스 프레임(space frame)이다. 초대 A8에서는 가로·세로 위·아래로
배치하는 멤버는 압출(extruding) 소재를, 그 접합 부분이나 섀시에서의 충격
을 받는 부위에는 주조(casting) 소재를 사용하는 방식의 조합으로 만들었다.
그러나 제 2세대는 이 그림에서 보듯이 센터 필러와 운전실의 격벽 부분 등에
주조 소재를 많이 사용하는 구성으로 변경되었다. 인성(toughness)을 가진 소
재의 얇은 입체 성형이 금형 주조로 가능해지면서 비용의 절감 등을 고려한 것
이 이러한 변화를 가져왔다.

적재적소에 스페이스 프레임의 구성이 최선일까

글 : 모로즈미 다케히코 · 사진 : AUDI

▶ Audi A8(Ⅱ)

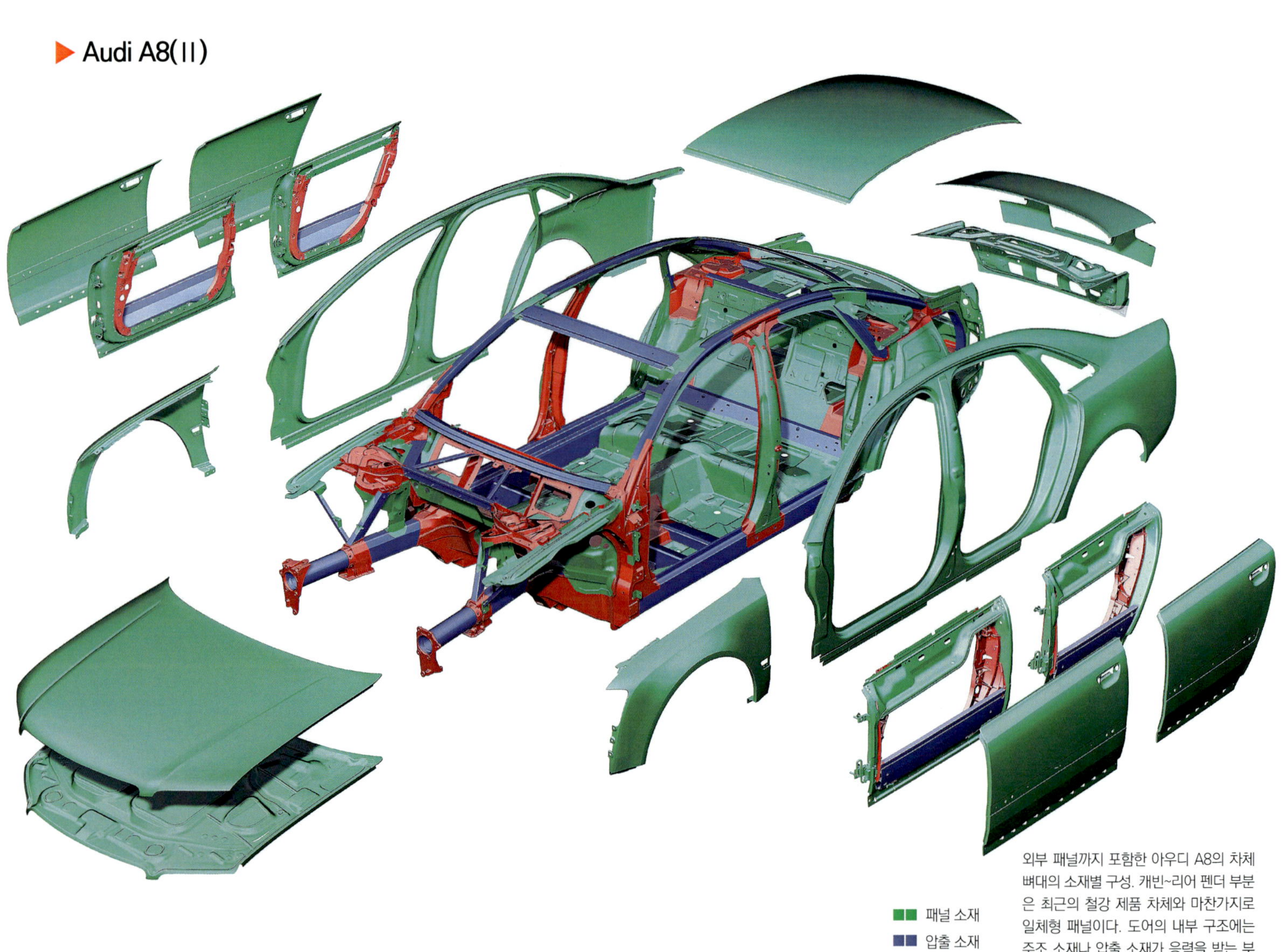

외부 패널까지 포함한 아우디 A8의 차체 뼈대의 소재별 구성. 캐빈~리어 펜더 부분은 최근의 철강 제품 차체와 마찬가지로 일체형 패널이다. 도어의 내부 구조에는 주조 소재나 압출 소재가 응력을 받는 부위에 적합하게 장착되어 있다.

알루미늄 합금의 뼈대를 양산화하여 실용적으로 도움이 되도록 하는 것은 아직 어렵다.

단순하게 보면 알루미늄의 비중은 약 2.7, 철은 7.9이기 때문에 같은 체적에서는 질량이 1/3 밖에 되지 않는다. 이것이 직접 경량화로 이어지기가 어려운 것은 단순한 기계 같은 경우라면 그대로 알루미늄을 사용하여도 되겠지만 응력에 견디어야 하는 강도를 강철과 비슷하게 하기 위해서는 2배 전후의 두께가 필요하기 때문에 구조물의 질량이 강철에 비하여 70% 정도 밖에 되지 않는다. 한편 금속의 탄성에는 커다란 차이가 없기 때문에 뼈대가 두꺼워지는 만큼 「딱딱해」진다. 차체의 뼈대가 알루미늄 합금으로 된 자동차는 때때로 타이어에서 전달되는 충격이나 진동 등에 대해 「딱딱함」이 쉽게 나타난다.

또한 철은 어느 응력(yield point)까지는 탄성 변형을 일으켜 복원되는 성질의 탄성을 갖는데 비해 알루미늄 계통의 소재는 응력을 받아 변형이 되면 되돌아오질 않는다. 즉 충돌 등에 의해 발생되는 변형을 판금 작업으로 복구시키는 것이 어렵기 때문에 블록으로 절단하여 신규 부품과 교환 · 재결합할 수 밖에 없는 상황도 일어난다.

차체의 뼈대에 사용되는 것은 순수한 알루미늄이 아니라 실리콘이나 마그네슘, 아연, 동 등을 혼합하여 강도를 높인 알루미늄 합금이다. 음료수 캔 등에 사용되는 순수한 알루미늄에 가까운 소재나 엔진 구조물 등에 사용하는 알루미늄-실리콘 합금과는 재활용성에 상당한 차이가 있어서 합금을 조성별로 용융(때로는 전기분해도 가하면서) 시키지 않으면 질이 좋은 소재로 다시 만들 수 없다.

한편으로 산화 피막을 생성하면 철의 소재와 같은 녹이 잘 생성되지 않지만 사용하는 방법에 따라서는 부식이 발생된다. 특히 알루미늄 등 경금속과 철 등이 직접 접촉되는 부위에서는 전위차 부식(電位差腐蝕)이 쉽게 발생되며, 이것을 방지하는데 적합한 구조로 설계할 필요가 있다.

이렇듯이 알루미늄 합금이 경량화에는 효과가 크지만 양산에 따라 다양한 상황에서 사용되고 사고의 수리나 재활용성까지 요구되는 자동차에 있어서는 주요 구조물에 사용하는 것이 상당히 어렵다. 이렇게 곤란한 주제에 도전하여 일정 부분에 성공을 거둔 것이 아우디 A8의 ASF(Audi Space Frame)인 것이다.

부품개수

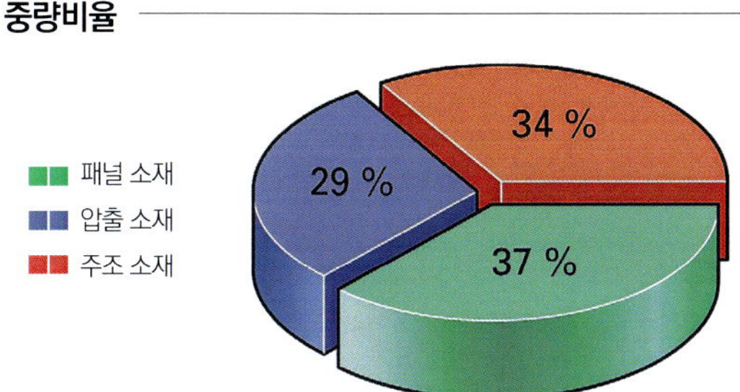

중량비율

왼쪽 페이지의 차체 뼈대의 구성 요소를 소재의 성형 방법별 비율로 정리한 원 그래프. 위가 부품 개수로 본 비율이고 아래가 중량으로 본 비율이다. 얇은 판을 성형한 패널의 수는 많지만 얇아서 중량으로는 크지 않다. 프레스 성형성은 알루미늄 합금의 어려움 중 하나이지만 그 개량도 진행되고 있다. 주조 소재는 대부분 얇게 하고 있지만 부품의 개수가 증가되었기 때문에 중량비도 증가되었다. 압출 소재는 제 1세대보다 많이 줄어들고 있다.

아우디 A8 전체 소재별 중량 비율

아우디 A8 · 4.2 콰트로(AT)의 차량 중량 1780kg을 구성하는 소재별 중량 비율. 차체 외에 사용되는 알루미늄 합금과 마그네슘은 전체에 대해 32% 정도. 여기에는 파워 패키지나 섀시 부품 등도 포함된다. 한편 바퀴의 유지부분이나 스티어링 기구, 베어링 등에 사용되는 철강 계열의 소재도 거의 같은 중량이다.

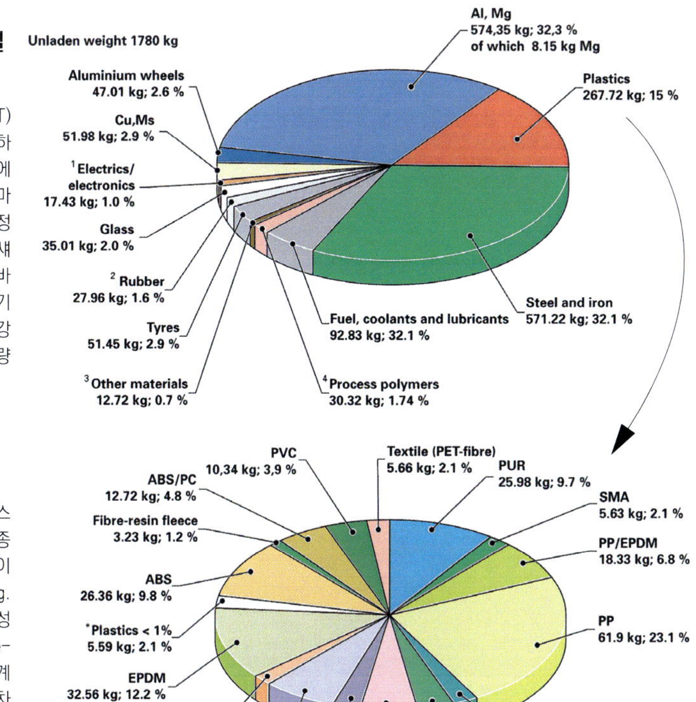

플라스틱 소재별 중량 비율

위쪽의 원 그래프에서 플라스틱 소재만 별도로 떼어내 그 종류별 중량 비율을 나타낸 것이다. 전체의 중량은 262.72kg. PP(Polypropylene ; 열가소성 수지) 계열, ABS(acrylonitrile-butadiene-styrene resin) 계열 등이 상당히 많은 비율을 차지한다. 재활용성(소재로 되돌리는)을 중시하는 독일에서는 수지의 소재를 선택할 때도 이러한 점을 배려하는 경향이 강해지고 있다.

필러~루프 레일 부분의 구조

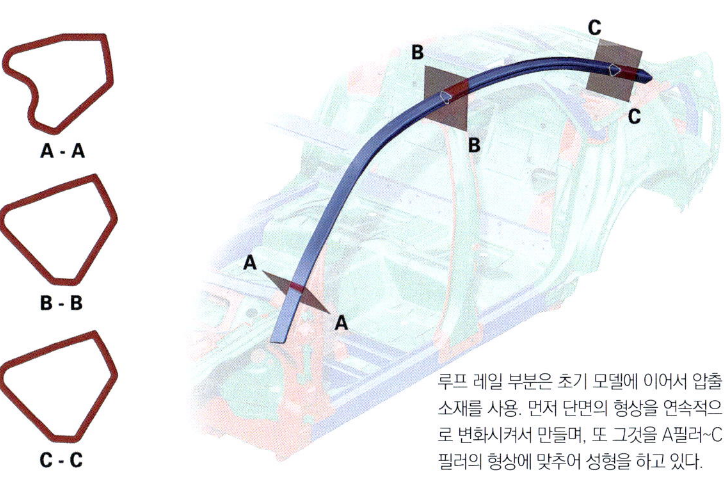

루프 레일 부분은 초기 모델에 이어서 압출 소재를 사용. 먼저 단면의 형상을 연속적으로 변화시켜서 만들며, 또 그것을 A필러~C필러의 형상에 맞추어 성형을 하고 있다.

A필러에서 C필러까지 연속된 압출 소재와 얇게 주조한 B필러, 루프 횡단재(압출 소재)를 용접한 지점에 내면의 패널, 루프 패널을 레이저 용접으로 만든다. 복수 소재를 선으로 길게 접합하는 부위에는 레이저 용접이 적합하다.

A필러 시작 부분의 구조

이종 성형품의 집합 · 접합의 예. A필러가 시작되는 부분은 응력을 크게 받기 때문에 안과 밖에 2개로 나누어진 얇은 주조품에 A필러의 골재와 「목(目)」자 모양의 단면을 한 압출 소재의 사이드 실 2개가 용접된다.

셀프 피어싱 리벳에 의한 접합

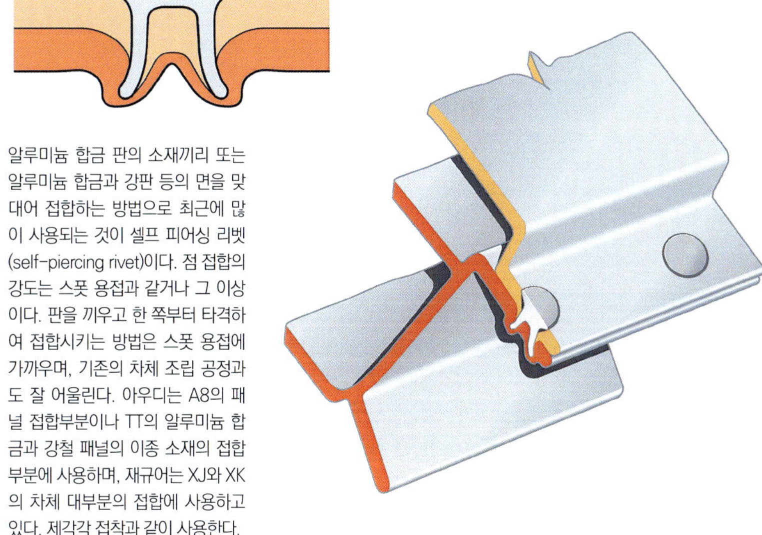

알루미늄 합금 판의 소재끼리 또는 알루미늄 합금과 강판 등의 면을 맞대어 접합하는 방법으로 최근에 많이 사용되는 것이 셀프 피어싱 리벳(self-piercing rivet)이다. 점 접합의 강도는 스폿 용접과 같거나 그 이상이다. 판을 끼우고 한 쪽부터 타격하여 접합시키는 방법은 스폿 용접에 가까우며, 기존의 차체 조립 공정과도 잘 어울린다. 아우디는 A8의 패널 접합부분이나 TT의 알루미늄 합금과 강철 패널의 이종 소재의 접합 부분에 사용하며, 재규어는 XJ와 XK의 차체 대부분의 접합에 사용하고 있다. 제각각 접착과 같이 사용한다.

아우디로 보는 알루미늄 소재의 정확한 사용

글 : 모로즈미 다케히코 · 사진 : AUDI

▶ **Audi A2**

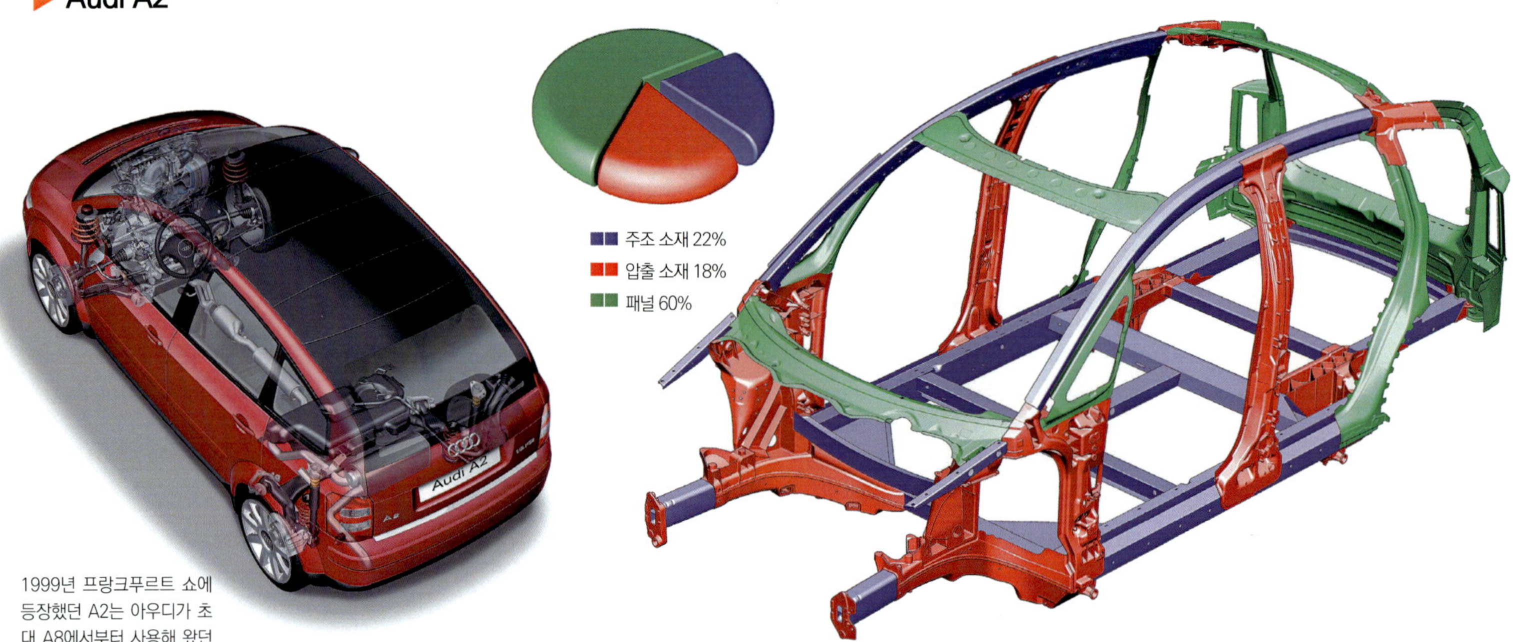

1999년 프랑크푸르트 쇼에 등장했던 A2는 아우디가 초대 A8에서부터 사용해 왔던 알루미늄화의 설계방법을 소형자동차에 도입한 것이다. 프런트 사이드 멤버, A필러 포스트, B필러 등에 주조 소재를 사용하여 단가를 낮추기도 했지만 전체가 알루미늄이기 때문에 같은 사이즈의 소형자동차 중에서는 고가였으며, 플로어의 뼈대는 압출 소재를 많이 사용하고 있다. 3ℓ의 연료로 100km를 주행하는 「3ℓ 카」에 대한 도전이라는 의미도 있어서 경량화를 위해 알루미늄이 사용되었지만 품질의 확보를 위해 검사의 공정에도 사람이 관여해야 하는 등의 어려움으로 결국 생산은 1세대만으로 끝났다.

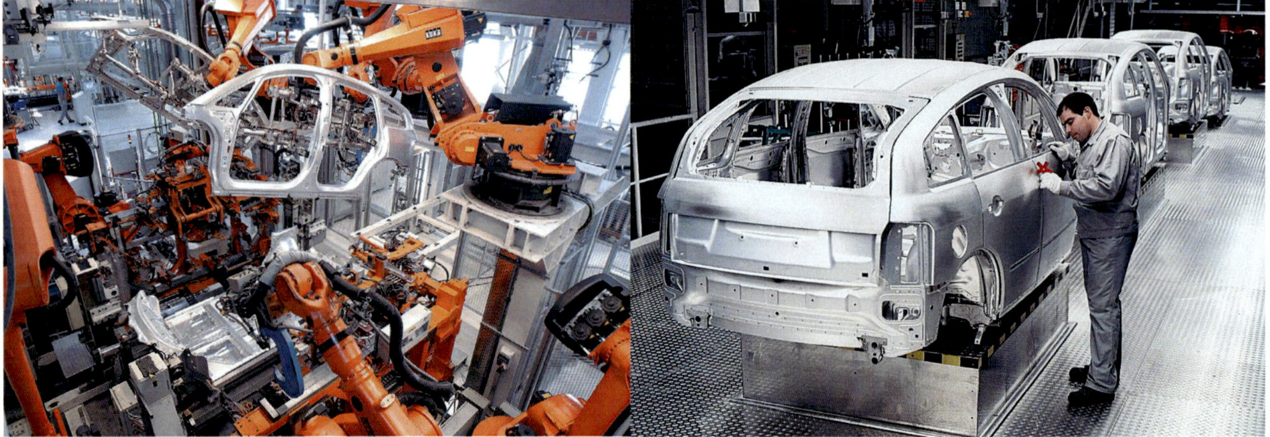

▶ **Audi A8(Ⅰ)**

1993년 도쿄 모터쇼에서 발표된 알루미늄 보디의 AFS(알루미늄 스페이스 프레임)가 A8의 베이스였다. 접합부분이나 응력을 받는 부분에는 주조의 소재를 사용하고 뼈대에는 압출 소재를, 패널은 덮개의 종류에 사용하는 방식으로 알루미늄을 이론적으로 사용하였다. 또한 시판형의 A8은 알루미늄 합금의 조성을 각인함으로써 소재를 노화시키지 않는 리사이클을 고려하였다. 이러한 방식도 이론적이라 할 수 있다. 신형의 A8에서 주조의 소재가 증가된 것은 단가의 대책 때문일 것이다.

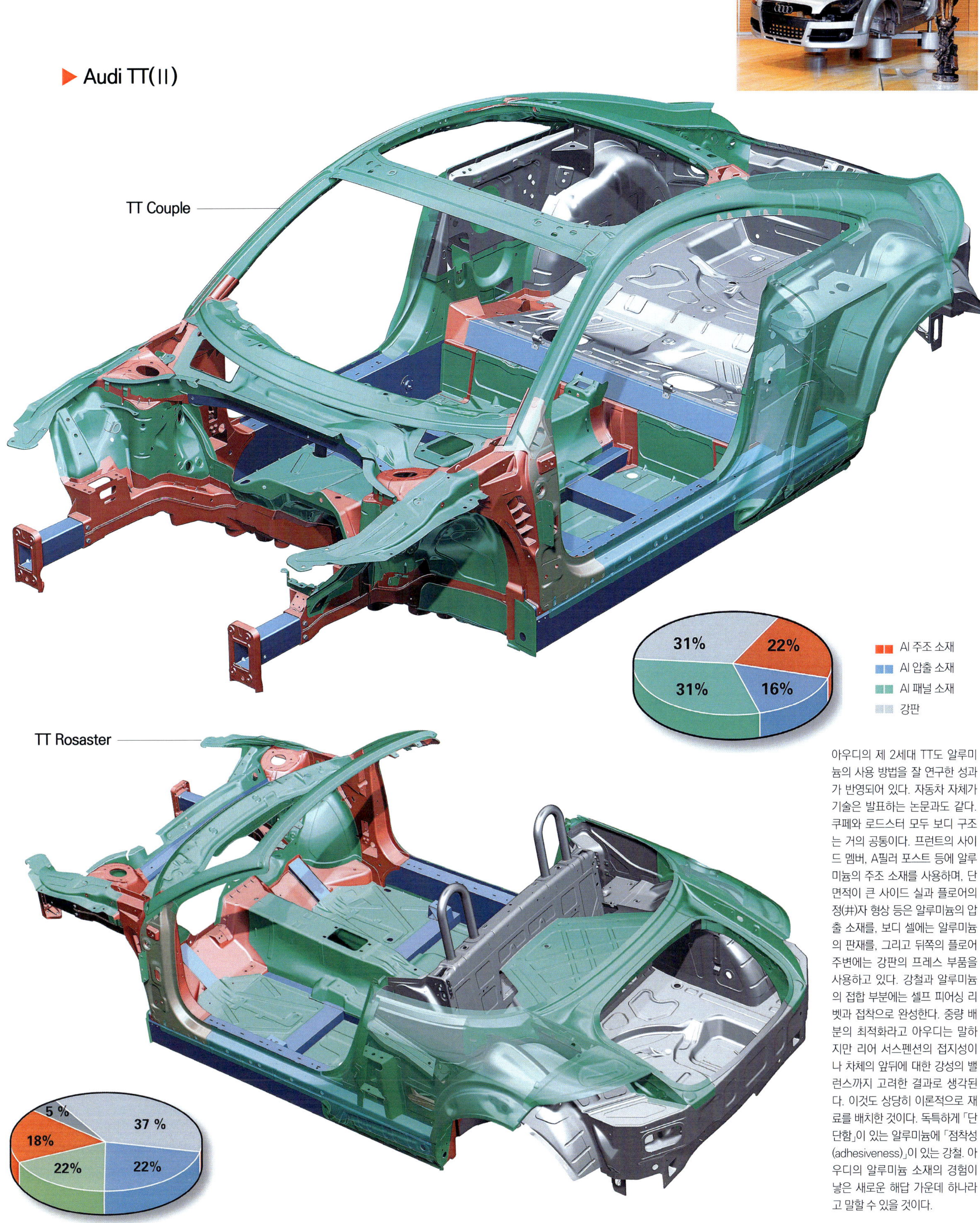

아우디의 제 2세대 TT도 알루미늄의 사용 방법을 잘 연구한 성과가 반영되어 있다. 자동차 자체가 기술은 발표하는 논문과도 같다. 쿠페와 로드스터 모두 보디 구조는 거의 공통이다. 프런트의 사이드 멤버, A필러 포스트 등에 알루미늄의 주조 소재를 사용하며, 단면적이 큰 사이드 실과 플로어의 정(井)자 형상 등은 알루미늄의 압출 소재를, 보디 셀에는 알루미늄의 판재를, 그리고 뒤쪽의 플로어 주변에는 강판의 프레스 부품을 사용하고 있다. 강철과 알루미늄의 접합 부분에는 셀프 피어싱 리벳과 접착으로 완성한다. 중량 배분의 최적화라고 아우디는 말하지만 리어 서스펜션의 접지성이나 차체의 앞뒤에 대한 강성의 밸런스까지 고려한 결과로 생각된다. 이것도 상당히 이론적으로 재료를 배치한 것이다. 독특하게 「단단함」이 있는 알루미늄에 「점착성(adhesiveness)」이 있는 강철. 아우디의 알루미늄 소재의 경험이 낳은 새로운 해답 가운데 하나라고 말할 수 있을 것이다.

Aluminium-Alloy Space Frame - Special Cars

알루미늄 합금의 뼈대가 가치를 만들어 내는 특별한 경우와 그 구조

글 : 모로즈미 다케히코

AUDI

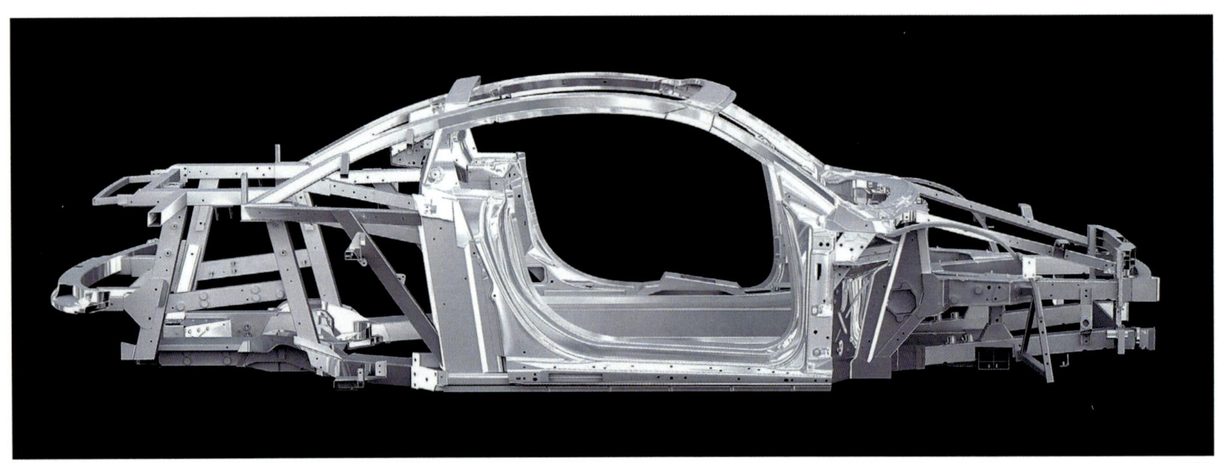

알루미늄 합금의 소재로 만든 차체의 뼈대가 충분한 가치를 갖는 한편 거기에 따른 단점까지 포함하여 사용되는 경우, 예를 들면 소량생산일 뿐만 아니라 상대적으로 고가이기 때문에 운전자가 자동차의 가치를 충분히 인식하여 수리 등에도 주의를 기울이는 것이 가능할 경우, 그리고 무엇보다 경량화가 중요한 가치를 창출하는 스포츠카인 경우라면 커다란 의미가 있다. 이 아우디 R8은 르망24시간 레이스 외에 프로토 타입의 레이스를 제패한 아우디의 이미지를 일반도로에 옮겨놓은 초고성능의 스포츠카를 알루미늄 합금 스페이스 프레임으로 만드는 것은 A8이나 TT보다도 용접하기가 쉽기 때문이 아닐까.

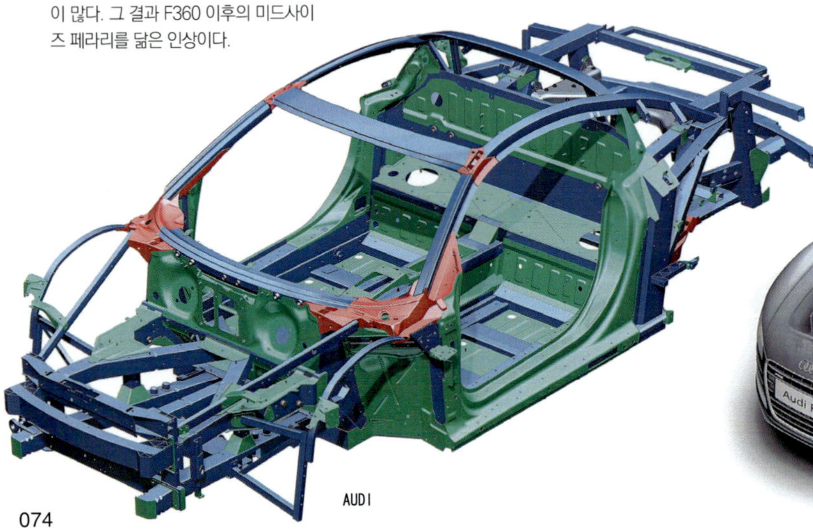

▶ Audi R8

AUDI

V8 엔진을 미드십에 세로로 배치하고 4륜 구동의 기본적인 레이아웃을 하고 있는 R8의 알루미늄 합금 스페이스 프레임은 생산량이 적은만큼 압출 소재를 벤딩 가공을 하거나 파이프처럼 만든 부분이 많다. 그 결과 F360 이후의 미드사이즈 페라리를 닮은 인상이다.

AUDI

AUDI

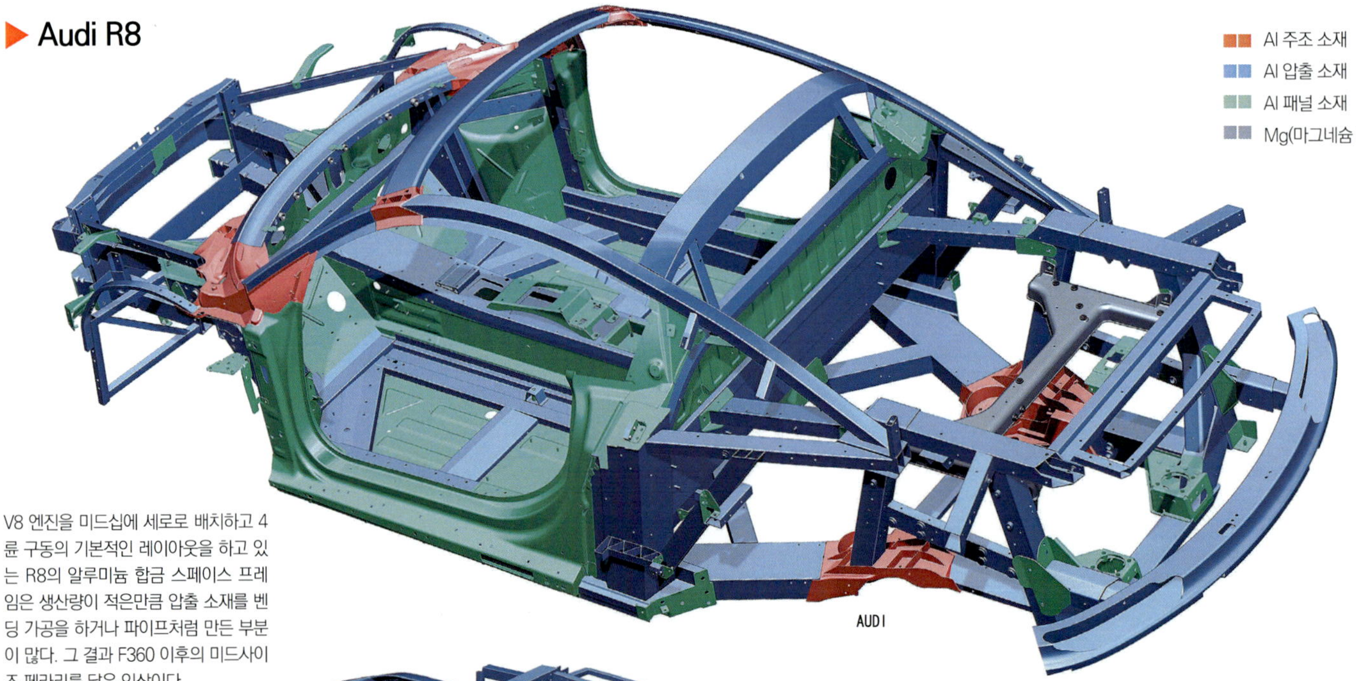

왼쪽 그림과 거의 같은 각도의 R8 테크니컬 X-ray. 자연흡기 4.2ℓ의 V8 엔진을 뒤쪽으로 세로로 배치한 기어박스+리어 디퍼렌셜 유닛이 있으며, 앞바퀴에 동력을 전달하는 추진축이 거기에서 앞으로 배치되어 있다.

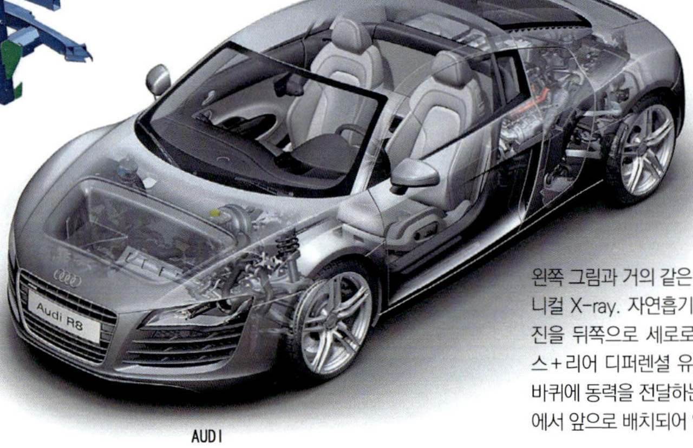

▶ Lotus Elise

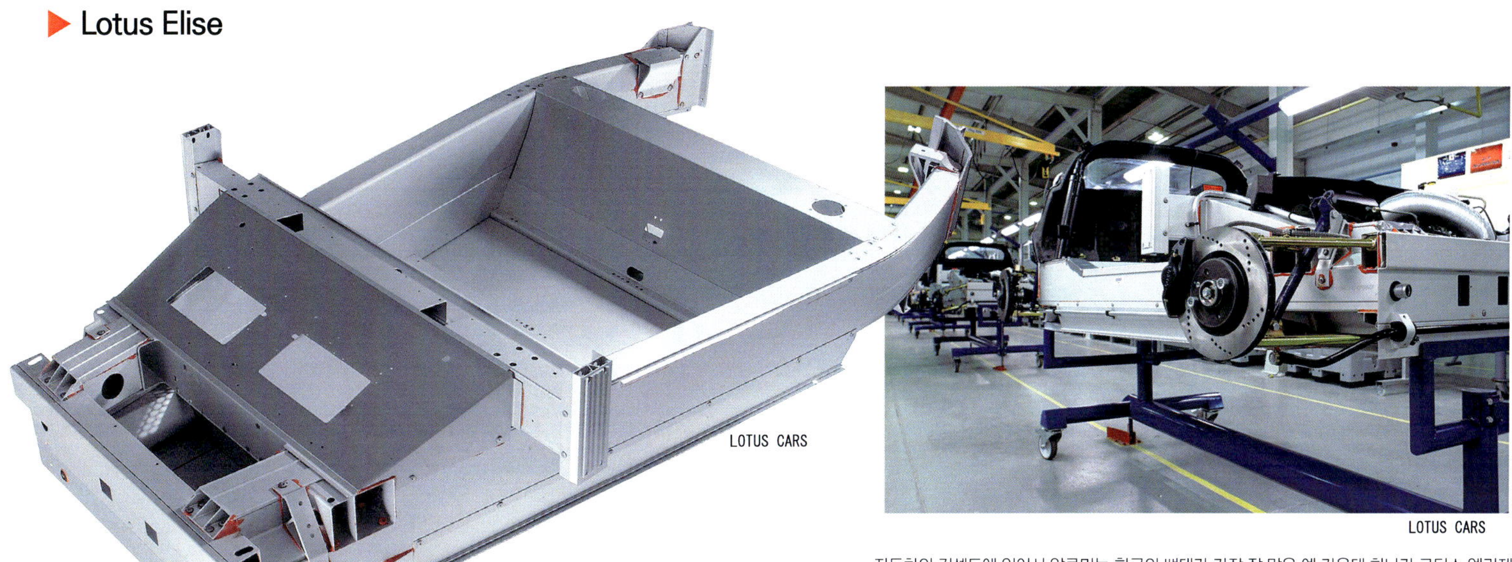

LOTUS CARS

LOTUS CARS

자동차의 컨셉트에 있어서 알루미늄 합금의 뼈대가 가장 잘 맞은 예 가운데 하나가 로터스 엘리제이다. 알루미늄의 전문기업에서 제안을 받아 비교적 단면이 큰 압출 소재를 단면적이 큰 쪽을 상하 방향으로 배치하여 좌우의 종관재(縱貫材)로서 사용하며, 앞뒤에 격벽을 접합시켜 뼈대로 조립하고 있다. 이 뒤쪽에 가로로 배치한 파워 패키지를 넣으며, 간단한 서브 프레임을 매개로 뒤쪽의 섀시 부품도 장착하며, 콕피트나 외부 설비도 필요 최소한으로만 만든다. 그 결과 오늘날에 있어서 아주 가벼운 순수한 스포츠카가 만들어졌다. 밸런스는 시리즈 후기 모델이 가장 뛰어나다.

▶ Aston Martin Vanguish

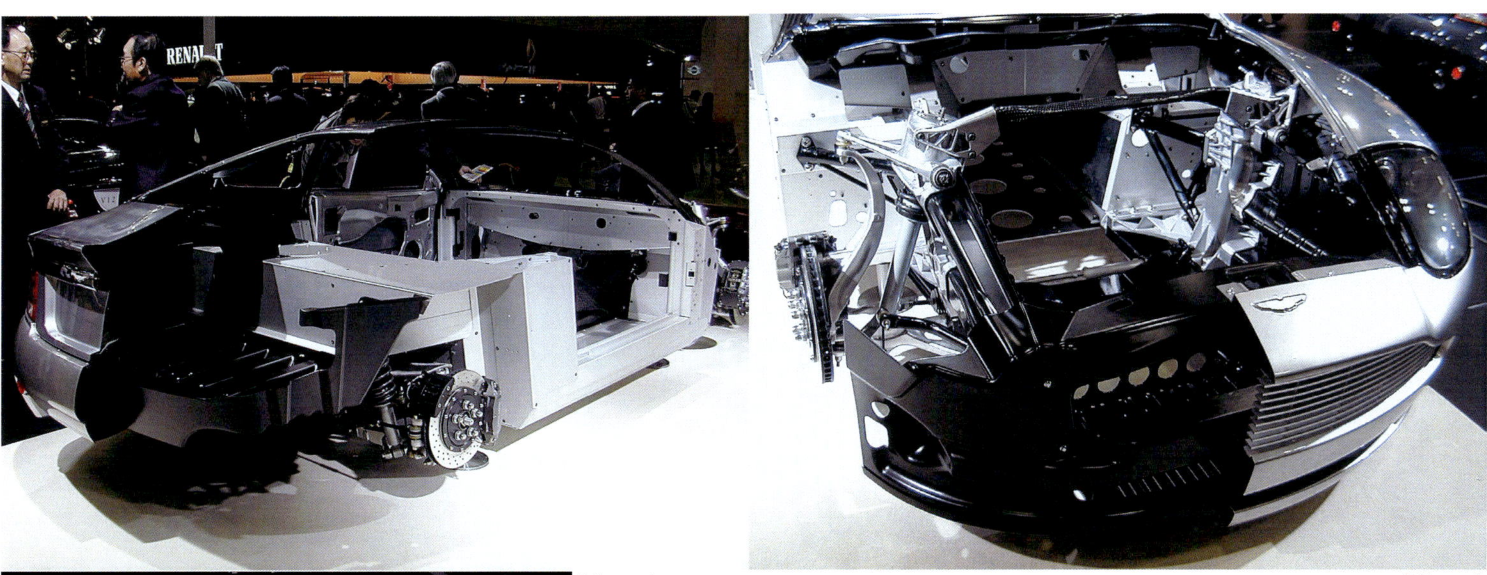

T. Morozumi

T. Morozumi

T. Morozumi

소량으로 생산할 뿐만 아니라 고가이고, 고성능의 스포츠카로서 독자적인 알루미늄 합금의 뼈대를 구축한 것이 최근의 애스톤 마틴이다. 단면이 큰 압출 소재를 직선적으로 사용하여 캐빈 부분의 주요 구조를 구성하면서 캐빈 앞뒤의 서스펜션 장착 부분에는 주조 소재의 블록을 접합한다. 심지어 카본 FRP에 의한 보강이나 서브 프레임을 적절히 배치하여 사용하고 있다. 구조물로서 보았을 때 아주 아름다워 그만큼 이러한 종류의 자동차다운 존재가치를 높이는 효과를 낳고 있다. 몇 가지 안 되지만 재활용성 등도 허용될 수 있다.

▶ Ferrari 360 Modena

T. Morozumi

페라리는 F360부터 알루미늄 합금 스페이스 프레임을 도입하였다. 대형의 고성능 모델에도 사용을 확대하고 있으며, 기본 구성은 가로와 세로로 둘러싼 골재에 압출 소재를 많이 사용한다. 그 접합 부분이나 응력을 받는 부위에는 약간 큰 주조의 블록을 배치하고 있다. F360이 뒤진다고는 할 수 없지만 주행하는 느낌은 F355가 최근의 페라리 가운데 가장 좋은 것 같다. 이 뼈대를 설계하고 제조한 곳은 알코아 회사다. 재규어 등도 알루미늄 소재의 전문 메이커에 상세한 설계와 내구확인, 리사이클 등을 위탁하는 체제로 뼈대를 개발하고 있다.

Chapter 07

Aluminium-Alloy Body shell

지금도 기억에 남아 있는 80년대 기술의 올 알루미늄 자동차

글 : 마키노 시게오 · 사진 : HONDA

▶ Honda NSX

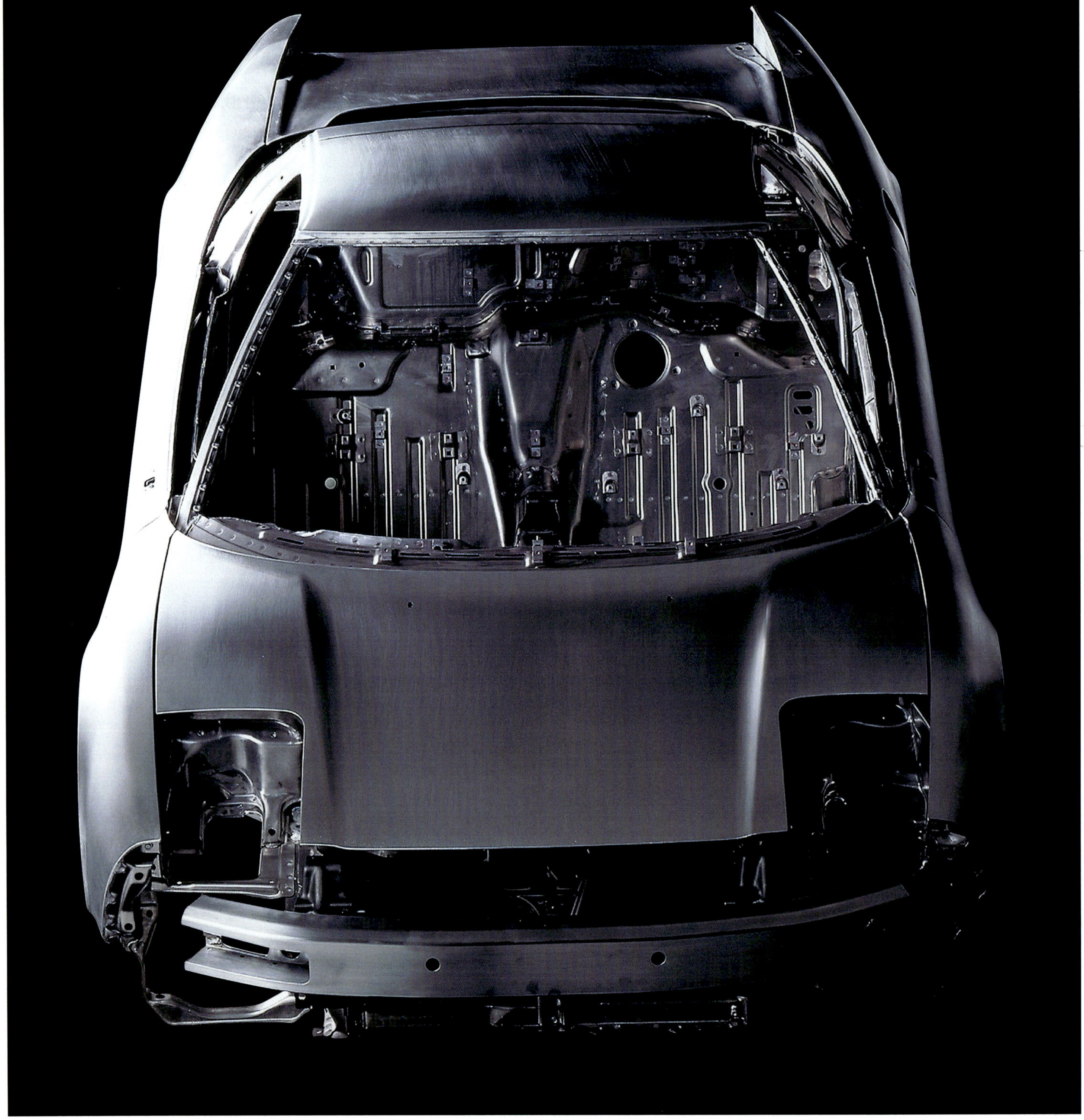

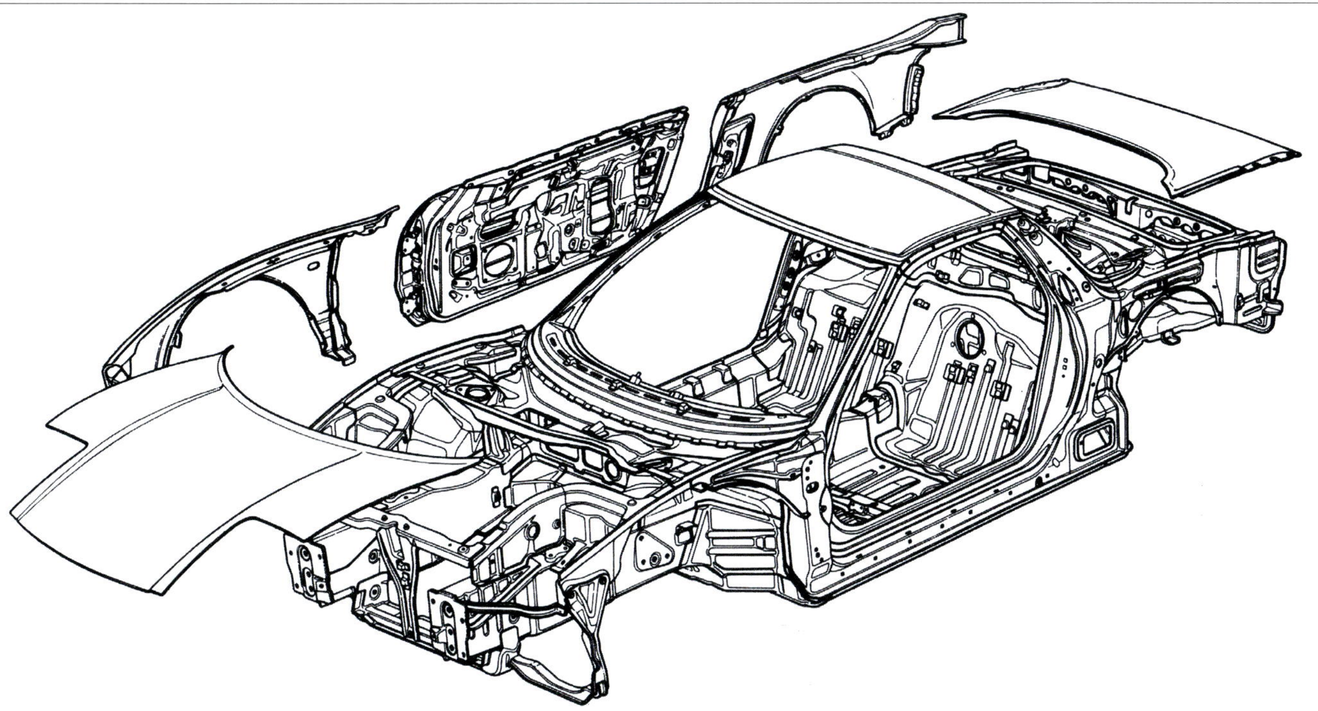

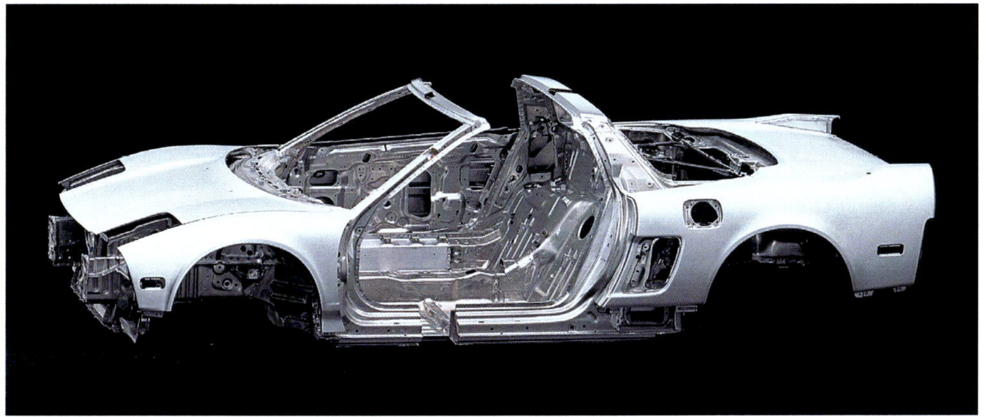

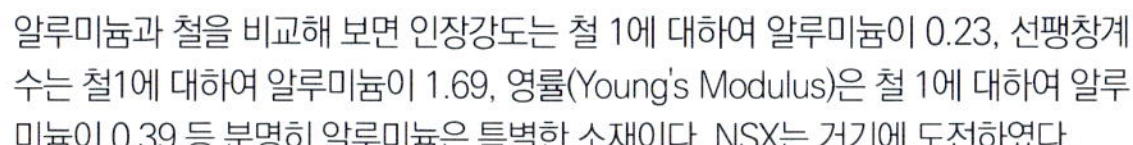

알루미늄과 철을 비교해 보면 인장강도는 철 1에 대하여 알루미늄이 0.23, 선팽창계수는 철1에 대하여 알루미늄이 1.69, 영률(Young's Modulus)은 철 1에 대하여 알루미늄이 0.39 등 분명히 알루미늄은 특별한 소재이다. NSX는 거기에 도전하였다.

※ 영률(Young's Modulus) : 물체를 양쪽에서 잡아 늘일 때 물체의 늘어나는 정도와 변형되는 정도를 나타내는 탄성률을 말한다.

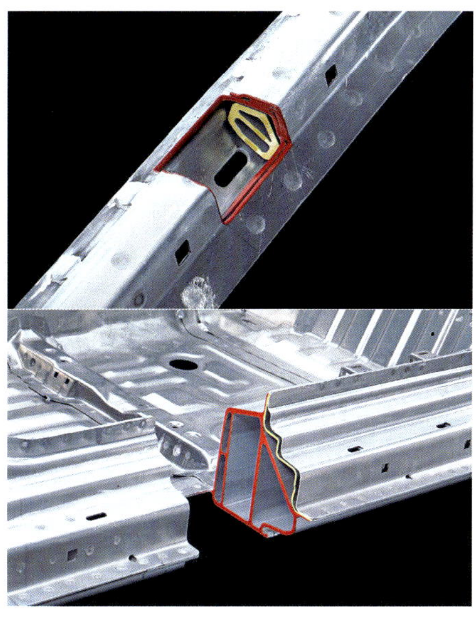

사이드 실과 필러의 내부에는 구조의 소재와는 등급이 다른 알루미늄 합금이 배치되어 있어서 완전하게 리사이클을 하려면 용접 부분을 분리하고 빼낼 필요가 있다. 등급이 다른 알루미늄들을 혼합하면 특성은 극단적으로 악화된다.

혼다의 기술적 도전은 많은 교훈을 남겼다

NSX를 구상하기 시작한 것은 1983년 봄이었으며, 1985년 시점에서는 알루미늄의 보디를 사용하기로 결정했다고 한다. 「엔진의 파워에 의지하는 재래식의 공법이 아니라 보디를 경량화함으로써 파워와 중량의 비율을 높이겠다」는 목적이 있었기 때문이다. 화이트 보디의 중량은 210kg에 머물러 「스틸 보디에 비하여 200kg이나 가벼워졌다」, 「파워와 중량의 비율을 5kg/ps으로 환산하면 엔진의 출력이 40ps에 상당하는 효과」라고 혼다는 발표하였다.

당시의 자동차 메이커는 경합금 보디에 대한 노하우가 없어 당연히 비철금속의 메이커가 개발에 협력하였다. 마그네슘을 포함한 5000계열이나 마그네슘과 규소를 포함한 6000계열을 보디에, 주조 부품에는 규소만을 포함한 4000계열도 사용되었다. 유럽에서도 1980년대에 알루미늄 보디의 개발을 시작하고 있었지만 일정 대수를 생산하는 스포츠카로서는 NSX가 세계 최초의 올 알루미늄 보디이며, 이것을 완성시킨 혼다의 열의에 다시 한 번 놀라지 않을 수 없다. 참고로 생산을 담당한 다카네자와 공장은 NSX의 전용이었으며, 후에 같은 알루미늄 보디의 인사이트도 생산하였다.

보디의 구조는 차량의 앞에서부터 뒤끝까지 관통하는 메인 프레임을 큰 폐쇄 단면의 구조로 만들고 여기에 압출 성형의 사이드 실, 캐빈의 앞뒤에서 좌우 메인 프레임을 연결하는 크로스 멤버, 아크 용접에 의해 B필러를 결합한 뼈대의 중심이다. 용접에는 순간적으로 5만 암페어를 초과하는 대전류가 필요하기 때문에 트랜스를 내장한 전용의 스폿 건을 개발하였다.

기술적인 도전이었기 때문에 자동차로서의 매력과 화제의 측면에서는 독보적이었지만 정비성에서는 문제를 남겼다. 최대 시장인 북미에서 「철 이외의 보디는 정비성이 문제」라는 인식이 있었기 때문에 혼다는 루프를 뺀 모든 외부 패널을 볼트로 고정하였으며, 상처나 가벼운 충돌에 대해서는 단시간의 작업으로 복구할 수 있다는 사실을 어필하면서 GM 쉐보레의 콜벳과 동급 레벨의 보험요율을 획득하였다. 그러나 판매 후에 사고가 많아 알루미늄의 기술이 없는 정비공장에서는 수리가 안 되면서 결국엔 차량의 보험을 거부당하는 경우도 발생하였다. NSX가 몸소 보여준 알루미늄 보디의 결점은 자동차 업계에 커다란 교훈을 남겼다.

재활용성에 있어서 「알루미늄은 우등생」이라고 말한다. 알루미늄 합금을 녹이는 에너지는 알루미늄의 원광인 보크사이트(bauxite)에서 알루미늄을 정제할 때의 에너지에 비하여 불과 몇 % 정도라고 한다. 그러나 등급이 다른 알루미늄을 혼합하여 구조의 소재로 사용한 NSX가 반드시 재활용성에 뛰어나다고는 할 수 없었다. 특히 이 점을 독일의 메이커들이 비판하였는데 신경질적일 만큼 재활용성에 엄격한 그들다운 비판이었다.

Aluminium-Alloy Body shell

장점도 많지만 넘어야 할 과제도 많다

글 : 마키노 시게오 · 사진 : JAGUAR

▶ Jaguar XJ

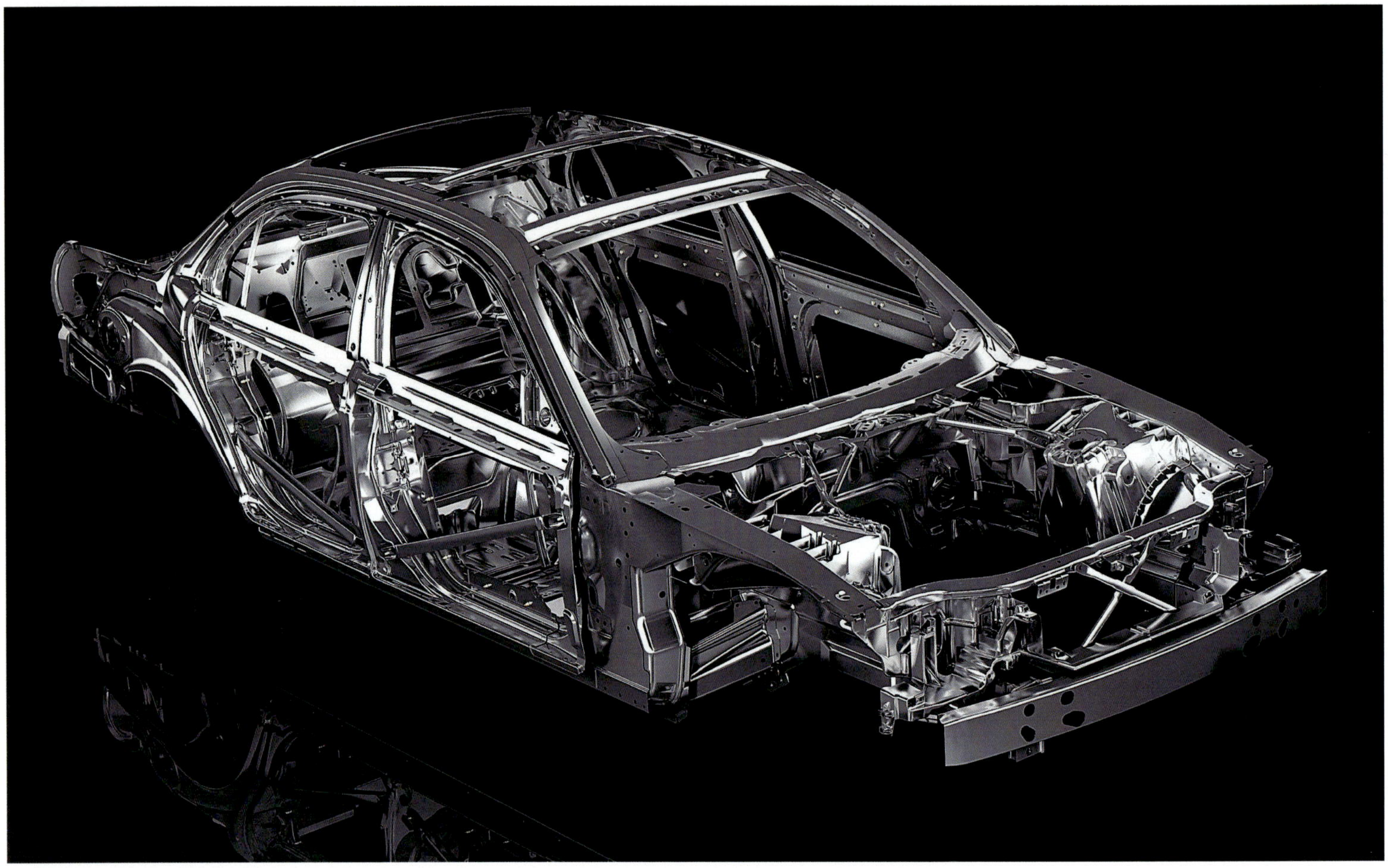

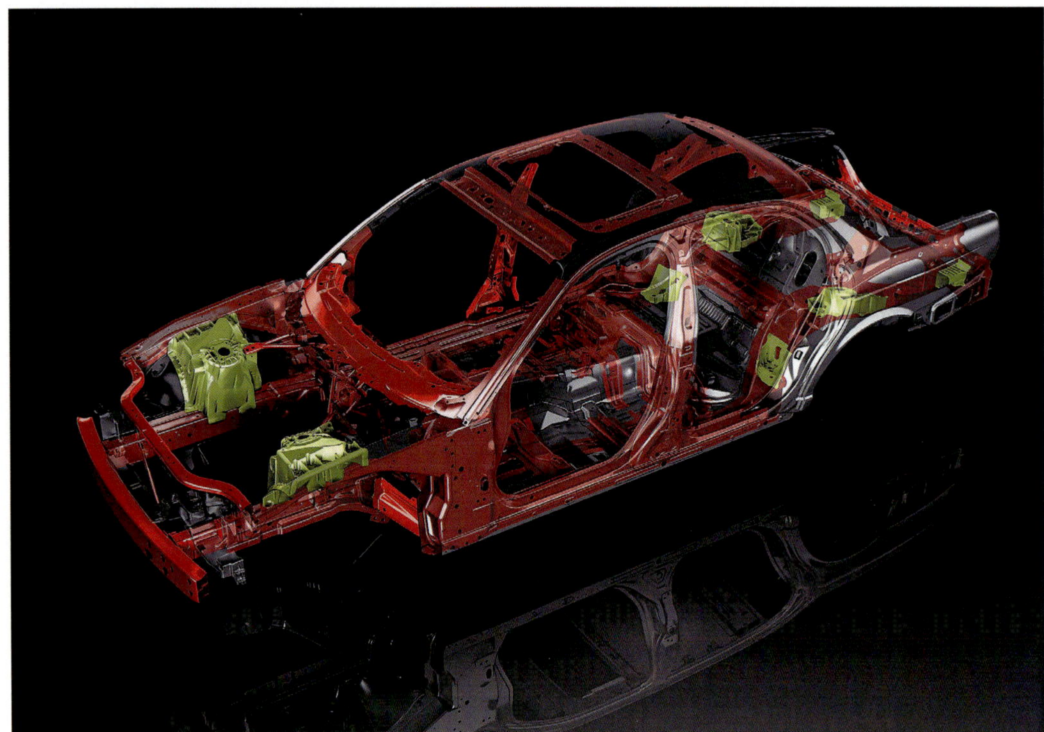

구형 XJ에 비하여 40%의 경량화, 「라이벌에 비해서는 최대 200㎏의 경량화」를 이룩한 현재의 XJ 시리즈. 왼쪽 보디의 황색 부분은 진공 금형 주조를 이용한 부분으로 아래 사진의 펜더 에이프런이 그 한 가지의 예이다. 또한 대시 패널이나 스티어링 서포트의 멤버는 마그네슘 합금의 제품이다. 외부 패널에는 교환하기 쉽도록 볼트 온 구조를 많이 사용하였다.

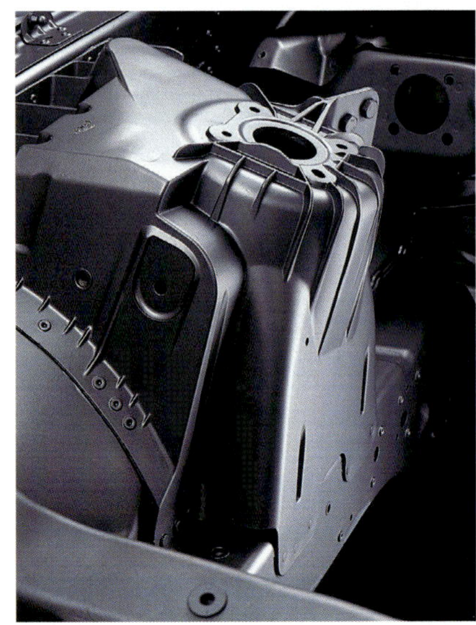

재규어는 판의 소재에 6060번의 알루미늄 합금을 많이 사용하며, 진공 주조에는 6082번을, 앞뒤의 범퍼 리인포스먼트(reinforcement)는 7108번을 사용한다. 7000계열은 마그네슘과 아연을 혼합한 극초두랄루민(extra super duralumin)으로 강도는 뛰어나지만 재활용성은 떨어진다. 이들의 알루미늄 소재를 어떻게 분리하여 재활용하는가에 대한 문제는 해결되지 않은 것 같다. 또한 보디 뼈대의 접합은 주로 3180개의 셀프 피어싱 리벳으로 하여 스폿 용접을 대체하겠다는 발상이지만 전위차에 의해 발생되는 부식을 포함하여 스폿 용접과 알루미늄 소재 양쪽의 약점을 노출시킬 가능성도 있다.

▶ Jaguar XK

2006년에 등장한 XK는 XJ시리즈와 마찬가지로 올 알루미늄 합금제의 모노코크 보디를 사용였으며, 소재나 구조는 개량된 것 같지만 엔지니어링은 공통이다. 이 차종에서 가장 특징적인 것은 알루미늄 합금의 뼈대와 외부 패널을 갖춘 커다란 후드에 보행자 보호 기구를 반영하였다는 점이다. 보행자나 경자동차와의 접촉을 감지하면 앞 힌지 방식의 후드가 위로 올라감으로써 엔진 등과 같은 딱딱한 부분에 사람이 접촉되는 위험성을 완화시켜 준다.

Chapter 08

Composite Frame

궁극적으로 경량화 되고 강인한 소재로 만들어진 뼈대가 일반도로에서 주행하게 될까?

글 : 모로즈미 다케히코

▶ Porsche Carrera GT

PORSCHE

포르쉐 카레라 GT의 차체 프레임은 콕피트 셀만이 아니라 뒤쪽의 파워 패키지＋리어 서스펜션을 지지하는 구조도 피라미드의 꼭지 부분을 잘라낸 모양의 CFRP 구조물로 만들고 양쪽을 볼트로 체결하였다. 그 앞뒤로는 알루미늄 합금 압출 소재의 빔을 묶어서 충돌 시의 충격 흡수 구조로 하고 있다. CFRP＋허니콤 일체성형의 센터 모노코크 탭은 이탈리아의 ATR(원래 항공기 메이커로서 항공기 외에도 동종의 뼈대 제조를 주문 생산하고 있다)이 제조한다.

페라리 F50과 엔초 계열은 복합 소재의 모노코크 탭 뒷면에 파워 패키지를 강력하게 체결하여 차체의 프레임으로서 기능을 발휘하도록 하는 레이싱 머신 그대로의 구성이지만 카레라 GT는 뒤쪽에도 CFRP의 플레임으로 만들고 엔진을 고무 마운트로 체결하는 등 로드 카의 속성을 갖추었다.

PORSCHE

T. Morozumi

아주 특수한 경우를 제외하고 로드 카에서는 아직까지 부적합하다.

순수한 경기 전용 차량의 분야에서는 강철이나 알루미늄 합금 등의 금속 소재에 있어서 강도가 뛰어나고 아주 가벼운 프레임을 만들 수 있는 복합 소재, 특히 카본(C) FRP(Fiber Reinforced Plastics ; 카본 파이어 강화 플라스틱의 약자이지만 현실적인 소재는 카본 파이버가 주요 재료이며, 혹은 완성한 것을 최소한의 에폭시 수지로 접합한다. 카본 파이버의 가벼움, 강인함을 최대한 이끌어내는 구조)의 패널, 그리고 두께(단면)를 확보하기 위해 중간에 알루미늄 합금 등의 허니콤 구조를 끼워 접합하는 소재가 이미 주류를 이루고 있다.

가장 발전된 항공기 분야에서도 일반 상용 비행기까지 광범위하게 사용하는 상황에 이르고 있다.

그러나 일반적인 자동차에 사용한 사례는 아직까지 미약한 편이다. 가장 큰 이유는 소재와 제조 프로세스의 양쪽이 아주 비쌀 뿐만 아니라 제조하는데 시간이 많이 소요되기 때문이다. 성형의 거푸집에 프리프레그(prepreg)라 불리는 수지 침투 시트를 붙이고 가압 가열로(autoclave)에서 수지를 압출시켜 빼내면서 열로 경화시킨다. 이렇게 해서 만들어낸 부품을 조립한 다음 다시 접합하는 프로세스를 되풀이 하여야 겨우 뼈대의 형태를 갖추게 된다. 그 성과물이 결정적인 장점을 갖을지는 모르겠으나 적어도 로드 카의 뼈대에서 요구되는 강도와 강성, 중량의 관계 속에서는 아직 분명하지 않다. 반대로 파손 부분의 정비에는 제조일과 똑같은 성형의 프로세스가 필요하고 재활용의 방법이 아직 확립되지 않았다는 점 등 자동차에서는 아직 마음대로 다루기가 어려운 소재라 할 수 있다.

▶ Mercedes-Benz SLR Mclaren

맥라렌 F1에서 6ℓ · V12 + 3시터의 공간을 차량중량 1ton에 만들어낸 희대의 자동차
설계자인 고든 맥레이. 맥라렌과 메르세데스 벤츠의 결속이 강화되는 가운데 차기작은
예전의 300SLR의 이미지를 현재로 투영한 초고성능 FR 스포츠가 되었다. 캐빈~뒷쪽은
CFRP(Carbon Fiber Reinforced Plastics) 풀 모노코크. 프런트 섹션은 굵은 알루미늄
합금의 튜브를 주요 재료로 하는 스페이스 프레임을 접합하고 있으며, 거기서 예전 맥레
이의 창조성을 엿보기는 힘들다.

Ultra Light Steel Auto Body(ULSAB)

「철의 위신」을 걸고
강철 소재에 의한 경량화 연구

글 : 마키노 시게오 · 사진 : ULSAB Project

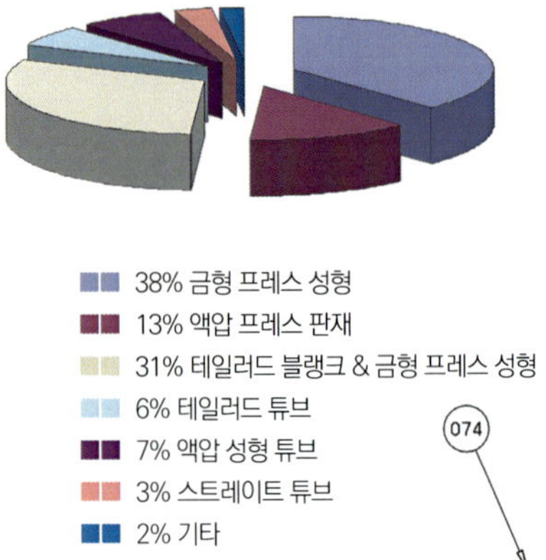

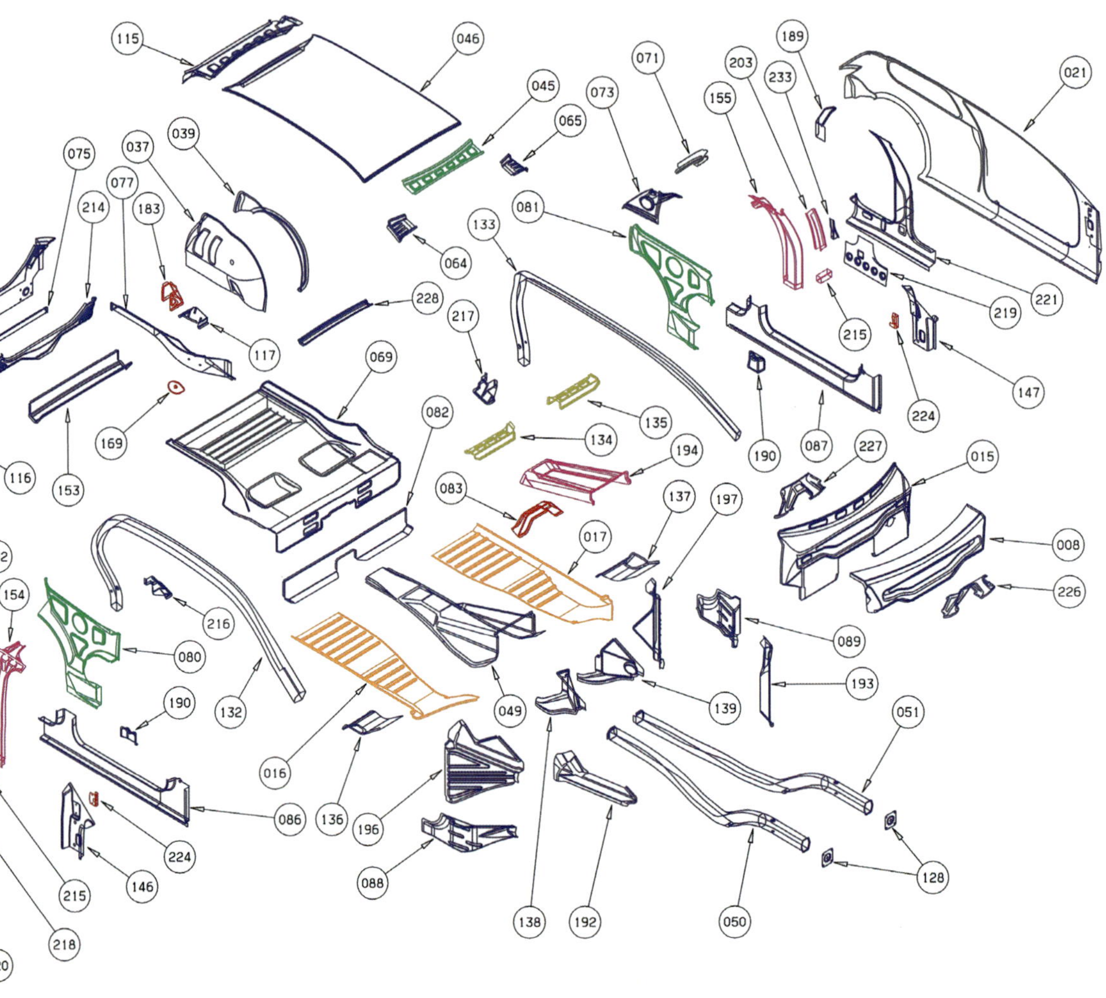

세계 철강 메이커 33개사가 기술력을 집결시킨 시뮬레이션

ULSAB 프로젝트는 IISI(International Iron and Steel Institute ; 국제철강협회)의 요청으로 세계의 철강 메이커 33사가 모여 철을 사용하여 자동차 보디의 경량화를 위해 최적인 설계를 제안하는 것이었다.

'94년부터 '98년까지 약 4년간 연구가 이루어졌으며, 보디의 설계는 포르쉐 엔지니어링이 담당하였다. 이를 이어받아 '99년부터는 ULSAB-AVC(Advanced Vehicle Concept)로 프로젝트의 수준이 향상되었다. 보디뿐만 아니라 엔진, 서스펜션 심지어 시트 등 제품의 전반에 걸쳐 경량화의 대상을 넓혀 연구가 이루어졌다. 1500cc 클래스의 세그먼트C 승용자동차(벤치마크는 포드 포커스)와 2500cc 클래스의 PNGV(Partnership of a New Generation Vehicle=아우디 A6/메르세데스 벤츠 E클래스)의 2차종을 초경량 컨셉트 카로 설계하였다. 완전한 실차는 시작(試作)되지 않았지만 뼈대는 조립되었다.

100%의 고장력강을 사용하여 유럽과 미국의 NCAP(충돌안전성 공개)에서 최고 등급의 평가를 받는 것과 벤치마크 차량보다 20~30%를 경량화하는 것, 연비는 CO_2 배출량에서 140g/km 이하로 하는 것을 목표로 삼았다. 이러한 사항들은 모두 시뮬레이션이고 실차의 성능은 아니지만 비용의 계산도 예정 범위 내에서 끝났다고 한다. 비철의 경합금이나 수지의 등장에 대한 「철의 역습」과도 같은 프로젝트였지만 각 철강회사의 기술을 한데 모으면 새로운 길을 열 수 있다는 점은 확인되었다.

좌측이 1500cc 해치백을 상정한 C클래스이고, 우측이 아우디 A클래스 등 고급 세단을 상정한 PNGV이다. 외부의 패널은 시판되는 자동차처럼 스타일링은 되지 않았지만 보행자 보호 요건은 반영되었다. 설계의 중량은 C클래스가 933kg으로 벤치마크 차량에 비하여 18.7%가 감소되었고, PNGV는 998kg으로 32.1%가 감소되었다. 실제의 차량이 이 중량을 유지할지는 별도로 하더라도 소재마다 최적화의 설계 기술이 존재하는 것은 증명되었다고 하겠다. 일본에서는 신일본제철, 구NKK, 고베제철이 참가하였으며, 국내에서는 포항제철이 참가하였다.

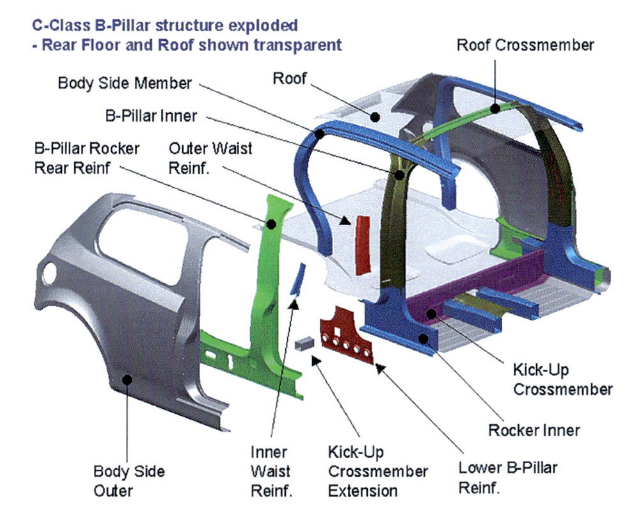

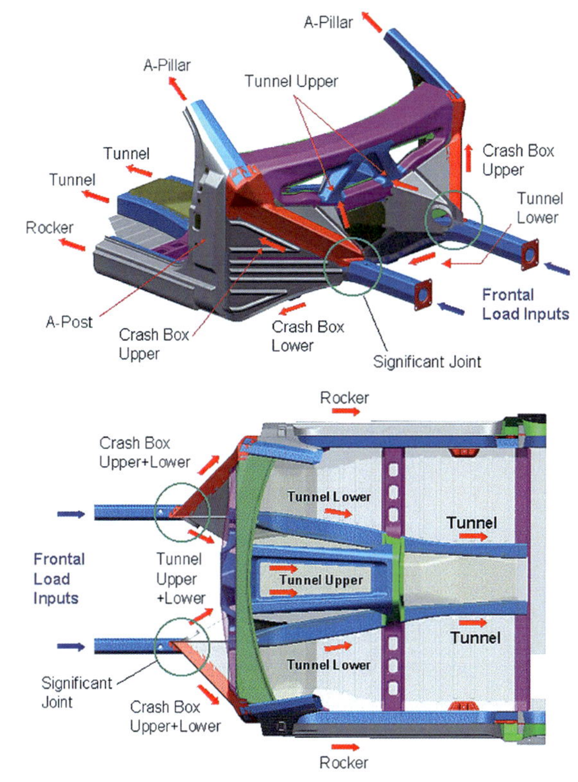

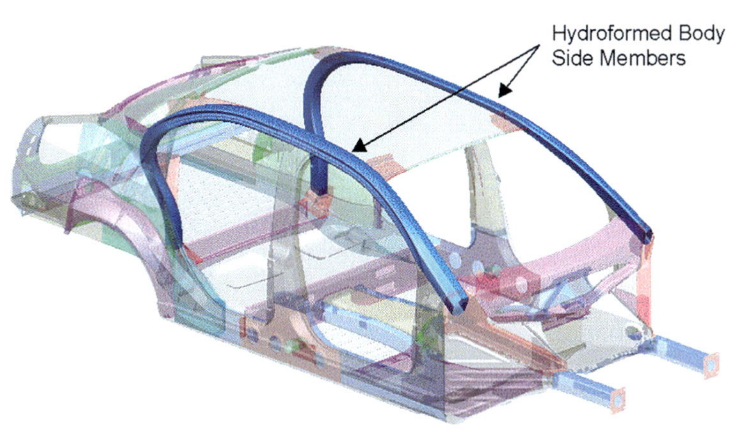

보디 셸 전체가 외부의 패널, 리인포스먼트, 이너의 3층 구조를 하고 있으며, 경량화와 충격의 흡수성이 양립되도록 배려하였다. A필러에서부터 리어 휠 아치까지 테일러드 튜브(tailored tube) 성형품을 일체 성형으로 사용하고 있는 점도 주목할 만하다. 엔진 룸 안은 좌우 멤버에서부터 A포스트에 걸쳐 「크래시 박스」를 배치하고 플로어와 루프에는 가로 방향의 크로스 멤버가 많이 사용되었다. 프런트 서스펜션은 보행자의 보호 대책까지 겸해서 펜더 에이프런을 없애고 리프 스프링을 사용하고 있으며, 철제의 휠이나 시트 프레임도 경량화의 구조로 되어 있다. 철강의 각사가 이러한 성과를 자동차 메이커에 제안하였는지는 정확하지 않지만 개별의 기술에는 흥미로운 것들이 많다.

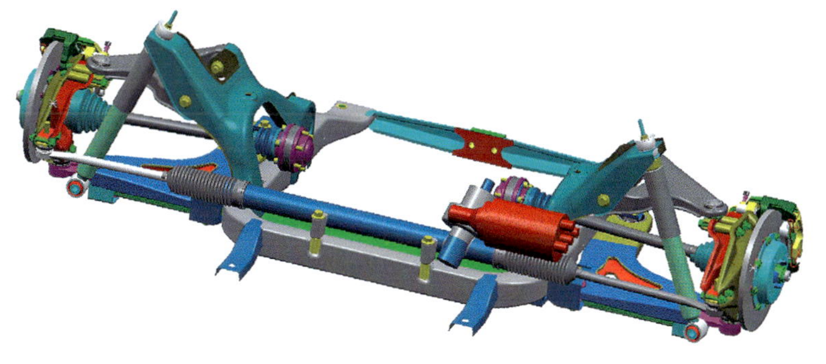

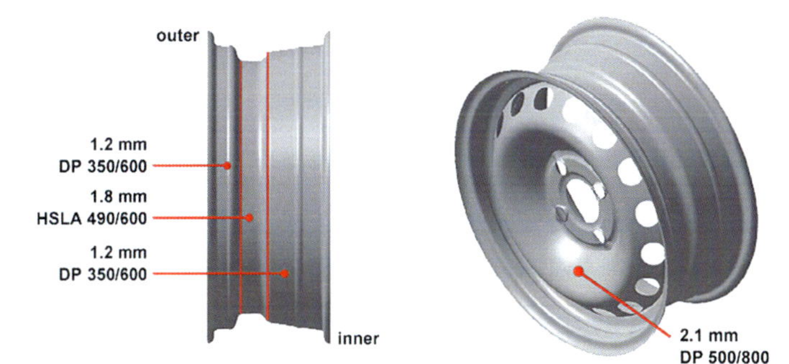

CERP

카본의 실력

소재 · 제조방법과 최신 사용 사례

탄소 섬유(Carbon Fiber=CF)는 이미 「현재의 소재」다.
섬유를 고정하는 수지의 발전과 성형 방법의 발전에 의해 CFRP(Carbon Fiber Reinforced Plastics)는 다양한 형태로 사용되고 있다.
자동차 쪽에서는 탄소 섬유가 아직 특별한 취급을 받을 정도로 접목이 느리다.
선입관과 편견을 버리고 순수하게 탄소 섬유로 「무엇을 할 수 있는지」, 「자동차를 어떻게 바꾸는지」를 생각해야 할 때다.
비용이라는 벽은 어쩌면 생각 외로 낮을지도 모른다.

Technical Specifications TEEWAVE

전체 길이×전체 너비×전체 높이 : 3975×1766×1154mm / 차량중량 : 846kg(배터리 중량 : 220kg 포함) / 승차 정원 : 2명 / 최대 출력 : 47kW/3000~6000rpm /
최대 토크 : 180Nm/0~2000rpm / 전력 소비율 : 11.6km/kWh / 주행 거리 : 185km / 최고 속도 : 147km/0~100km / 0~100km 가속 : 11.0초 / 섀시 비틀림 강도 : 12000Nm/deg

Illustration feature CFRP Basics
introduction

티웨이브
(TEEWAVE)

CFRP 모노코크의 새로운 가능성

카본 섬유 메이커인 도레이가 자동차용 카본 시장의 확대를 위해 주력 상품(flagship)의 모델로서 개발한 것이 티웨이브 AR1이다.
이른바 슈퍼 카가 아닌 자동차에 CFRP의 사용을 제안한 EV 컨셉트 카인 것이다.
CFRP 고유의 경량 및 고강성과 비용의 타협을 어떻게 만들어갈 것인가.
도레이의 컨셉트에 공감하고 개발을 담당한 것이 고든 머레이 디자인이다.
현시점에서 CFRP제 모노코크의 가능성을 추구한 이 티웨이브를 교재로 삼아 「카본의 실력」을 찾아가 보겠다.

글 : 마키노 시게오(Shigeo MAKINO) · 사진 : 세야 마사히로(Masahiro SEYA)/ 마키노 시게오(Shigeo MAKINO) / 도레이(TORAY)

일본 자동차의 메이커가 나서기 전에 소재의 메이커가 먼저 움직였으며, 레이싱 카가 아니라 일반도로 주행용 EV(Electronic Vehicle)를 CFRP(탄소 섬유 강화수지)로 만들었다. 실용적인 자동차라면 원래 4도어 5인승을 제안 했을지도 모르지만 CFRP의 성능 수준을 증명하기 위해 2도어 오픈 톱을 만들었다는 것이다. 루프가 담당하여야 할 강성을 CFRP의 모노코크를 중심으로 한 플로어 쪽이 모두 담당하고 있다는 의미에서는 이 자동차에 루프를 탑재하여 상응하는 강성을 부담하도록 하고, 휠 베이스를 약간 연장시킨 다음 운전석과 동승석의 HP(Hip Point=착석 위치)를 더 높게 하여 뒷좌석의 공간을 확보하면 5인승도 만들 수 있다. 실차의 티웨이브에서 확인해 보니 시트의 등받이에서부터 뒤차축의 구동

모터까지 사이에는 적당한 공간이 있었다. 5명의 탑승객을 위한 실내 공간과 패키징의 레이아웃을 변경하는 것은 가능할 것이다.

티웨이브에서 주목할 부분은 3가지가 있다. 먼저 경량화를 생각하여 최대한 CFRP를 사용했다는 점이고 기존의 열경화성 CFRP 뿐만 아니라 열가소성 CFRP도 사용하고 있다. 제조에서부터 사용 단계를 거쳐 폐기에 이르기까지의 라이프 사이클 측면에서 본 CO_2 의 감소를 위해서다. 이것과 상반될지는 모르겠지만 두 번째는 어느 특정한 소재를 고집하지 않았다는 점이다. 기존의 알루미늄 합금과 강철도 사용하는 소재를 가장 적절한 분야로 나누어 설계한 카본과 금속의 하이브리드 섀시이다. 카본만 모두 사용하는 것에 집착하지 않았다는 점은 뛰

어난 판단이다.

세 번째는 자동차로서의 성능을 정확히 갖추었다는 점이다. 첫 번째와 두 번째 부분이 있었기 때문에 세 번째의 성능이 실현되었으며, 서스펜션 등 세부적인 레이아웃을 보면 상당히 현실적인데 고든 머레이 다운 디자인(설계)이라 할 수 있다.

한 번의 충전으로 주행할 수 있는 거리를 185km로 하였을 경우 티웨이브를 기준으로 계산한 2도어 5인승의 사양은 차량중량이 129kg으로 증가되는 가운데 23kg이 2차 배터리의 중량이라고 한다. 그렇다 하더라도 차량중량은 975kg에 머물러 1톤 이내이다. 이것은 의미가 크다.

도레이 팀이 최초에 디자인한 컨셉트는 강성이 뛰어난 CFRP 모노 코크를 중심으로 구성한 상단 그림의 2+2였다. 이 컨셉트를 갖고 몇몇 섀시의 제작사와 미팅을 가진 결과 호응해 준 곳이 고든 머레이였다. 그러나 그는 「4시트 오픈 톱은 아름답지 않다」라고 하면서 2시트를 제안해 왔다. 그의 제안이 아래쪽의 패키징이다.

루프, 앞쪽의 해치 등 외장(external facing) 패널은 열가소성 CFRP 제품. PP(폴리프로필렌) 수지를 사용하며, 수지용 금형을 이용하여 1분 정도에 1개를 성형할 수 있다고 한다. 도어 트림(안쪽 내장재)에는 환경의 오염을 감소시키기 위해 바이오매스(biomass)의 소재나 재활용 소재를 사용한다.

시트 후방에는 화물을 싣는 공간이 있다. 이 아래에 리튬이온의 2차 배터리가 탑재되며, 모터와 인버터는 좌우 뒷바퀴 사이에 배치된다. 리어 엔진에 가까운 미드십 뒷바퀴 구동의 레이아웃이다.

CFRP로 만들어진 운전실과 알루미늄 합금으로 만들어진 프런트 서브 프레임은 앞뒤 모두 볼트로 고정한다. 카본은 도전성(electric conductive)이 있기 때문에 전위차 부식을 방지하기 위해 금속과 접합하는 부분에 절연의 대책이 강구(consideration)되어 있다. 설계에 대한 생각은 항공기와 동일하다.

크래시(충돌) 박스(crash box)

운전실 앞쪽에 중량물이 없기 때문에 앞면으로 충돌할 때는 유리하다. 충돌에 의한 충격은 열경화성 CFRP로 만든 크래시 박스가 흡수하며, 충돌 에너지의 흡수량은 80줄(joule)/kg이다. 원래 CFRP가 충격을 흡수하는 특성은 강재와 비슷하지만, 적층의 각도나 소재의 두께 등에 따라 파손이 시작되는 지점을 제어함으로써 강재에 비하여 약 3배의 에너지를 흡수하는 성능을 얻었다. 차량중량이 846kg이라는 가벼운 중량도 충돌할 때 유리하게 작용한다.

시트는 열경화성의 CFRP로서, 표피는 재활용성의 PET(polyester ; 폴리에스테르)를 사용한 도레이의 인공피혁 「울트라스웨이드(ultrasuede)」를 사용한다. 들어 올려보면 일반적인 버킷 시트보다 상당히 가벼운 것을 알 수 있다. 시트 백의 각도가 아주 적당하다는 점도 칭찬하고 싶다.

카본과 알루미늄 서브 프레임의 접합

앞뒤 서스펜션은 알루미늄 합금으로 만들어진 서브 프레임에 연결되어 있다. 스티어링의 랙이 CFRP제 캐빈이 아니라 서브 프레임 쪽에 고정되어 있다는 점도 자동차로서의 기본 성능을 중시한 설계다. 프런트 서스펜션은 상하 A암 방식의 더블 위시본으로 일직선 형상으로 되어 있는 스티어링의 타이 로드는 어퍼암과 똑같은 높이에 있다. 숙업소버는 안쪽으로 비스듬하게 설치하여 약간의 레버 비(lever ratio)가 있다.

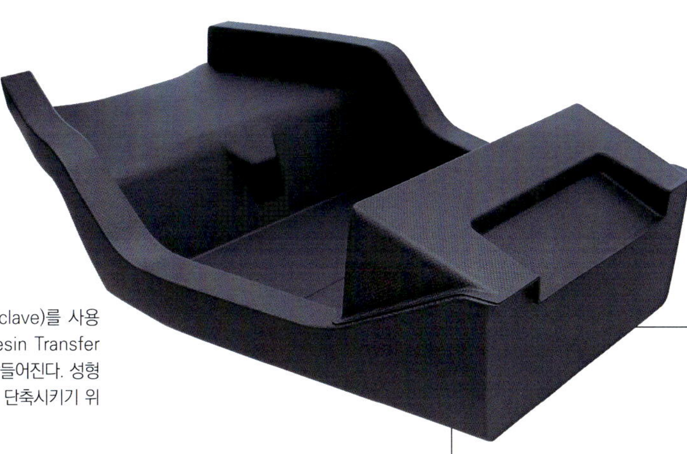

시트 뒤쪽(사진에서는 좌측)에 2차 배터리를 배치하기 때문에 이러한 형상이 되었다. 코너 부분의 R이나 재료의 성형 한계, 자동차로서 요구되는 성능이 조화롭게 밸런스를 이루고 있는 설계이며, 더구나 일체 성형이기 때문에 중량 면에서 더 유리하다.

모노코크는 오토클레이브(autoclave)를 사용하지 않은 하이사이클 RTM(Resin Transfer Molding=수지 이송 성형)으로 만들어진다. 성형 시간은 약 10분이라고 하지만 더 단축시키기 위한 개발이 진행되고 있다.

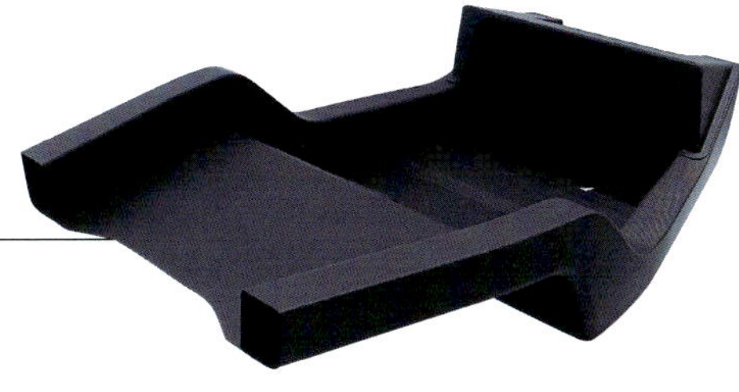

이 각도에서 보면 사이드 실의 폐쇄 단면이 굴곡을 이루면서 그대로 뒤쪽으로 연결되어 있는 모습을 잘 알 수 있다. 강재에 비하여 약 3배의 강도를 갖는 카본 소재이기 때문에 이러한 얇은 판으로도 충분히 커버가 된다.

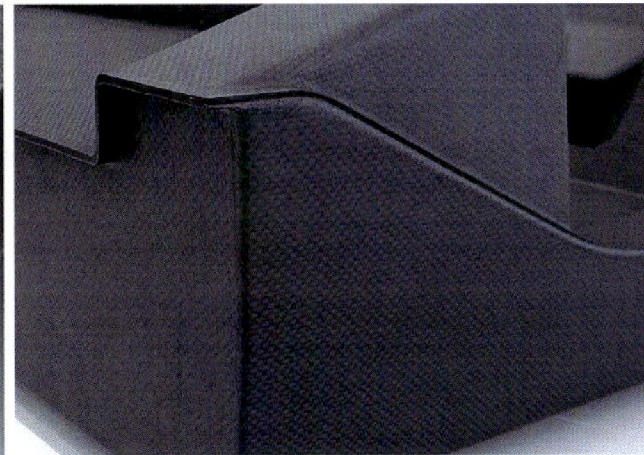

열경화 CFRP제 카본 모노코크

욕조 형상의 모노코크 캐빈은 레이싱 카와 비슷하다. 부품의 개수는 불과 3개. 3mm 두께의 소재를 중심으로 구성하는데 루프가 없는 만큼 강성을 확보하기 위하여 사이드 실은 커다란 폐쇄 단면을 하고 있다. 이 정도로 사이드 실이 높아도 승하차 하는데 그다지 불편하지 않다. 차량으로서의 비틀림 강성 값으로는 12000Nm으로서 일반적인 세단과 거의 비슷하다.

열경화성 CFRP로 만들어진 일체성형의 모노코크이지만 이와 같이 접합부분도 2군데가 있다. 응력이 가해지기 때문에 비틀림을 일으키는 충격에 대하여 접착의 강도와 경화의 시간을 최적화한 접착제를 사용한다.

강도와 강성이 크게 필요한 CFRP 모노코크에는 카본 섬유를 직물로 만든 카본 크로스와 에폭시 수지를 조합한 열경화성 CFRP를 사용한다. 카본 크로스를 하중이 가해지는 방향이나 부품의 특성에 알맞도록 배치하여 적층함으로써 더욱 가벼워졌다.

뒷모습은 범퍼 위아래의 슬릿(slit)이 특징이다. 리어 엔드도 경화성 CFRP이며, 이 부분은 탄소 섬유를 잘 짜서 깨끗한 마무리를 하고 있다. 코즈메틱 어필(cosmetic appeal)은 충분하다.

야마나카 토루
도레이 주식회사
오토모티브 센터 소장

시미즈 노부히코
도레이 주식회사 오토모티브 센터
주석부원(개발1GL)

하시모토 코사쿠
도레이 주식회사 오토모티브 센터
과장대리(평가 · 분석G)

Chapter 10

섬유강화수지

FRP(Fiber Reinforced Plastic)의 기초 지식

레이싱 머신에 「카본 파이버」가 사용된 이후로 약 30년이 흘렀다.
그러나 일반적인 시판 자동차에서는 아직까지 「커버 종류」정도 밖에 사용하지 않고 있다.
왜 이러한 괴리가 일어났는지를 이해하기 위해
먼저 CFRP(Carbon Fiber Reinforced Plastics)라는 재료가 어떤 것인지,
기초의 기초부터 이해해 보도록 하자.

글 : 마츠다 유지(Yuji MATSUDA) · 일러스트 : 만자와 코토미(Kotomi MANZAWA)
사진 : 세야 마사히로(Masahiro SEYA)

「복합 재료」인 CFRP

기원전 4000년 무렵의 고대 이집트에서는 거주하는 벽 등에 강가의 진흙에 볏짚 조각을 섞어서 건조시킨 「벽돌」을 사용하였다. 볏짚 조각이라고 하는 섬유를 섞음으로써 건조시킨 진흙이 붕괴되지 않도록 한 것이며, 각각의 진흙이 개별적으로 갖출 수 없는 성능을 갖춘 재료로 만든 것이다. 이와 같이 복수의 재료를 하나로 조합하여 만든 재료를 복합 재료(Composite material)라고 부른다. 복합함으로써 각각의 재료가 갖지 못했던 기능이나 성능을 만들어 내는 것이 복합 재료의 의의다. 다만 종류가 다른 금속 원소 또는 금속 원소와 비금속 원소에 의해 생성되는 「합금」이나 다양한 물질을 배합하는 가공이나 처리를 하여 만든 케미컬(chemical) 등은 일반적으로 복합 재료라고 하지 않는다.

예를 들면 콘크리트는 압축 강도가 뛰어나지만 인장 강도가 약하다는 특성을 갖는 재료이다. 그래서 인장 강도가 뛰어난 철근과 같이 조합하여 사용함으로써 압축이나 인장 강도가 모두 강한 재료가 된다. 이것이 철근 콘크리트라는 복합 재료의 의의다. 복합 재료화로 인해 강화되는 것을 모재(Matrix), 강화를 위해 사용하는 것을 강화 기재(Reinforced)라고 부른다. 철근 콘크리트의 경우는 콘크리트가 모재가 되고 철근이 강화 기재가 되는 것이다.

본 특집의 테마인 「CFRP(탄소 섬유 강화수지)」라는 말은 모재에 수지를, 강화 기재에 탄소 섬유를 이용한 복합 재료를 말하는 것이며, 이것을 이용한 각종 제품에 대한 총칭으로 사용되고 있지만 제품의 경우는 제조 공정에서 또 다른 재료를 혼합하는 경우도 있어서 「CFRP 콤퍼지트」 등으로도 불린다.

복합재료의 종류	모재(Matrix)	강화기재(Reinforced)
합판	목재	목재
콘크리트	시멘트	자갈
철근 콘크리트	콘트리트	금속
금속기	복합재료 금속	섬유 등
섬유강화수지	수지	섬유

섬유 강화수지의 종류

일반적으로 수지 재료는 콘크리트와 마찬가지로 압축 강도가 뛰어나지만 인장 강도는 약한 특성을 갖고 있다. 그에 비하여 섬유 재료는 인장 강도가 뛰어나지만 압축 강도는 약한, 정반대의 특성을 갖는다. 이 양자를 복합함으로써 압축 강도나 인장 강도가 모두 뛰어난 재료인 「섬유 강화수지」를 얻을 수 있다. 사용하는 수지와 섬유의 조합은 여러 가지가 있으며, 제각각 원래 갖고 있는 특성에 따라 복합 재료로서의 특성이 달라진다. 또한 제조 방법에 따라서는 유용하고 새로운 구조 등을 만들어 내는 「생성 복합(生成複合)」의 효과를 얻는 경우도 있다.

섬유강화수지 (Fiber Reinforced Plastics)	수지(Resin)	섬유(Fiber)
	열경화성수지	아라미드 섬유(Aramid Fiber Reinforced Plastcis)
	열경화성수지 (에폭시 등)	볼론 섬유(Bolone Fiber Reinforced Plastics)
		유리 섬유(Glass Fiber Reinforced Plastcis)
		유리 매트(Glass-Mat Reinforced Thermoplastics)
	열가소성수지 (폴리프로필렌 등)	폴리에틸렌 섬유(Dyneema Fiber Reinforced Plastics)
		자일론(Zylon Fiber Reinforced Plastics)
		탄소 섬유(Carbon Fiber Reinforced Plastics)

Carbon Fiber=탄소 섬유란?

아크릴 수지나 피치(석유나 석탄에서 추출하는 유기물)로 만든 섬유에 특수한 열처리를 하면서 거의 탄소로만 조성된 것을 탄소 섬유라고 부른다. 열처리에 따라 분자 사이의 결합이 바뀌면서 「탄소화」, 「흑연화」와 같은 프로세스를 거쳐 얻어지는 구조에 대해 탄소 섬유협회에서는 「미세한 흑연의 결정 구조를 갖는 섬유 모양의 탄소 물질」이라고 설명하고 있다.

탄소 섬유의 개발은 1959년에 미국의 유니온 코바이드 회사가 레이온을 원료로 하여 공업화에 착수한 것이 시작으로 알려져 있다. 그 후 1962년에는 산업종합연구소의 전신인 통상산업성 공업기술원의 신도 아키오에 의해 폴리아크릴로니트릴(PAN ; polyacrylonitrile) 수지를 원료로 하는 탄소 섬유가 발명되었다. 피치 계열의 탄소 섬유는 군마대학의 오타니 스기오가 1963년부터 착수, 1964년부터 쿠레하 화학공업주식회사(현 쿠레하)와 연대하여 연구를 진행한 성과로 탄생하였다. 현재의 주류인 PAN 계열, 피치 계열 모두 일본에서 태어난 것으로 이것이 탄소 섬유 분야에서 일본이 세계를 리드하고 있는 이유이다.

탄소 섬유의 특징

탄소 섬유는 탄소 원자 6개로 만든 육각형이 그물망처럼 연속된 「흑연의 결정 구조」를 갖고 있다. 이것은 상당히 튼튼한 분자 구조로서 다이아몬드와 조성이 같고 구조만 약간 다르다고 생각하면 된다. 요컨대 상당히 강한 강도와 탄성을 갖고 있는 것이다. 또한 대부분의 조성이 탄소(원자량 12.0)이기 때문에 알루미늄(원자량 27.0)이나 철(원자량 55.8)에 비해 매우 가벼운 것도 커다란 특징이다. 이 특징은 「철보다 강하고 알루미늄보다 가볍다」고 하는 유명한 슬로건의 근거이기도 한다. 또한 열전도율이나 전도성이 높고 내마모성이 뛰어나며, X선 투과율도 높다. 다만 탄소 섬유는 그 자체로만 사용하는 경우는 거의 없고 수지나 금속 등의 강화 기재로서 사용하기 때문에 「탄소 섬유를 이용한 제품」의 물질이 갖는 성질이나 특성은 모재가 되는 재료나 가공방법 등에 따라 크게 달라진다.

	밀도(g/cc)	인장강도(MPa)	인장탄성률(GPa)	비강도(106cm)	비탄성률(108cm)
탄소 섬유(TR50S)	1.82	4900	240	27.5	13.5
무알카리 유리섬유	2.55	3430	74	13.7	2.9
아라미드섬유(케블러49)	1.45	3630	13.1	25.5	9.2
스테인리스강(SUS304)	8.03	520	197	0.7	2.5
두랄루민(A2024-T7)	2.77	422	74	1.6	2.6

※ 탄소 섬유협회 자료로 작성. TR50은 미쓰비시 레이온 제품의 고강도품.

● 탄소 섬유의 종류

실용화되고 있는 탄소 섬유는 원료에 따라 PAN(폴리아크릴로니트릴) 계열과 피치 계열로 분류되며, 피치 계열은 또한 「등방성(isotrope)」과 「이방성(anisotropy)」으로 분류된다. 일반적인 피치는 구조 분자가 액정 상태로 배열되어 있기 때문에 광학적으로 등방성이다. 이것을 불활성 가스 안에서 열처리를 함으로써 광학적으로 무질서한 상태=이방성으로 만든 것이 이방성 피치(mesophase pitch)이다. 탄소 섬유는 흑연의 결정 구조 이외의 부분이 어떻게 구성되느냐에 따라 기계적 특성이나 전기와 열의 전도성이 좌우되는데 이들의 성능은 원료가 갖는 분자 배열의 규칙성에 의거하기 때문에 결정 구조가 많은 이방성 피치에서 유래된 탄소 섬유는 등방성 피치에서 유래된 것보다 고기능을 이룬다. 또한 대략적으로 말하면 PAN 계열은 고강도, 피치 계열은 고탄성품을 만들기 쉬운 경향이 있다.

한편 원조인 레이온 계열은 제조 과정이 비싸기 때문에 제조가 중단되었다. 또한 탄소를 포함한 가스와 금속 촉매의 화학반응에 따른 「화학 기체 상태 성장(chemical vapor deposition) 반응」에서 얻어지는 「기체 상태 성장 계열」도 연구 · 개발되고 있다.

탄소 섬유의 종류

	PAN 계열	피치 계열	
원료	아크릴로니트릴수지	등방성(難흑연화성) 피치	이방성(이흑연화성) 피치
섬유성질과 상태	장섬유(필라멘트실(yarn))	단섬유(스테이플실(yarn))	장섬유(필라멘트실(yarn))
밀도(g/cm³)	1.74~1.95	1.6	1.7~2.2
섬유 지름(㎛)	5~7	12~18	7~10
인장 탄성률(GPa)	표준탄성률 타입 240~ 고탄성률타 입 350	~40	저탄성률 타입 6~ 초고탄성률 타입 600~
전기 비저항(10⁻³Ω · cm)	1.6 정도	15 정도	13 정도
열팽창계수(10⁻⁶/℃)	~0.7 정도	1.7 정도	~0.5 정도

기계적 특성에 의한 분류

일반적으로 탄소 섬유는 인장 하중에 대해 파단(rupture)되지 않는 정도를 나타내는 「인장 강도」와 인장 하중에 대한 비틀림 양(강성으로 생각하면 된다)을 나타내는 「인장 탄성률」이 상반되는 성질을 갖고 있다. 다만 PAN 계열은 비교적 고강도와 고탄성률을 양립시키기 쉬운 성질을 갖고 있어서 항공우주 분야나 산업 분야의 구조 재료에 이용되는 경우가 많다. 피치 계열은 등방성, 이방성에 의해 기본적인 성질이 결정되지만 제조 방법에 따라 저탄성률부터 고탄성률 · 고강도까지 다양한 성질의 제품을 만들 수 있는 것이 특징이다.

탄소 섬유협회가 사용하고 있는 제품 성능별 분류에서는 인장 탄성률 600GPa 이상의 것을 「초고탄성률 타입」, 350GPa 이상의 것을 「고탄성률 타입」이라고 부른다. 「표준 탄성률 타입」은 인장 탄성률이 200~280GPa로서, 인장강도가 2500MPa 이하의 것을 가리킨다. 「중탄성률 타입」은 인장 탄성률이 300GPa 정도, 인장 강도가 4500MPa 정도인 것을 가리켜 사용되는 경우가 많다.

「저탄성률 타입」은 인장 탄성율 200GPa 이하, 인장 강도가 약 3000MPa 이하인 것이다.

주의할 것은 이들의 호칭은 기계적 특성만을 나타내는 것이기 때문에 원료나 제조 방법과는 무관하게 이용된다는 점이다. 심지어 호칭을 복잡하게 만드는 것이 관용적인 분류로 사용되는 호칭이다. 「범용 등급(General Purpose Grade)」, 「고성능 등급(High Performance Grade)」으로 부르는 방법도 있다. 범용 등급은 인장 탄성률 100GPa, 인장 강도 1000MPa 정도인 것을 나타낸다. 고성능 등급은 더욱 세분화시켜 고강도(High Tensile) 타입, 중탄성률 · 고강도(Intermediate Modulus) 타입, 고탄성률(High Modulus) 타입으로 분류된다. 심지어 고신장도 · 초고강도(Ultra High Strength) 타입, 초고탄성률(Ultra High Modulus) 타입의 호칭도 있다. 피치 계열의 탄소 섬유에 있어서는 이방성 피치 계열 탄소 섬유를 「High Performance」, 등방성 피치 계열을 「General Purpose」로 부르는 경우도 있어서 혼란스러울 정도다.

제품 형태에 의한 분류

	스테이플 실	짧은 섬유를 방적하여 만든 실.
실 (Yarn)	필라멘트 실 긴 섬유의 다발로 된 실.	형태에는 실이 꼬임으로 된 것, 꼬임이 없는 것(스트랜드), 꼬임이 풀리는 것이 있다.
	토(tow)	다수의 필라멘트로 구성하는 긴 섬유 다발로 꼬임이 없는 것. 필라멘트 수 24K 이하를 「레귤러 토」, 40K 이상을 「라지 토」라고 부른다.
	촙프드(chopped) 파이버	표면을 처리하여 집속(集束)한 긴 섬유 상태의 원사 또는 미처리한 짧은 섬유 상태의 원사를 일정한 길이로 절단한 것.
	밀드(milled)	파이버 원사나 촙프드 파이버를 으깨서 분말 상태로 만든 것.
섬유제품	펠트 매트(felt mat)	짧은 섬유 상태의 원사를 가공해 매트화한 것
	종이	짧은 섬유 상태의 원사를 습식 또는 건식 초지(抄紙)한 것.
	옷감	필라멘트 실 또는 스테이플 실에 의한 직포(織布).
	브레이드(braid)	필라멘트 실 또는 토로 만든 그물끈(網細), 조물(組物)
강화수지 소재	프리프레그(prepreg)	열경화성 수지를 침투시킨 반경화상태의 시트 모양의 성형용 중간재료
	콤파운드(프리믹스 포함)	열가소성 또는 열경화성 수지에 배합제와 단섬유를 섞은 성형용 중간재료. 형태는 펠릿(pellet), 시트 모양 등 다양하다.

「카본 파이버」라는 용어에서 바로 연상되는 것은 직물에 수지를 침투시킨 「프리프레그」일 것이다. 그러나 그것은 탄소 섬유의 1차 가공품 가운데 하나에 지나지 않는다. 우선 PAN이나 피치로부터 만든 원사를 가공 · 집속하여 만든 「실」이 있고, 그 실을 더 가공한 실, 실을 재단하거나 분말화한 것이 있으며, 실로 만든 섬유 제품도 있다. 더구나 경화용 수지를 침투시킨 제품이 있으며, 이것들과는 별도로 「탄소섬유강화 탄소복합소재」도 있다. 흔히 말하는 「카본 파이버」로서 CFRP를 열처리하여 탄소 섬유의 흑연 결정 구조를 더 증가시키고 수지도 탄화시켜 부분적으로 흑연화시킨 것이다. 브레이크 로터에 이용하는 「카본」은 카본 · 카본(carbon-carbon) 복합재 이다.

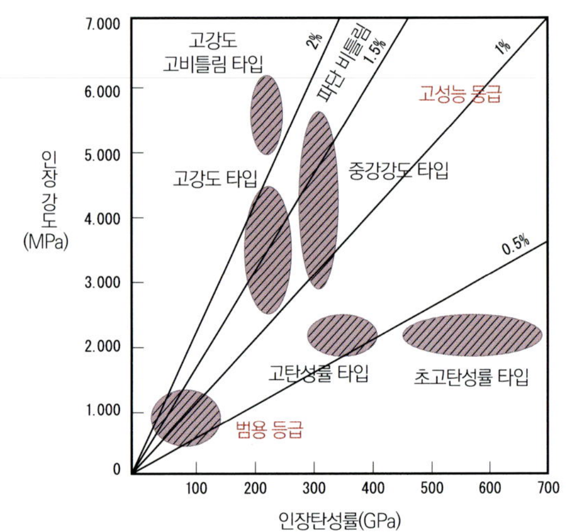

카본 · 카본 브레이크 로터의 원료가 되는 CFRP 콤파운드. 이것을 1000℃ 이상으로 소성(firing)시켜 만들기 때문에 「세라믹 브레이크 로터」로 불리는 경우도 있다.

◉ 탄소 섬유를 CFRP로 만들기

CFRP라는 용어에서 연상하는 프리프레그를 이용한 오토 클레이브(autoclave) 성형법은 수없이 존재하는 탄소 섬유의 제품에서 「CFRP 제품」을 얻는 방법 가운데 하나에 지나지 않는다. 또한 금속 등 다른 공업용 재료와 마찬가지로 성형법은 취급하는 탄소 섬유의 1차 가공품 형태에 따라 변화되며, 구체적인 공법에 대해서는 095페이지 이후를 참고하기 바란다. 공법을 크게 분류하면 「수지를 사전에 침투시킨 중간 재료를 사용하기」, 「수지를 직전에 침투시키면서 성형하기」, 「몰드(mould) 안에 수지를 침투시키기」, 「콤파운드 상태로부터 성형하기」정도로 분류할 수 있을 것이다.

1차 가공품은 중간 기재라고도 불리며, 「실 모양」, 「직물」 「프리프레그」, 「촙프드」, 「분말 상태」, 「콤파운드」로 크게 분류하며, 또한 각각의 구조에 따라서도 분류할 수 있다. 대략적으로 분류해 보면 실 상태는 직전에 수지를 침투시키면서 성형하는 것이 일반적이다. 직물은 성형의 몰드 안에 수지를 침투시키면서 성형한다. 직물에 미리 수지를 침투시킨 프리프레그는 압력솥에서 소성하는 오토클레이브 성형 또는 시트를 말면서 성형하게 된다. 촙프드와 분말상태의 것은 수지와 혼합하여 콤파운드화 한 후 성형의 몰드로 과열 · 냉각이라는 공정으로 성형한다.

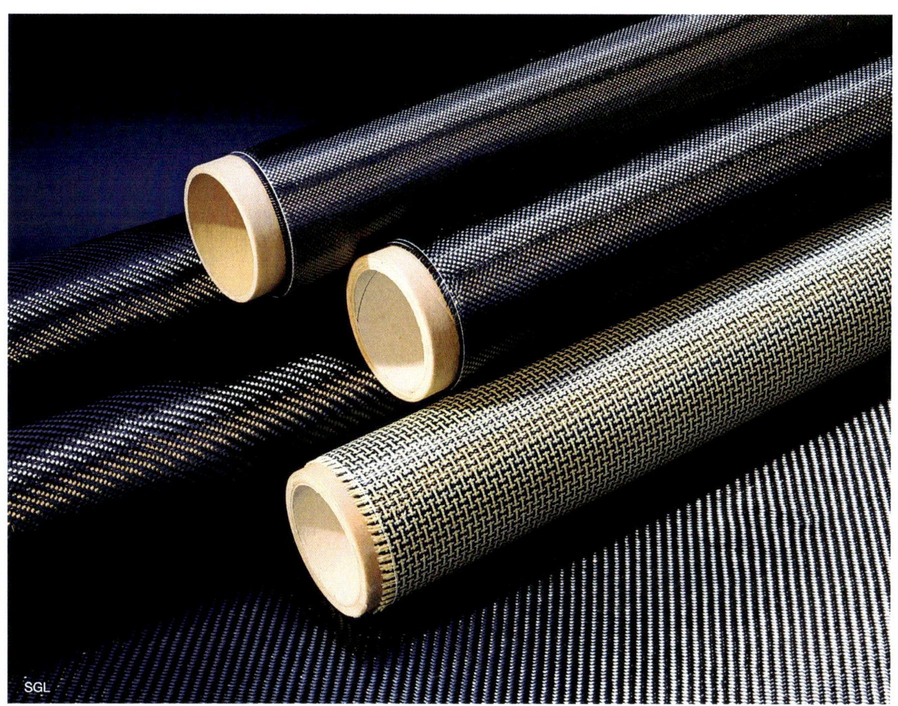

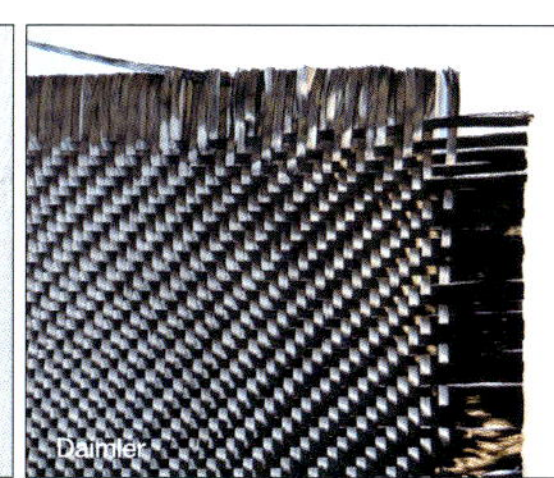

왼쪽 사진부터 필라멘트, 토, 필라멘트를 표면처리로 집속(集束)한 것, 직물. 「탄소 섬유」의 1차 가공품에는 수많은 형태가 있으며, 그 외에도 섬유를 한 방향으로 집속한 후 열가소성 수지를 침투시켜 테이프 상태로 만든 것이나 섬유를 특정한 길이로 잘라낸 상태 등이 있다. 각각의 특성에 맞춘 2차 가공법을 통해 「CFRP 제품」으로서의 성능을 높여가게 된다.

◉ CFRP의 용도

CFRP는 원래 군사 분야나 항공우주 분야로의 응용을 목표로 개발되었지만 가볍고 강도와 강성, 전기적 특성이 뛰어날 뿐만 아니라 형상의 자유도가 높아 재료로서 뛰어난 특징을 많이 갖고 있기 때문에 현재는 폭넓은 분야에서 활용되고 있다. 2011년 9월말에 1호기가 일본 항공에 납품된 보잉사의 최신 여객기 「787 드림 라이너」는 기체 대부분에 CFRP를 사용하여 철저히 경량화를 추구하면서 연비를 약 20% 향상시켜 화제를 불러온 적이 있다. 아래의 사진은 CFRP제 메인 날개를 기체 조립 공장까지 수송하기 위해 화물수송기에 탑재시키는 장면이다. 생활에 근접한 것은 골프 클럽이나 라켓, 낚싯대와 같이 스포츠 레저용품으로의 응용이 1980년대부터 시작되면서다. 그 밖에도 실로 다양한 분야에 이용되고 있는데 현재 전 세계 수요의 70~80%는 일본 메이커의 제품이 점유하고 있다. 앞으로도 탄소 섬유의 수요는 증가추세에 있어서 무역이나 산업분야에 있어서 각국의 전략 물자로서 각광을 받고 있는 CFRP이기 때문에 자동차 메이커에서도 더욱 수요가 증가될 것으로 예상된다.

분야	세부 항목	사용 부위
항공우주	항공기	1차 구조재 : 메인 날개, 꼬리 날개, 동체
		2차 구조재 : 보조 날개, 방향타, 승강타, 레이더 빔, 엔진 커버
		내장재 : 플로어 패널, 빔, 좌석
	로켓	노즐 콘(corn), 모터 케이스
	인공위성	기체, 리플렉터 안테나, 태양 전지 패들
스포츠 용품	낚시 도구	낚싯대, 릴
	골프 클럽	샤프트, 헤드, 페이스 면
	라켓	테니스, 배드민턴, 스커시
	자전거	프레임, 휠, 핸들
	해양	요트, 크루저, 경기용 보트, 돛대
	기타	야구 배트, 스키 판, 스키의 스틱, 검도의 죽도, 국궁, 양궁, 탁구 라켓, 당구 큐대, 아이스하키의 스틱
산업자재	자동차	프로펠러 샤프트, 모노코크, CNG 탱크, 외장부품
	모터사이클	경기용 카울링, 머플러 커버, 헬멧
	철도 차량	차체, 좌석
	기계부품	섬유부품, 판스프링, 로봇 팔, 베어링, 캠, 베어링 리테이너
	고속회전체	원심분리기 로터, 우라늄 농축 케이스, 플라이휠, 공업용 롤러, 샤프트
	전자전기 부품	파라볼라 안테나, 스피커 콘, 진동판, 광학 드라이브 부품, IC 캐리어
	풍력 발전	블레이드, 너셀(nacelle)
	압력 용기	유압 실린더, 봄베
	해저 유전 굴삭	라이저, 테더
	화학장치	교반 날개, 파이프, 탱크
	의료기기	천정판, X선 그리드, CT 스캔시트 카세트, 수술용 부품, 휠체어
	토목 건축	케이블, 콘크리트 보강재
	OA · 사무기기	프린터 베어링, 캠, 하우징
	정밀기기	카메라 부품, 플랜트 부품
	부식방지 기기	펌프 부품, 플랜트 부품
	기타 수지	성형용 몰드, 양산, 안경테, 카메라용 삼각대, 수질 정화용 접촉재, 면발열체, 연료전지 전극

◉ CFRP의 구조 ① 탄소 섬유~"실(yarn)" 만들기

PAN 계열 탄소 섬유의 제조 공정을 살펴보자. 원료는 아크릴 섬유나 합성수지에도 이용되고 있는 유기화합물 「아크릴로니트릴(acrylonitrile)」이다. 여기에 중합 반응(polymerization reaction)을 일으켜 중합체(polymer)인 폴리아크릴로니트릴(polyacrylonitrile)을 만든다. 이때 「혼성중합(copolymerization)」 등에 의해 탄소 섬유에 있어서 바람직한 사다리형의 분자 구조를 형성한다. 다음으로 PAN을 방사하여 아크릴 섬유를 만든다. 이 상태가 「PAN 전구체(precursor)」로 불리는 것이다.

다음으로는 PAN의 실을 굽는 공정이다. 우선 200~300℃에서 굽는 「내염화(stabilization)」공정이 이루어진다. 열의 수축에 따라 분자 배향(背向)이 무너지기 때문에 길게 펴면서(延伸) 공정을 진행하는 방식으로 배향을 조정한다. 이어서 더 고온일 뿐만 아니라 질소 속에서 구워 탄화(1000~2000℃), 흑연화(2000~3000℃)의 처리를 함으로써 더욱 분자 구조를 변화시키면 최종적으로 흑연의 결정 구조를 갖는 탄소 섬유의 필라멘트 실을 만들게 된다. 피치 계열의 탄소 섬유를 제조하는 공정도 거의 비슷하다고 생각하면 된다. 피치 계열은 PAN 계열보다 제조 공정의 조정에 의해서 성능의 차이가 일어나기 어렵다는 점이 특징이다.

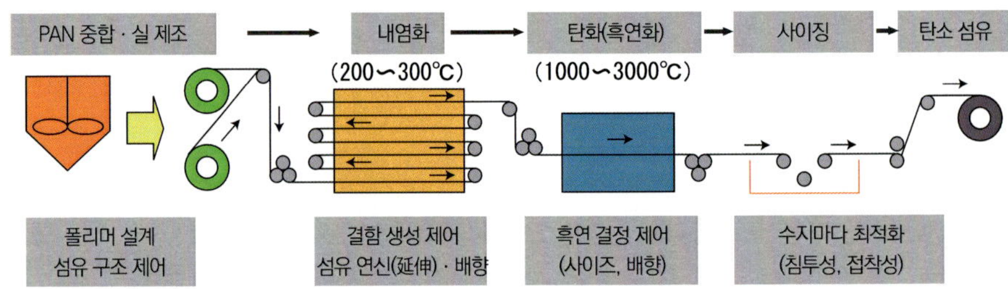

내염화부터 다음 공정을 하지 않고 제품화한 것이 「내염화 섬유」이다. 흑연화를 완료하면 표면에 관능기(functional group)를 부여하는 등 표면처리를 하며, 심지어 사이징제라고 불리는 집속제(集束劑)로 섬유 사이의 틈새를 메꿔 집속하고 나서 보빈(bobbin)에 감는다. PAN 계열의 탄소 섬유는 제조 공정 중 각종 조정에 의해 최종적으로 얻어지는 섬유의 성능을 크게 조정할 수 있다는 것이 특징이다.

◉ CFRP의 구조 ② 탄소 섬유"제품" 만들기

완성된 탄소 섬유는 대개의 경우 어떠한 형태로 가공한 후 출하된다. 이것을 「탄소 섬유 1차 가공품」이라고 부른다. 탄소 섬유는 강도나 탄성에 대한 방향의 의존성이 높은 특징을 갖고 있어서 재료로서의 장점을 충분히 이용하기 위해서는 최종적인 제품의 형상과 그 단면에 대한 탄소 섬유의 방향이 아주 중요하다. 또한 이상적인 구조를 만들기 위해서는 탄소 섬유의 특성에 알맞은 성형법도 요구된다.

이러한 밀접한 관계를 이해하기 쉬운 것은 「직물」 제품일 것이다. 우측 그림은 탄소 섬유의 직물을 만드는데 이용되는 대표적인 방법이다. 「평직(平織)」의 경우는 날실(縱絲)과 씨실(橫絲)를 하나씩 엇갈리도록 조합하기 때문에 직물 망의 교차점 간격이 일정하여 세로 방향과 가로 방향의 강도가 완전히 똑같아 진다. 이러한 직물은 모든 방향에 걸쳐 강도를 확보하기 위한 제품에 사용된다. 능직(綾織)의 경우는 날실과 씨실의 교차점이 대각선 방향으로 연속하여 배열되기 때문에 이 방향을 따라 강도의 방향성이 형성된다.

이들의 직물을 사용하여 CFRP 제품을 만들 경우는 제품이 요구하는 강도와 강성의 방향성에 따라서 적절한 종류의 직물을 선택한 다음 필요에 맞게 부위마다 직물의 종류를 바꾸면 된다. 나아가 붙일 경우에는 직물의 방향을 정돈하거나 다른 종류의 직물을 적층함으로써 이상적인 강도와 강성을 갖춘 제품을 얻을 수 있다.

이러한 공정에 의해 탄소 섬유의 장점이 충분히 발휘된 구조의 제품은 중량 대비 강도와 강성이 상당히 높아진다. 그러나 반대로 말하면 장점을 충분히 끌어내기 위해서는 이렇게 복잡한 공정을 거치지 않으면 안 된다는 뜻이기도 하다.

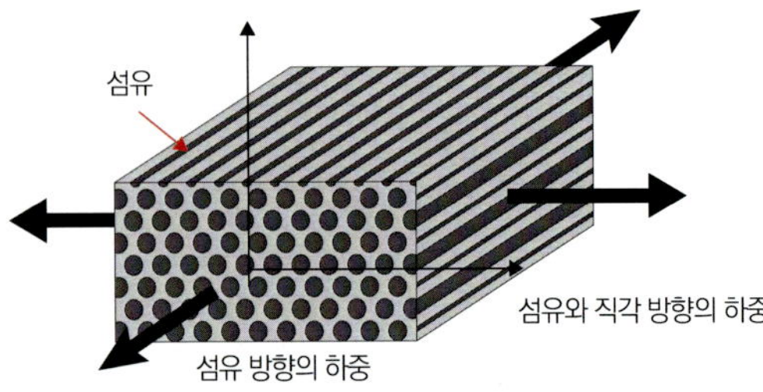
섬유를 한 방향으로 적층한 FRP의 단면

섬유 방향의 하중에 대해서는 섬유의 강도가 발휘되지만 섬유와 직각 방향은 섬유보다 약한 수지가 하중을 받기 때문에 파괴되기 쉬워진다. 이러한 단점을 보완하기 위하여 섬유의 직각 방향에 다른 섬유를 배치한 「직물」로 만드는 것이다.

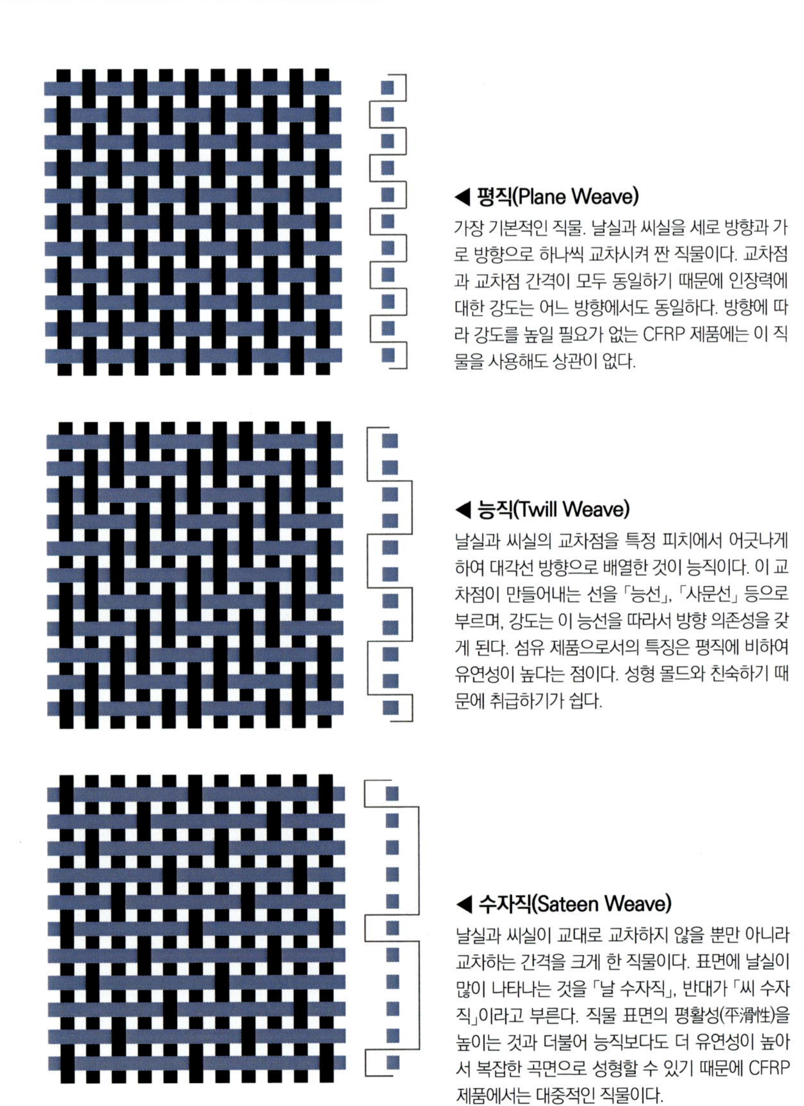

◀ 평직(Plane Weave)

가장 기본적인 직물. 날실과 씨실을 세로 방향과 가로 방향으로 하나씩 교차시켜 짠 직물이다. 교차점과 교차점 간격이 모두 동일하기 때문에 인장력에 대한 강도는 어느 방향에서도 동일하다. 방향에 따라 강도를 높일 필요가 없는 CFRP 제품에는 이 직물을 사용해도 상관이 없다.

◀ 능직(Twill Weave)

날실과 씨실의 교차점을 특정 피치에서 어긋나게 하여 대각선 방향으로 배열한 것이 능직이다. 이 교차점이 만들어내는 선을 「능선」, 「사문선」 등으로 부르며, 강도는 이 능선을 따라서 방향 의존성을 갖게 된다. 섬유 제품으로서의 특징은 평직에 비하여 유연성이 높다는 점이다. 성형 몰드와 친숙하기 때문에 취급하기가 쉽다.

◀ 수자직(Sateen Weave)

날실과 씨실이 교대로 교차하지 않을 뿐만 아니라 교차하는 간격을 크게 한 직물이다. 표면에 날실이 많이 나타나는 것을 「날 수자직」, 반대가 「씨 수자직」이라고 부른다. 직물 표면의 평활성(平滑性)을 높이는 것과 더불어 능직보다도 더 유연성이 높아서 복잡한 곡면으로 성형할 수 있기 때문에 CFRP 제품에서는 대중적인 직물이다.

CFRP를 이용하여 성형품을 만드는 방법

CFRP는 FRP의 일종이기 때문에 성형품을 제작하기 위해 이용되는 공법은 다른 FRP 제품과 기본적으로 동일하며, 1차 가공품의 형태와 최종 제품의 성형법에 밀접한 관계가 있는 것도 동일하다. 다만 오토클레이브 성형법을 이용하면 아주 고성능의 제품을 얻을 수 있다는 것이 특징이다.

우선은 생산 규모에 따라 선택할 수 있는 성형법이 결정되며, 다음으로 어떤 형상과 성질의 제품을 제작하는가에 따라 이용하는 1차 가공품과 성형법이 달라진다. 달리 표현하자면 최종적인 성형품이 어떤 기계적인 특성을 필요로 하며 그것을 실현하기 위해 어느 정도의 비용이 소요되는가에 따라 성형법이 결정된다고 해도 무방하다.

예를 들어 노트북 케이스를 제작하는 경우를 생각해 보자. 갖고 다니면서 사용하는 만큼 케이스의 강도는 상품성에 확실한 플러스 요인으로

작용하며, 또한 가볍다는 것도 상품성의 향상으로 연결된다. 따라서 가볍고 강한 CFRP는 안성맞춤의 재료라 할 수 있다. 그러나 노트북에서 요구되는 강도나 무게는 절대적인 것이 아니다. 강도에 관해서 말하자면 기껏해야 1.5~2m 높이에서 바닥으로 낙하시켰을 때 파손되지 않을 정도면 충분하다. 무게에 있어서도 케이스로만 전체적인 경량화에 기여할 수 있는 부분은 그렇게 크지 않기 때문에 기존 대비 10% 정도 가볍게 할 수 있으면 충분할 것이다.

그렇다면 「결국에는 CFRP」이긴 하지만 성형에 필요한 비용이 높은 프리프레그＋오토클레이브의 성형법을 사용할 의미가 희박해진다. 한정 생산으로 일반적인 모델의 2배 정도의 가격으로 할 수 있다면 그나마 검토할 수 있을지 몰라도 양산 기종으로 생산하기에는 수지가 맞지 않는다. 그렇다면 더 합리적인 강도와 무게를 만드는 수단으로 촙프드 파

이버나 밀드 파이버를 혼합한 콤파운드로 제작하는 방법을 검토할 만하다. 이 방법이라면 성형의 공정도 기본 방식을 크게 변경하지 않아도 되기 때문에 비용의 상승을 최소화한 가운데 「보디에 카본 파이버를 사용」이라고 어필하는 것도 가능하다.

성형에 필요한 시간과 인건비까지 포함하여 제조의 단가와 성능적인 밸런스 포인트를 어디에 선택할 것인지는 CFRP에 있어서 커다란 과제로 계속 다가오는 상황이다. 그러나 현재는 1차 가공품의 성능 향상에 따라 RTM(Resin Transfer Molding), VaRTM(Vacuum assisted Resin Transfer Molding), SMC(Sheet Molding Compound)와 같은 중간 규모의 생산이 가능한 성형법에 의해 제품의 성능이 향상되면서 적절한 성능을 가진 제품을 적절한 비용으로 양산할 수 있는 토대가 갖추어지는 단계라고 말할 수 있다.

섬유강화수지의 주요 성형 방법

핸드 레이업	성형 몰드에 탄소 섬유를 넣고 사람의 손으로 수지를 솔이나 롤러로 침투시켜 거품을 빼면서 일정한 두께로 적층한다. 복잡한 형상의 성형이 가능하고 설비의 투자도 적지만 작업자의 숙련도에 따라 품질이 좌우되며, 대량으로 생산하기에는 어렵다는 것이 단점이다.
스프레이업	스프레이 업 기기로 섬유를 적절한 길이로 절단하면서 동시에 수지를 성형 몰드에 붙인다. 핸드 레이업보다 생산력이 높지만, 설비의 투자가 필요하고 섬유 함유율 등의 관리도 어렵다.
인발 성형(pultrusion)	섬유에 수지를 침투시킨 후 금형에 넣고 몰드에 의해 소정의 단면 형상으로 경화시킨 다음 인발 성형기로 당겨 빼면서 일정한 길이로 절단하여 동일한 단면 형상의 긴 필름을 성형한다. 양산성이 뛰어나며, 강도의 특성이 높은 제품을 얻기 쉽다. 다품종 소량 생산에는 적합하지 않다.
프레스 성형	프레스 성형기로 압력을 가해 만드는 성형법 CFRP 성형의 경우는 프리프레그나 SMC 소재를 이용하며, 가압하면서 가열하는 방법으로 경화시키는 것이 일반적이다. BMC(Bulk Molding Compound) 소재를 이용한 트랜스퍼 프레스 성형 등도 이루어진다.
사출 성형	가열 혹은 용융시킨 재료를 금형 안에 사출하여 주입 후 냉각시켜 경화시키는 성형법. 성형의 자유도가 높고 복잡한 형상의 제품을 얻을 수 있다는 점이 특징으로 대량 생산에 적합하다. CFRP 성형에 있어서는 펠릿 등 BMC 소재를 이용한다.
RTM(Resin Transfer Molding)	암수 한 쌍의 성형 몰드를 사용한다. 몰드 내부에 탄소 섬유나 인서트 소재(폼 소재 등)를 배치하고 몰드를 닫은 후 내부에 수지를 주입하여 섬유에 침투시키는 성형을 한다. 안정된 품질을 얻을 수 있고 중간 규모 정도의 생산까지는 커버할 수 있는 성형법.
진공보조 RTM(VaRTM)	RTM 설비에 몰드 내부의 공기를 빨아들이는 기구를 추가함으로써 진공압과 대기압의 압력 차이를 이용하여 섬유에 수지를 침투시키는 성형법.
필라멘트 와인딩(FW)	섬유의 실을 가지런히 한 다음 텐션을 주어 수지를 침투시키면서 회전하는 금형(mandrel)으로 일정한 각도로 소정의 두께까지 말아 붙여 경화시킨 다음에 금형을 떼어낸다. 기계적 강도가 높은 제품을 만들 수 있으며, 품질의 안정도가 높고 대량생산에도 적합하지만 성형이 가능한 형상에 제약이 있다.
오토클레이브	내부를 고압으로 만들 수 있는 내압성(耐壓性) 장치와 그 장치로 처리하는 것을 일반적으로 오토클레이브라고 부른다. CFRP 성형에서 이용하는 오토클레이브 장치는 압력과 더불어 내부를 고온으로 만들 수 있는 「솥」이다. 프리프레그를 성형 몰드에 붙이고 가압용 백(bag)을 덮은 후 장치 안에 넣고 고온고압의 상태에서 경화시킨다. 가장 고품질의 제품을 얻을 수 있는 성형법이지만 처리 시간이 길기 때문에 양산성이 결여되어 있다는 점이 문제다.

프리프레그의 롤이나 시트는 겹쳐진 부분에서 반응하지 않도록 층마다 필림으로 보호되어 있다. 프리프레그에 침투시키는 에폭시 수지는 「본질의 것」이기 때문에 제조 후에는 냉동으로 보관하게 되지만 그래도 「유통 기한」이 경과된 것은 사용할 수 없다. CFRP 제품의 제조 단가를 낮추지 못했던 이유 가운데 하나이다.

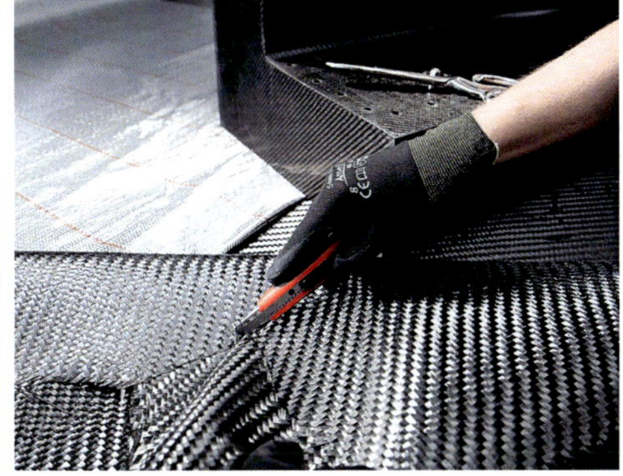

오토클레이브 성형법을 이용할 경우 성형 몰드에 붙이는 프리프레그는 롤이나 시트에서 설계도에 따르는 패턴으로 잘라낸다. 패턴은 컴퓨터를 사용한 설계가 상식화되어 있지만 그래도 파기해야 하는 부분이 20% 정도나 나온다고 한다. 심지어 잘라낸 패턴은 사람의 손으로 하나씩 몰드에 붙이기 때문에 단가가 낮아지지 않는 이유이다.

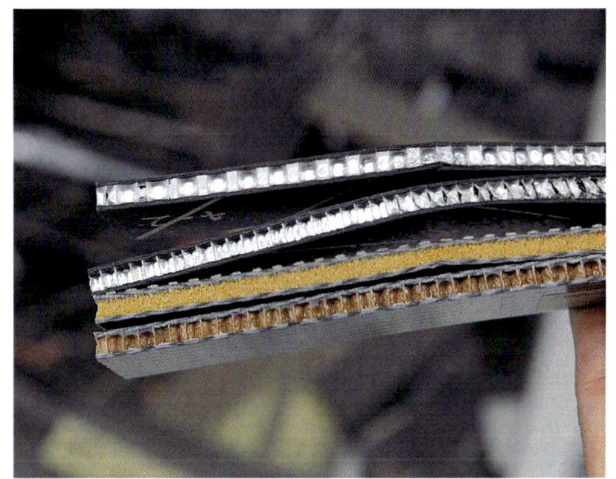

CFRP 성형품의 강도는 섬유와 수지의 체적 비율(체적 함유율)과 섬유의 방향성에 따라 좌우된다. 또한 고성능이 요구되는 분야에서는 다른 재료를 적층하여 강도와 강성을 높이거나 방향 의존성을 제어하는 방법도 일반적으로 사용한다. 사진은 레이싱 머신의 모노코크용 CFRP의 단면이다. 알루미늄 허니콤 소재, 몰드 소재 등을 적층하고 있다.

열경화성 CFRP의 제조방법

탄소 섬유는 상당히 가늘고 튼튼하지만 단독으로는 형상을 유지하지 못한다.
섬유들을 결합시키면서 임의의 형상으로 성형하기 위해서는 수지의 도움을 받아 경화시킬 필요가 있다.
3000℃로 가열된 탄소 섬유는 성형 단계에서 다시 가열된다.

글 : 마키노 시게오(Shigeo MAKINO)
사진 & 일러스트 : 세야 마사히로(Masahiro SEYA)/마키노 시게오(Shigeo MAKINO)/만자와 코토미(Kotomi MANZAWA)

오토클레이브 성형(Autoclave-cured Molding)

압력 용기다운 모습이다. 커버 쪽과 본체 쪽에 이러한 잠금 장치가 배치되어 있다. 커버를 지지하는 힌지 부분도 튼튼함 그 자체이다. 당연히 이러한 구조를 하고 있기 때문에 중량이 무거워 대형 오토클레이브 설치에는 바닥 면의 기초 공사가 필수적이다.

이 격자 안쪽의 팬은 노(furnace) 내부 공기를 순환시킨다. 팬이 빨아들인 공기는 2중 원통형 사이의 슬릿을 통하여 노 안으로 되돌려 순환한다. 노 안의 구석구석까지 온도를 균일하게 유지하기 위한 장치다.

오른쪽의 오토클레이브는 내경 1.2m로 비교적 소형이지만 아래의 사진은 내경 3.16m나 된다. 둘 모두 도메(童夢) 카본 매직의 설비이다. 제조할 때는 노 안의 어느 위치에 소재를 넣는지 또한 어느 정도의 양을 넣는지에 따라서도 상태가 변화된다고 한다.

노 내부에는 공기를 빼내어 진공을 유지하기 위한 니플(nipple)이 배치되어 있다. 노 바깥에는 이러한 압력계와 차단 스위치가 배치되어 밖에서 진공 상태를 컨트롤할 수 있게 되어 있다. 이러한 대형의 노에는 니플의 개수가 많다.

대형의 오토클레이브는 이렇게 이동식 받침대에 올린 상태에서 소재를 넣고 뺄 수 있도록 레일이 설치되어 있는 경우가 많다. 덧붙이자면 항공기 부품의 경우 대형 노에서「한 번에 하나」가 원칙이다.

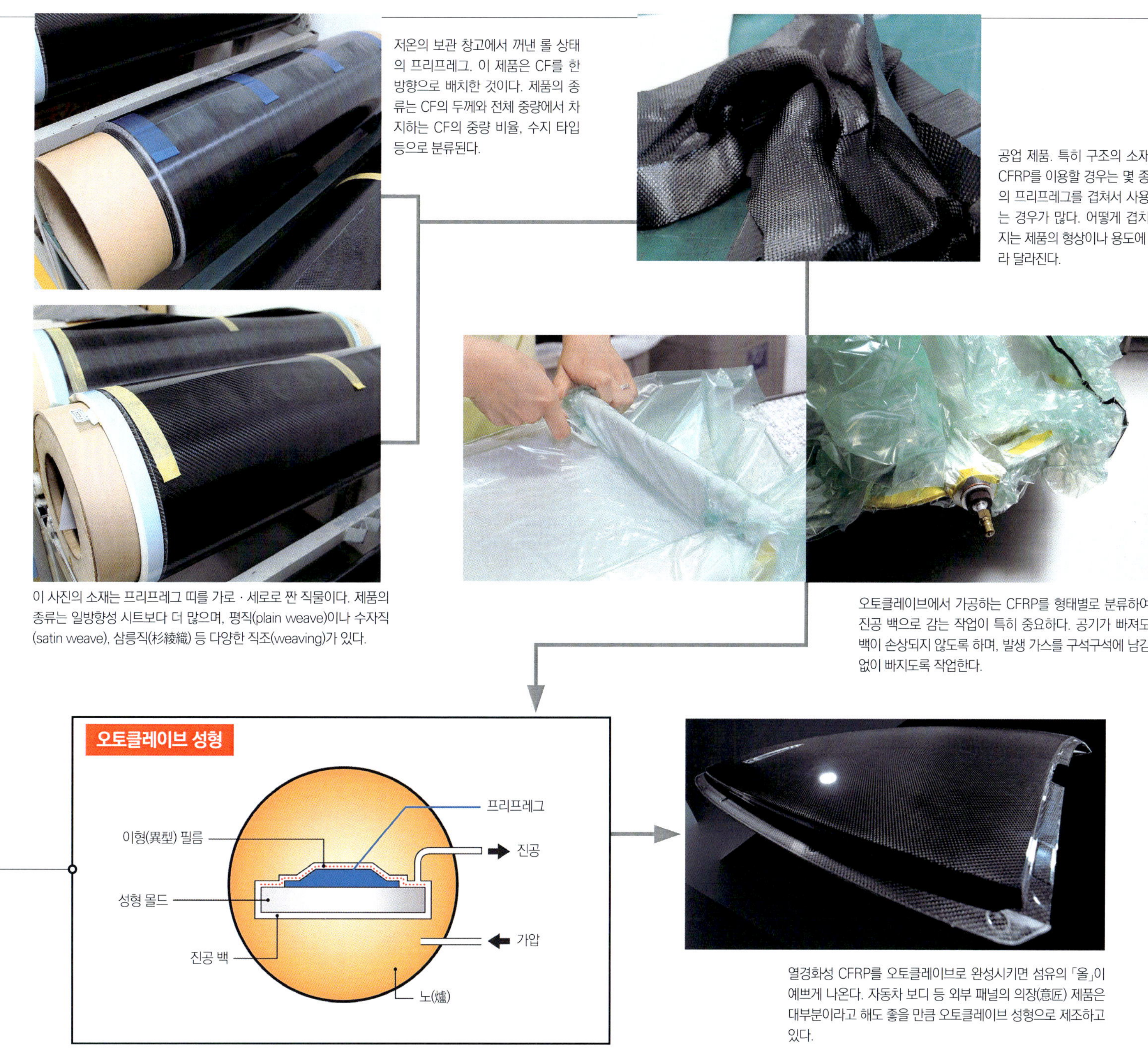

저온의 보관 창고에서 꺼낸 롤 상태의 프리프레그. 이 제품은 CF를 한 방향으로 배치한 것이다. 제품의 종류는 CF의 두께와 전체 중량에서 차지하는 CF의 중량 비율, 수지 타입 등으로 분류된다.

공업 제품. 특히 구조의 소재에 CFRP를 이용할 경우는 몇 종류의 프리프레그를 겹쳐서 사용하는 경우가 많다. 어떻게 겹치는지는 제품의 형상이나 용도에 따라 달라진다.

이 사진의 소재는 프리프레그 띠를 가로 · 세로로 짠 직물이다. 제품의 종류는 일방향성 시트보다 더 많으며, 평직(plain weave)이나 수자직(satin weave), 삼릉직(杉綾織) 등 다양한 직조(weaving)가 있다.

오토클레이브에서 가공하는 CFRP를 형태별로 분류하여 진공 백으로 감는 작업이 특히 중요하다. 공기가 빠져도 백이 손상되지 않도록 하며, 발생 가스를 구석구석에 남김 없이 빠지도록 작업한다.

열경화성 CFRP를 오토클레이브로 완성시키면 섬유의 「올」이 예쁘게 나온다. 자동차 보디 등 외부 패널의 의장(意匠) 제품은 대부분이라고 해도 좋을 만큼 오토클레이브 성형으로 제조하고 있다.

오토클레이브(outoclave)란 「고온 고압에서 합성 · 분해 · 승화 · 추출 등 화학 처리하는 내열 · 내압성의 용기로 압력 솥」을 말한다. 요리용 도구에도 같은 이름으로 판매되고 있다. 열가소성 수지와 조합된 탄소 섬유(prepreg)를 경화시키려면 「가열」을 하여야 하는데, 그 작업이 오토클레이브 안에서 이루어진다.

단순하게 열경화성 CFRP를 만드는 정도라면 진공 배깅(vacuum bagging)이라는 방법이 있다. 밀폐성이 좋은 집록(Ziploc) 같은 백으로 프리프레그를 감싸고 그 안의 공기를 빼면서 대기압 하에서 온도를 높이는 방법이다. 백에 감싸인 내부의 공기를 빼내는 것(진공 형성) 자체는 오토클레이브에서도 필수다. 고강도와 고정밀도가 요구되는 경우는 오토클레이브에 재료를 넣고 4~6기압 정도로 압력을 가해준다.

일반적으로 CFRP용 오토클레이브는 10기압 정도까지 압력을 가할 수 있는 타입이 많으며, 어느 정도의 압력을 가하느냐는 제조하는 CFRP에 따라 달라진다. 예를 들면 CF 직물로 알루미늄 허니콤을 샌드위치 한 구조의 경우 너무 압력을 가하면 가압 중에 허니콤이 으깨져 손상된다. 레이싱 카 용도의 알루미늄 허니콤 샌드위치 소재는 3기압 정도가 표준이다.

CFRP 제조에 필요한 온도는 최고 260℃ 정도다. 이 온도는 수지의 종류나 CF 섬유를 적층하는 방법에 따라 달라진다. 프리프레그에 침투되어 있는 수지가 유동화 되는 온도는 보통 80℃ 정도이며, 이 상태가 되면 백 속에서 수지가 빠짐없이 골고루 확산된다. 그리고 이 수지는 100℃ 부근에서 경화를 시작하며, 경화할 때는 가스를 발생시키기 때문에 가스를 빼기 위해서도 진공 형성(evacuation)이 계속된다. 130℃ 정도까지 가열되면 수지의 경화가 촉진되어 시간이 흐르면서 구석구석까지 진행된다.

오토클레이브의 크기는 소형에서부터 대형까지 다양하다. 소형은 솥의 내경(유효 지름)이 60㎝ 정도이며, 작은 제품을 제작하는데 적합하다. 대형은 내경이 3m가 넘는다. 레이싱 카의 모노코크 보디나 대형 여객기용 동체 및 날개 부품을 통째로 경화시키려면 대형의 솥이 아니면 안 된다. 그렇다고 보잉 787 같은 여객기가 일체로 성형되는 것이 아니라 동체와 날개는 CFRP의 접합에 의해 만들어진다.

참고로 오토클레이브의 메이커는 일본에도 몇 개의 회사가 있는데 아시다제작소가 톱 메이커이다. 이 회사에서는 내경 7.5m 이상의 오토클레이브도 제조한다. 항공 우주산업이 발전하여 CFRP를 가장 많이 이용하는 구미에 오토클레이브 메이커가 많다.

▶ **RTM** = Resin Transfer Molding ▶ **VaRTM** = Vacuum Assisted Resin Transfer Molding

롤 상태의 소재를 겹치는 순서대로 배치하고 사진의 아래 방향에서부터 자동적으로 감아준다. 사진에서는 카본 시트 외에 필름 접착제와 인서트도 보인다. 종전의 CFRP 제품은 대부분의 성형 전 공정을 사람이 직접 하였기 때문에 제조하는 시간이 길었다. 이 부분을 반자동의 공정으로 변경함으로써 리드 타임의 단축을 이루었다.

BMW 란츠후트(Landshut) 공장의 RTM 설비

BMW는 CFRP 성형에서 경험과 실적이 있는 SGL 오토모티브 카본 파이버즈와 공동으로 RTM 생산 라인을 개발하였다. 앞으로 「i시리즈」 등에서 CFRP 부품을 보디의 곳곳에 적용하기 때문에 취약점인 생산성을 개선하는 것이 목적이다. 그 최초의 라인이 란츠후트 공장의 부지 내에 완성하였다. 최대 특징은 성형 시간의 단축으로 소재를 몰드에 넣은 후 수지를 주입하는 RTM 제조법을 사용하고 있다. 미리 수지를 침투시킨 프리프레그가 아니라 본질의 상태 CF 시트의 직물을 만든다. 아래 사진은 RTM 공정이고 그 아래는 프리 폼 공정이다.

상하의 금형을 올바른 위치로 밀착시키는 가이드. 굵기와 개수로 보건데 이 성형기가 상당한 중량이라는 것으로 추측된다. 기본적으로는 단독 프레스기이다.

위쪽 금형. 이것이 내려와 아래의 금형을 덮으면 그 사이에 삽입되어 있던 소재의 성형이 이루어진다. 이 금형은 프리 폼 용이다.

세팅된 CF 소재. 1장이 아니라 제품에 필요한 적층을 한 상태로 이곳까지 옮겨온다. 한쪽 당 8군데를 지지함으로써 소재가 느슨해지지 않도록 텐션이 가해져 있는 것을 알 수 있다.

아래쪽 금형을 지지하는 받침대를 보건데 수지용 금형을 응용한 것으로 생각된다. 소재는 사진 오른쪽에서 가로 방향으로 공급되며, 성형이 완료되면 왼쪽으로 배출된다.

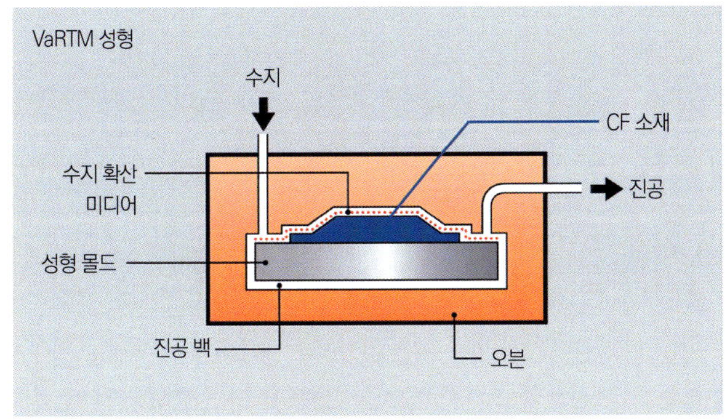

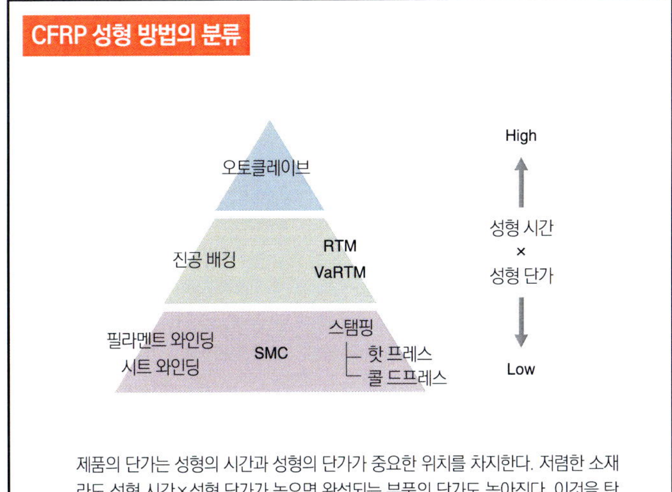

외부에서 수지를 주입하여 경화시킨다.

앞 페이지에서 소개한 오토클레이브는 수지의 침투가 완료된 CF 소재를 성형한다. 그 반면에 성형 단계에서 수지를 외부로부터 주입하여 경화시키는 방법이 RTM이다. 프리프레그는 수지의 침투 자체를 소재의 메이커가 시행하면서 수지의 양을 제어하기 때문에 최적의 상태로 만든다. 그 다음엔 노(爐)에 넣기만 하면 된다. 다만 하류의 공정에 부담을 주지 않는 소재이기 때문에 단가가 비싸고 또한 설비의 투자가 많아지는 오토클레이브를 사용한다는 점이 제품의 가격을 높게 상승시키는 원인이다. 그래서 프리프레그나 노(爐)를 사용하지 않고, CFRP를 성형하는 방법으로 RTM이 개발되었다. 한편 VaRTM은 기본적으로 RTM과 동일한 성형법이지만 수지를 주입하면서 공기를 배출시킴으로써 제품의 강도와 정밀도를 확보한다. 이미 항공기 부품의 제조에도 사용되고 있다.

제품의 단가는 성형의 시간과 성형의 단가가 중요한 위치를 차지한다. 저렴한 소재라도 성형 시간×성형 단가가 높으면 완성되는 부품의 단가도 높아진다. 이것을 탄소 섬유로 보면 성형 시간×성형 단가가 최대인 것이 오토클레이브다. 다만 오토클레이브가 아니면 제조할 수 없는 제품도 있기 때문에 현시점에서 CFRP는 정밀도와 중량에 대한 요구가 아주 높다는 것을 말해주고 있다. 피라미드의 아래로 내려가면서 시간×단가가 낮아지기 때문에 대량으로 보급하는 단계에서는 성형의 방법 자체가 변경되리라 예상된다. 이 사진은 필라멘트 와인딩으로 제조된 수소 탱크로 연료전지 자동차에 탑재된다.

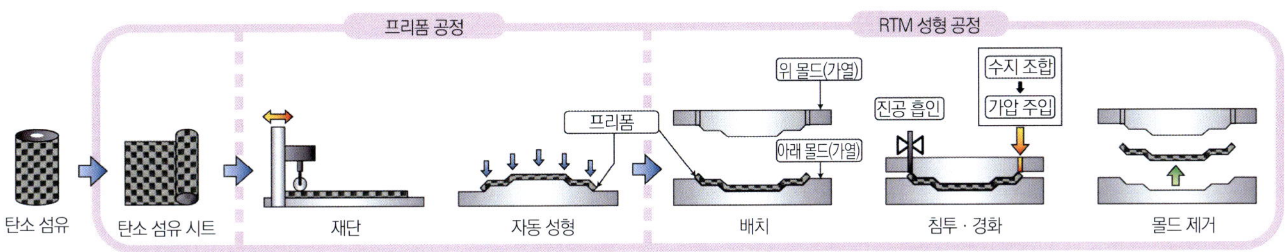

위 일러스트는 CF 직물을 RTM으로 성형할 때의 공정을 간략화한 것이다. 재단한 소재를 그대로 성형하는 경우도 있지만 그 전에 대략적인 형태를 만드는 프리폼(preform)을 만드는 경우도 있다. 이렇게 하면 본형에서의 성형이 쉬워진다. RTM 공정에서는 소재를 금형에 끼우고 수지를 주입하면서 진공으로 처리한다. 이때 수지가 구석구석까지 확산되도록 여러 곳에서 주입을 하는 경우도 있다. 그때는 여러 곳에서 주입하는 순서나 주입구마다 수지의 주입량을 제어하게 된다.

프리폼의 성형이 완료된 루프 소재. 다음의 공정에서 수지를 주입하여 본 성형이 이루어진다. 여기까지의 공정 시간이 단축되면 RTM의 생산성은 훨씬 높아진다. i시리즈는 양산되는 자동차이기 때문에 제조 시간이 가격에 크게 영향을 미친다.

보디의 외부 패널에 사용되는 CFRP는 이와 같은 적층의 구조를 하고 있는 경우가 많다. 조합하는 소재에 따라서는 낙뢰(落雷)의 대책으로 얇은 금속의 메시를 끼워 절연되지 않도록 하는 경우도 있다.

위 사진은 쇼와전공(Showa Denko)제 SMC의 롤 상태. 사진의 왼쪽은 폴리에틸렌 필름을 떼어낸 SMC의 표면이다. 랜덤에 뿌려진 촙프드 파이버 수지가 결속되어 고체 형상의 상태를 유지하고 있는 모양으로 성형 시 가열 압축에 의해서 일체적으로 유동되어 몰드 내를 채우게 된다.

SMC 성형 방법

양산되는 자동차에 CFRP의 보급을 가속화하는 주요 기술이 될 수 있을까?

글 : 마츠다 유지(Yuji MATSUDA) · 일러스트 : 만자와 코토미(Kotomi MANZAWA)/LEXUS · 사진 : 쇼와전공/MFi/스미요시 미치히토(Michihito SUMIYOSHI)

일반적으로 양산하여 시판되는 자동차에 CFRP 사용이 진행되지 않는 가장 큰 이유 가운데 하나로 「설비」라는 문제가 있다. 현재의 승용자동차용 모노코크 보디는 프레스 공장에서 강판을 프레스로 성형하여 만든 부품을 보디의 조립 라인으로 옮겨 플로어 부분 · 사이드 패널 · 루프의 순서로 단계를 따라가면서 용접으로 만들어진다. 이것은 대량 생산을 하는데 있어서 매우 효율적인 공정이다.

그리고 프레스 가공이나 용접도 강판을 재료로 사용한다는 것을 전제로 채택하여 사용되고 있는 공법이다. 이러한 것들이 CFRP와 같은 수지 재료를 위한 것인가 하면 결코 그렇다고는 할 수 없다. 즉, CFRP의 특징을 발휘하는 보디를 만들기 위해서는 생산 설비의 쇄신을 빼놓을 수 없으며, 보디의 구조 그 자체도 변경할 필요가 있다. 그러기 위해서는 거액의 투자가 필요하게 되는데 과연 CFRP의 보디를 채택하여 사용하는데 투자에 알맞은 만큼의 가치가 있을까? 라고 묻는다면 경영진이 쉽게 대답하지 못하는 것도 무리가 아닐 것이다.

항공기나 선박처럼 원래부터 「수작업」에 가까운 공정에 의한 소량 생산품은 제조하는 기종의 변경이 곧 설비의 쇄신에 가깝기 때문에 비교적 원활하게 수지의 재료로 변경하는 것이 가능하였다. 그러나 자동차 산업은 생산의 규모가 거대할 뿐만 아니라 다품종 혼합 생산으로

까지 대응이 가능한 고도의 세련된 설비를 갖추고 있기 때문에 좀처럼 강판에서 수지로 변경하기가 쉽지 않다.

그럼 설비는 거의 그대로 유지하고 가급적 단순히 재료를 변경하는 것만으로 도입할 수 있는 CFRP는 만들 수 없는가? 라는 질문에 부응하도록 개발되어 최근에 고성능화가 진행되고 있는 것으로 주목을 받고 있는 것이 탄소 섬유의 1차 가공품으로서 SMC(Sheet Molding Compound)이다. 덧붙여 「Sheet」는 2장의 폴리에틸렌 필름으로 위 · 아래에 끼워 성형하는데서 유래된 것이지 제품의 출하 형태를 나타내는 것은 아니다.

SMC는 GFRP 재료로서 실적이 있는 제품의 형태로 보통 프레스 성형의 몰드에서 가열 가압하여 성형한다. 섬유와 수지가 일체화로 변형되면서 성형되기 때문에 부분적으로 두께가 다른 성형품이나 리브, 보스 등을 갖춘 성형품을 만들 수도 있다. 이 유리 섬유를 탄소 섬유로 대체함으로써 CFRP의 특징을 유지하면서 대량 생산에 대응할 수 있는 기대가 모아지고 있다.

SMC는 촙프드 파이버를 사용한 수지 콤파운드의 한 종류로 분류되며, 카본 · 카본(carbon-carbon) 복합재 등의 원료인 BMC(Bulk Molding Compound)에 비하여 섬유의 길이가 길고 체적 함유율이 높기 때문에 강도를 높이는 것이 가능하다. 금형 프레스로 성형을 할 수 있기 때문에 대량 생산이 가능하며, 대형의 부품에도 대

응할 수 있다. RTM이나 오토클레이브와 비교하면 평평한 형상의 성형 제품 밖에 만들지 못하지만 현재는 성형 표면의 평평한 정도, 핀홀(pinhole)의 발생, 도료와 융합이라는 문제에서 외부 패널의 부품에는 적합하지 않지만 크래시 박스와 라디에이터 코어 서포트, 보디 뼈대 부분 등의 구조 부자재에는 충분히 사용할 수 있을 정도의 기계적인 특성을 갖고 있다. 충돌안전 성능을 확보하면서도 보디의 경량화에 충분히 기여할 수 있을 것이다.

이번에 취재를 한 쇼와전기공업에서는 촙프드 파이버를 회사의 「리폭시」라는 비닐에스텔 수지에 조합시킨 SMC를 판매하고 있다. 리폭시는 변성 에폭시 수지의 일종으로 고강도, 인성(靭性), 내알카리성과 같은 에폭시 수지의 특징과 더불어 더 빠른 시간에 더 저온에서 경화되고 점도가 낮기 때문에 작업성이 뛰어나다는 특징을 갖고 있다.

에폭시 계열의 수지를 사용하면서 불과 몇 분만에 CFRP의 성형품을 만들 수 있는 공법은 SMC 뿐이라고 해도 좋을 것이다. 전시되어 있는 설명용 샘플은 130℃로 가열한 금형에서 불과 5분 만에 성형한 것이라고 한다. 또한 성형할 때 수축되지 않기 때문에 정밀도가 높은 성형품을 만들 수 있다는 것도 특징이다. 일반적으로 양산하여 시판되는 자동차의 CFRP 사용에 있어서 교두보가 될 가능성이 충분히 높다고 하겠다.

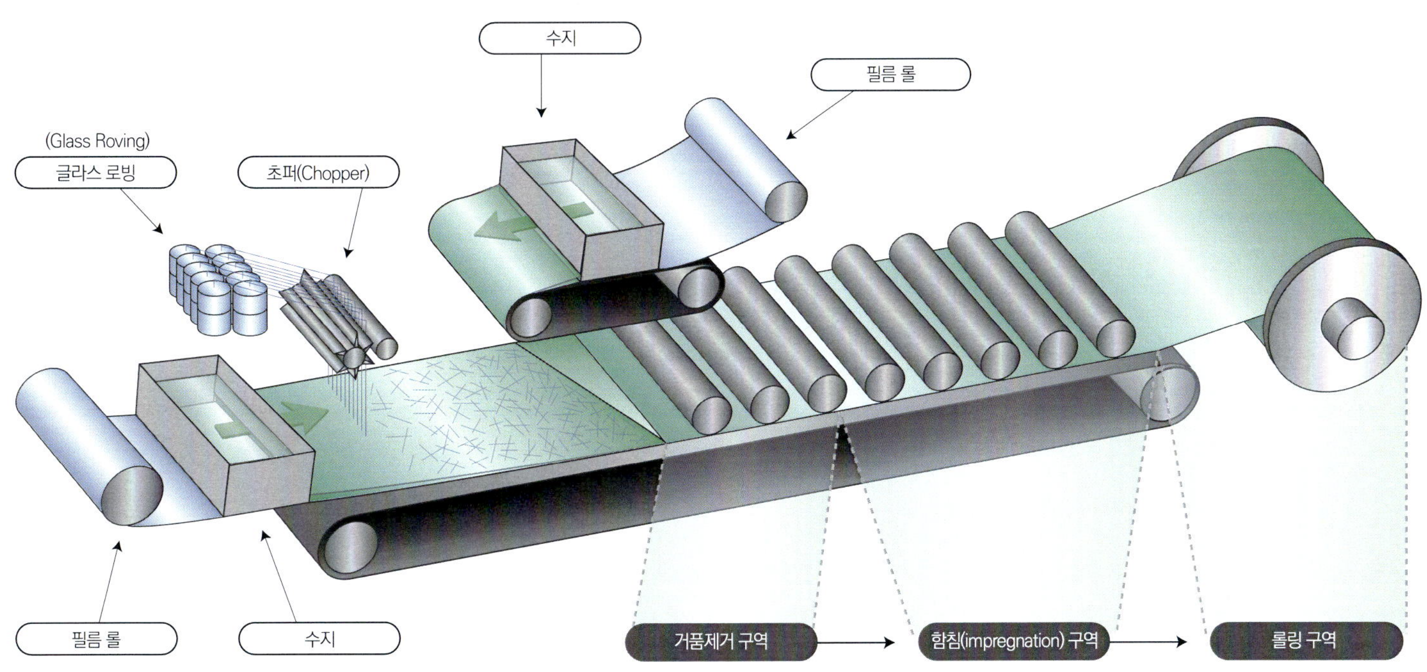

「시트로 몰딩한 소재」라는 이름처럼 SMC는 상하 2장의 폴리에틸렌 필름으로 수지와 촙프드 파이버를 끼우고 롤러에 의해 거품 제거·침투 과정을 경유한 후 감아두며, 필름 사이에 콤파운드가 부착된 상태의 롤 형태로 출하한다. 일러스트는 GFRP의 제조 공정을 참고한 것으로 실(thread) 명칭이 「글라스 로빙」이라고 되어 있는데 CFRP-SMC에서는 물론 탄소 섬유를 이용하고 있다.

▶ SMC에서는 이런 성형이 가능

쇼와전공이 전시회나 프레젠테이션 등에서 기술 설명용으로 사용하고 있는 샘플. 깊게 패인 곳, 평면과 곡면의 혼재, 부위마다 두께의 변화, 리브, 플랜지, 보스의 일체성형 등 수지 프레스의 성형에서 가능한 성형을 광범위하게 투입한 것이다. 이 정도의 자유로운 성형을 할 수 있다면 구조의 부자재로 사용하기 쉬울 것이다.

렉서스 FLA의 차체 뼈대. 엷은 회색 부분이 알루미늄이고 짙은 회색이 CFRP를 사용한 부위다. B필러 이후의 뼈대 부분에 쇼와전공 제품의 SMC를 사용한 구조를 하고 있다.

▶ SMC 성형품을 시판되는 자동차에 사용한 예

닛산 GT-R의 리어 언더 플로어 커버 중 차축보다 앞쪽 부분은 카본 SMC제품이다. 배기관 부근의 정류(整流)나 트랜스 액슬의 냉각을 담당하고 있으며, 내열성이 뛰어난 것이 사용하는 이유이다.

수지 Resin

CFRP의 특징을 결정하는 것은 모재인 수지에 의한 것이 크다.
인장 강도가 뛰어난 탄소 섬유를 유지하고 제품의 형상과 강도를 확보하기 위해 CFRP에 상당히 많은 수지의 종류가 적용되어 있다.
딱딱하게 하거나 부드럽게 하는 것, 가볍게 하거나 튼튼하게 하는 것도 수지에 의존하는 바가 크기 때문에 요구하는 성능을 발휘시키기 위해 섬유와 수지의 종류를 선정하고 있다.
본 항목에서는 CFRP에 사용되는 대표적인 수지에 대하여 열가소성과 열경화성의 종류별 구분을 축으로 CFRP용 수지의 성질과 최신의 사례를 소개하겠다.

글 : 후쿠노 레이치로(Ray Ichiro FUKUNO) · 일러스트 : Toray/Teijin/만자와 코토미(Kotomi MANZAWA)

CFRP 모재로서의 기술과 혁신

CFRP에 있어서 수지의 역할

CFRP에 있어서 수지의 역할은 인장 방향으로만 강도를 갖는 탄소 섬유의 직물을 소정의 형상으로 만들어 줌으로써 압축, 굽힘, 비틀림 등에 대한 강성과 부품의 구조와 기능 등을 부여하는 것이다.

섬유 강화 복합 소재의 출발점인 핸드 레이업 방식 FRP는 수지의 체적비가 높았던 이유도 있어서 수지를 모재(Composite Matrix), 섬유를 강화재(Reinforcing Element)라고 부르는 명칭이 정착되었다(*1).

현대의 FRP에서도 수지를 「매트릭스(母材)」라고 부르는 경우도 많은데 프리프레그를 오토클레이브로 성형한 CFRP에서는 섬유 체적 함유율(Fiber Volume Content)이 50%를 넘고 있다.

CFRP 제품의 물리적 성질은 인장 강도에 대해서는 섬유의 특성이 지배적이지만 층간 박리 인성(靭性)이나 충격 후 압축 강도, 45° 인장 강도, 내열성 등은 수지의 특성에 따라 크게 좌우된다.

CFRP 제품의 인장 강도는 아래와 같은 공식을 토대로 산출할 수 있다.

$$\rho_L = \rho_f \cdot V_f + \rho_m (1 - V_f)$$

pf: 섬유 인장 강도, pm: 수지 인장 강도, Vf: 섬유 체적 함유율, pL: 복합재 인장 강도(0~180°)이다.

CFRP에 사용하는 열경화성 수지

합성수지(Plastic)란 석유 등에서 합성되는 기본 물질(monomer)이 그물망 모양이나 쇠사슬 모양으로 연결된 중합체(polymer)의 일반적 명칭으로 CFRP에 사용되고 있는 것은 열경화성 수지(Thermosetting resin)와 열가소성 수지(Thermoplastic resin)로 크게 나눌 수 있다.

핸드 레이업 시대부터 FRP의 매트릭스로서 주로 사용되어 온 것은 불포화 폴리에스테르 수지(UP : Unsaturated Polyester resin)나 에폭시 수지(EP : EPoxy resin) 등의 열경화성 수지이다. 프리프레그 · 오토클레이브, RTM, SMC 등에서 사용되고 있는 것은 주로 에폭시 수지이다.

열경화성 수지는 유동성이 높은 하위 단계의 분자 상태로 공급 · 보관되며, 열이나 약제 등에 의한 화학반응으로 경화되면서 가교(架橋) 반응에 의해 그물망 구조가 형성된다. 일단 경화되면 원래 상태로 돌아가지 않는 비가역성(比可逆性)을 나타낸다.

CFRP가 매트릭스로서 갖는 EP 수지의 특징은 먼저 장점으로 ① 경화 이전의 상태에서는 저점도에서 유동성이 높기 때문에 복잡한 성형이 가능하다. ② 섬유가 잘 젖는다(접착력이 크다). ③ 가공 온도가 비교적 낮다. 단점으로는 ❶ 화학 반응에 시간이 필요하기 때문에 성형 시간이 길다(프리프레그는 100~180℃/60~100분). ❷ 성형 조건의 제어가 불충분하면 수지의 성능을 발휘하지 못한다. ❸ 재가공은 기본적으로 불가능하다. ❹ 재활용성이 어렵다. EP 수지를 침투시킨 프리프레그의 경우는 냉온 보관이 필요하며, 사용 기한(shelf-life)이 있다(일반적으로는 마이너스 20℃ 전후에서 3~6개월).

열경화성 EP 수지를 사용한 「하이사이클 RTM」

도레이 주식회사가 NEDO(New Energy Development Organization)의 의뢰(*2)를 받아 주로 자동차용 부자재로 사용하기 위해 개발한 「하이사이클 RTM」은 경화가 빠른 음이온(anion) 중합계열 에폭시 수지를 기초로 알코올 계열 화합물의 연쇄 이동제(連鎖移動劑)를 배합하여 경화 초기의 점도 상승을 늦춤으로써 유동 가능 시간 3분/경화 시간 5분이라는 특성을 달성한 에폭시 수지를 개발하여 사용한다. 수지의 침투 속도를 높인 개량형 RTM 방식, 탄소 섬유 직물의 자동 재단/자동 부형(賦形, 잠복), 프리폼 투입-성형-탈형(removal of forms)과 같은 자동 시스템화 등을 조합하여 종래에 160분이 소요 되었던 프리프레그 형상의 구성부터 제품 탈형까지의 RTM 성형을 「소요 시간 10분」으로 실현하였다.

도레이의 목표는 후드, 로프 등의 외부 패널이나 크래시 박스, 도어 임팩트 빔, 플로어 패널, 플로어 터널 등 강도 멤버에 사용하는 것이다. (*3)

우주항공 산업분야에서는 열경화성 수지를 10Mev의 전자선 조사(電子線照射)로 급속 경화(가교)시키는 방법(Electron Beam Curing)이 개발되고 있다. 반응 속도는 종래 방법의 수 십 배나 된다고 하며, 성형할 때의 응력 발생이 아주 낮은 것도 특징이다. 인성(靭性)이 높고 충격에 강한 등급의 EP 수지나 열에 강한 비스말레이미드 트리아진(BT : Bismaleimide-Triazine) 수지 등을 사용한 CFRP의 강성화(toughness), 재활용 연구 등도 진행되고 있다.

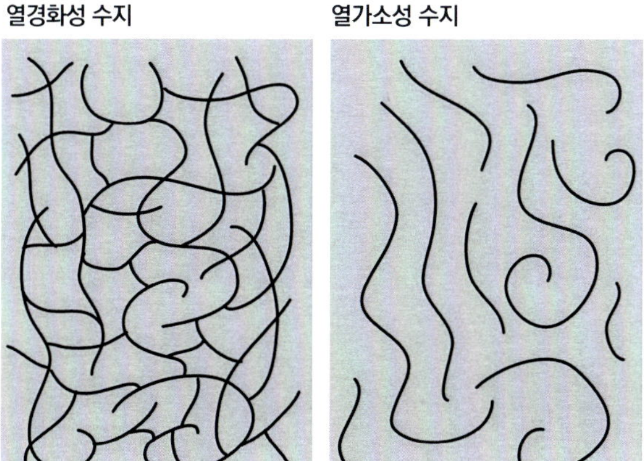

열경화성 수지와 열가소성 수지의 화학 구조 이미지

열경화성 수지는 화학 반응에 의해 가교(架橋)·경화한다. 그 때문에 가공 전에는 저점도·고유동성을 나타내지만 성형의 시간이 길고 일단 경화하면 원래의 상태로 되돌아가지 못한다(비가역 성질). 열가소성 수지는 화학 반응이 완료된 상태의 수지이기 때문에 성형의 시간은 짧지만 열가소 상태에서도 고점도·저유동성이다. 가열하면 다시 용해되어 재성형이 가능하다(가소 성질).

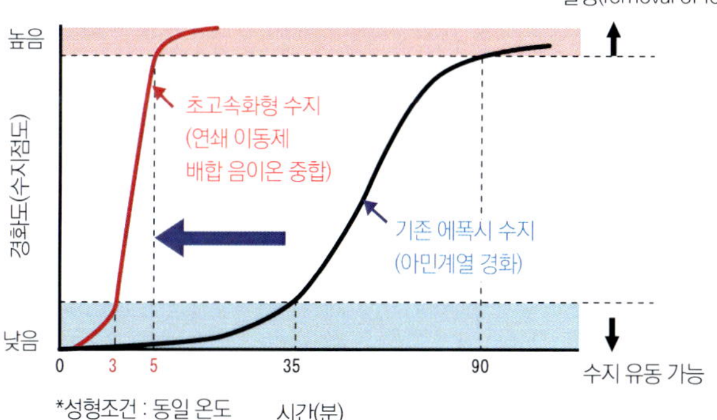

초고속 경화 수지의 경화 프로파일

접착제로도 친숙한 에폭시 수지에도 음이온 중합계 처럼 빨리 경화되는 종류가 있지만 경화의 초기에 고분자 성분이 만들어지기 때문에 점도의 상승이 빠르고 유동성이 없어질 때까지의 시간이 짧아서 RTM 형성에 응용하는 것은 어려웠다. 도레이가 개발한 「유동 가능 시간 3분/경화 시간 5분」이라는 초고속 경화 수지는 연쇄 이동 반응을 이용하여 경화의 초기에 저분자량의 성분 주체를 생성시킴으로써 점도의 상승을 억제시켜 RTM 성형할 때 섬유로 수지가 침투하는 시간을 확보하였다.

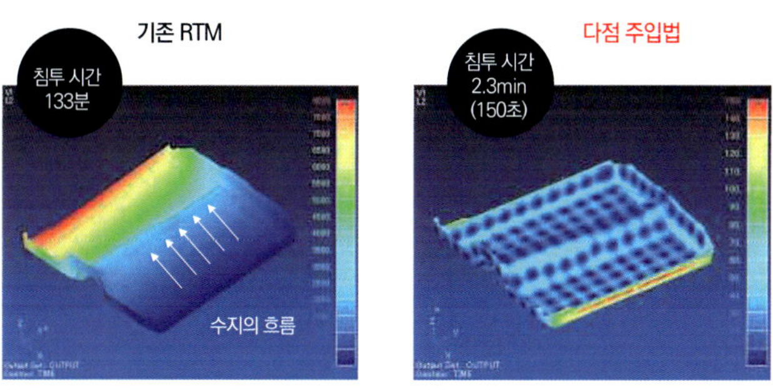

시뮬레이션에 의한 다점 주입의 침투 해석

일반적인 RTM은 몰드의 한 쪽에서부터 내부의 공기를 빨아내면서 다른 쪽에서 수지를 주입하여 프리폼의 X방향 또는 Y방향에서부터 수지를 침투시키는 방법이 일반적이지만 초고속 경화 수지를 사용하는 「하이사이클 RTM」은 침투 시간을 단축시키기 위해 상하의 몰드 사이에 수지의 탕도(湯道 ; runner)를 갖춘 중간 플레이트를 끼우고 수지를 면 방향으로 확산시키면서 다점 주입 구멍부터 프리폼의 Z방향으로 수지를 침투시키는 「다점 주입법」을 개발하여 사용하였다. 중간 플레이트의 설계를 최적화하면 성형 제품의 크기에 크게 좌우되지 않고 수지를 주입할 수 있다.(*3)
(제공 : 도레이주식회사)

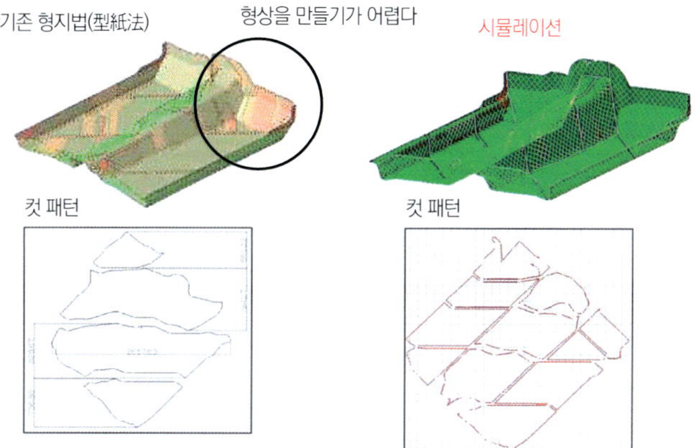

부형(賦形) 시뮬레이션에 의한 컷 패턴 작성

「하이사이클 RTM」에서는 프리폼 공정의 정밀도와 시간 단축에도 관여되었다. 탄소 섬유 직물의 변형 파라미터 및 제품의 형상에서부터 부형 시뮬레이션에 의해 최적의 입체 컷 패턴을 결정함으로써 이것을 기초로 하여 자동 재단기로 탄소 섬유의 직물을 재단한 다음 부형(賦形) 장치로 자동 부형한다.(*3) 제공 : 도레이 주식회사

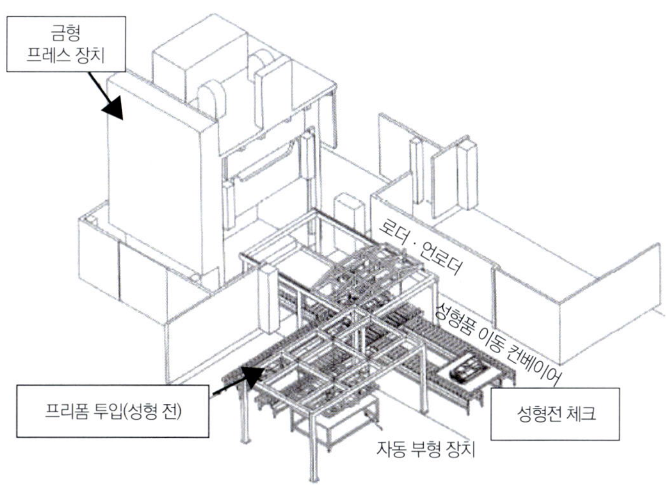

하이사이클 RTM의 자동 생성 시스템

「하이사이클 RTM」을 위해 개발된 자동 성형 시스템. 자동 기계로 잠복시키는 프리폼의 투입부터 RTM 성형, 탈형까지 자동화함으로써 「성형 시간 10분」을 실현하겠다는 구상이다.(*3) 제공 : 도레이 주식회사

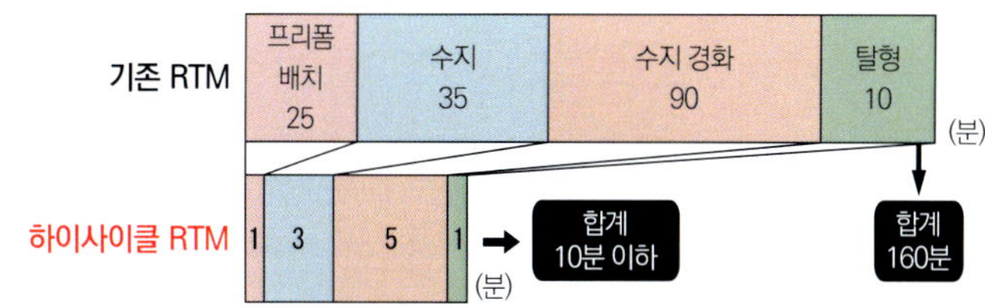

기존 RTM과 하이사이클 RTM의 성형 시간

유동 3분/경화 5분의 초고속 경화 수지, 다점 주입 방식 RTM, 자동 입체 재단/자동 부형 프리폼, 자동 성형 시스템에 의해 기존 RTM에서는 160분이 필요 하였던 성형을 10분 이하로 단축하였다. 도레이에서는 700mm×1200mm의 도어 이너 패널의 부자재, 1450mm×1700mm의 프런트 도어 부자재를 샘플로 만들면서 각 공정 및 성형 시간을 실증하였다. (출처 : 도레이 자료)

(*1) 현대의 섬유강화 복합재료에는 금속기반 모재인 MMC(Metal Matrix Composite), 세라믹 기반 모재인 CMC(Ceramics Matrix Composite) 등도 포함되기 때문에 CFRP나 GFRP는 폴리머 기반을 모재로 하는 PMC(Polymer Matrix Composite)로 분류된다.
(*2) NEDO(독립행정법인 신에너지 산업기술종합개발기구)의 지구온난화방지 신기술 프로그램인 「자동차 경량화 탄소 섬유강화 복합재료의 연구개발」에 있어서의 프로젝트.
(*3) 참고문헌 「탄소 섬유 복합재료 "하이사이클 일체성형기술"의 연구개발」(도레이 주식회사)

열가소성 수지의 가능성

열가소성 수지

열가소성 수지란 화학 반응이 이미 완료되어 고분자 상태가 된 합성수지를 말하는데, 상온에서는 고체 상태로 유지되고 글라스 이전 온도 또는 융점까지 가열하면 용융되면서 유동성과 가소성을 나타낸다. 고체 상태·액체 상태의 변화에 화학 반응을 동반하지 않기 때문에 경화시킬 필요가 없어 성형의 시간이 짧다. 고체 상태·액체 상태·고체 상태의 가역변화가 가능하며, 성형의 종료 후에도 가열·용융시켜 재이용할 수 있다.

열가소성 수지에는 구조가 쇠사슬 모양의 고분자가 규칙적으로 배열된 결정 상태와 불규칙성의 비결정 상태에 의해 구성되는 결정성 수지와 비결정 상태로만 구성되는 비결정성 수지가 있다. 일반적으로 비결정성 수지는 성형 후의 수축률이 낮고 치수가 정밀하게 나오기 쉬워서 표면의 외관이 좋다고 여겨진다.

열경화성 수지에 비하면 일반적으로는 인성(靭性)과 내충격성이 강하고 습의 흡수율이 낮으며, 성형의 온도가 높고 내약품성과 유동성이 떨어지기 때문에 정밀한 성형에는 적합하지 않다고 취급되지만 CFRP의 매트릭스로 열가소성 소지를 사용하는 최대의 장점은 풍부한 종류별 수지 가운데 특성에 알맞은 수지를 선택할 수 있다는 점이다. 섬유에 충분히 침투할 수 있으면 기본적으로는 어떤 열가소성 수지로도 CFRP에 적합하기 때문에 대부분의 엔지니어링 플라스틱에서 시험·검토 등이 이루어지고 있다. 인성(靭性)이 높고, 충격에 잘 견디며, 열에 견디는 등의 요건으로 나누어 사용한다.

CFRP에 사용하는 열가소성 수지와 특징

PA(폴리아미드 ; polyamide). 아미드(amide)의 결합에 의한 폴리머로서 결정성 수지이다. 흡수성이 높고 강인성(強靭性), 내충격성, 유연성이 뛰어나다. CFRP의 매트릭스에는 카프로락탐(caprolactam)을 중합(重合)한 나일론-6, 헥사메틸렌디아민과 아디프산을 중축합(重縮合)시킨 나일론-66 등이 주로 사용된다.

폴리에스테르(polyester) 결정성 수지. 디카르복시산(dicarboxylic acid)과 디올(diol ; 2가의 알코올)의 중축합 물체. 기계적 강도, 크리프(creep) 특성, 내약품성, 내후성(耐候性), 전기적 특성이 뛰어나지만 높은 온도와 습도가 높은 상태에서는 가수 분해(加水分解)한다. CFRP에 사용되는 대표적인 폴리에스테르 수지는 폴리부틸렌 텔레프탈레이트(PBT ; Polybutylene terephthalate)와 폴리에틸렌 텔레프탈레이트(PET ; polyethylene terephthalate)이다.

PC(폴리카보네이트 ; polycarbonate). 비스페놀 A와 포스겐으로 중축합 또는 중합으로 만든다. 투명하며, 충격이나 내열성이 풍부하지만 CFRP에 사용하면 충격성에 대한 장점이 저하된다.

PPS(폴리페닐렌 설파이드 ; polyphenylene sulfide). 결정성 수지로 벤젠의 고리와 유황 원자가 곧은 쇠사슬 모양으로 연결된 폴리머로서 기계적 강도가 뛰어나며 융점이 280℃라는 내열성을 갖는다.

PEEK(폴리에텔에텔 케톤 ; polyetherether ketone). 결정성 수지로 벤젠의 고리가 에텔과 케톤으로 결합된 곧은 쇠사슬 모양의 구조이다. 융점이 340℃로서 내마모성, 내피로성, 내약품성, 기계적 강도가 뛰어나며, 가수 분해의 안정성도 우수하다.

PEKK(폴리에텔케톤 케톤 ; polyetherketone ketone). 결정성 수지로 PEEK와 동일한 구조이지만 에텔의 결합을 케톤으로 바꾸고 내열성을 360℃로 높였다.

PI(폴리이미드 ; Polyimide). 방향족이 이미드 결합을 한 폴리머로서 고강도, 고탄성, 내약품성 등이 특징이다. PEI(폴리에텔 이미드)는 SABIC Innovative Plastic사의 상품명 「Extem」, 「Ultem」, 미쓰이화학 주식회사의 「오람」, PAI(폴리아미드 이미드)는 Solvay Advanced Polymers 사의 「Torlon」이 알려져 있다.

LPC(액정 폴리머 ; liquid Crystal polymer). 전방향족 폴리에스텔 수지로 Solvay Advanced Polymerts 사의 상품명 「Zyder」는 세계 최고의 내열성을 표방하며, 고강도, 고탄성, 내약품성 등이 우수한 특성을 갖는다.

PP(폴리프로필렌 ; polypropylene). 흡수성이 없으며, 비중이 상당히 가볍지만 내광성(耐光性), 내열성이 떨어진다. 재활용성이 뛰어나기 때문에 자동차의 사출성형 부품에서 많이 이용되고 있다.

열가소성 CFRP의 성형

용융법, 용제법, 파우더법, 필름 태킹(film tacking), 커밍글(commingle) 등으로 PP, PPS, PEEK, PEKK, PEI 등의 수지를 침투시킨 프리프레그가 세계 각사에서 판매되고 있다.

성형 방법은 프리프레그를 가열하여 적층 성형한 소재의 시트를 만들고 이것을 재가열하여 금형으로 프레스 성형하는 열간 프레스 성형(Press Forming)이 메인이다. 항공우주 관계에 있어서는 적층재를 구부리기만 하는 열간 절곡 성형(Thermo Folding)과 튜브나 균일한 단면재 등의 연속 성형(Plutrusion)도 이루어지고 있다.

열가소성 수지는 열을 이용하여 용융시키기 때문에 수지의 종류에 따라서는 융착에 의한 접착을 할 수 있다. 융착에는 저항 융착, 유도 융착, 초음파 융착, 압착(Co-consolidation) 등이 응용되고 있다.

열가소성의 수지를 침투시킨 프리프레그는 냉동 보관할 필요가 없으며, 원칙적으로 제품의 수명도 없다. 또한 반복 가열로 연화시켜 재성형할 수도 있다. 다만 드레이프성(drapability)이 없고 터크(tuck)성도 거의 없기 때문에 작업성이 떨어지는 편이다. 이 때문에 상온에서 저점도로 공급되고 가열에 의해 화학 반응을 일으켜 열가소성 수지가 되는 리액션형 열가소성 수지도 개발되고 있다.

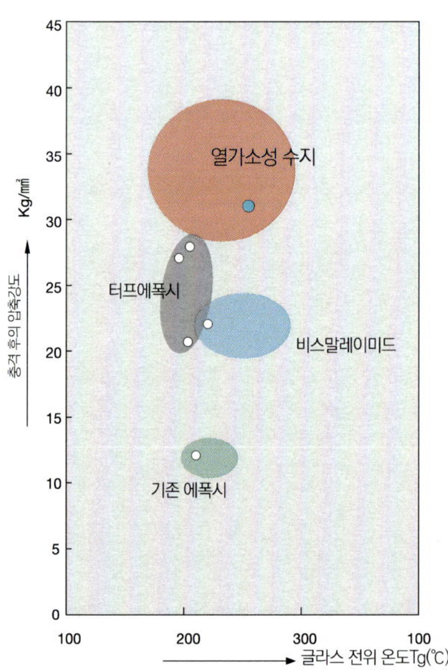

각종 수지의 Tg와 강도 관계

열경화성 수지와 열가소성 수지의 글라스 전이 온도와 CFRP의 충격 후 압축 강도의 비교. 열가소성 수지가 강도 면에서 뛰어난 동시에 물리적 성질의 폭넓은 범위를 갖고 있다는 것을 알 수 있다. 기존 열경화성 수지의 CFRP는 EP나 BT 등 수지의 선택폭 및 제조 방법이 아주 한정되어 있었지만 열가소성 수지의 CFRP는 선택폭이 대단히 많기 때문에 수지와 성형에 관한 기술 개발이 앞으로 필수가 될 것이다. (*4)

열가소성 수지 물성표(物性表)

*JIS K7191-96

항목/ASTM번호	나일론66	나일론6	PBT 폴리부틸렌 텔레프탈레이트	PET 폴리에틸렌 텔레프탈레이트	PC 폴리카보네이트	PPS 폴리페닐렌 설파이드	PEEK 폴리에텔 에텔케톤	PEKK 폴레에텔 케톤케톤	PAI 폴리아미드이미드 Torlon 503	OPEI 폴리에텔이미드 Ultem 2300	LCP Zyder폴리머 자이더	RC-210PP 폴리프로필렌
	GF30%	GF30%	GF30%	GF30%	GF30%	GF30%	GF30%	GF30%	GF30%	GF30%	GF30%	GF30%
비중/D792	1.36-1.37	1.36	1.52-1.55	1.53-1.60	1.42-1.43	1.55-1.57	1.52	1.51	1.61	1.51	1.60	1.12
흡수율(%)/D570	0.6-0.7	1.1-1.3	0.06-0.07	0.05-0.10	0.1	0.01-0.02	0.1	0.04	0.24	0.18	0.02	
인장강도(MPa)/D638	190	150-190	120-150	150	120-130	150-190	170-190	190	220	170	148	100
연신율(%)/D638	3-5	4-5	3-6	2-3	3-5	2	3	2	2	3	1.3	2-3
굽힘강도(MPa/D790)	240-280	220-260	190-210	210-250	160-190	200-250	270	260	340	230	187	150
굽힘탄성율(GPa)/D790	7.2-9.0	7.8-8.8	7.6-9.8	9.0-10.4	7.3-8.6	9.5-11.0	10.5-10.7	11	11.7	9.0	17.4	6.5-6.8
아이조드충격강도 (J/m)/D256	80-90	90-130	80-110	80-100	100-180	70-130	90-110	94	80	80	110	
하중비틀림온도고하중 (℃)/D648	242-255	209-215	205-218	215-236	144-149	260-270	315	321	282	210	349	* 148-154
선팽창율(10-5/K)/D696	3-4	3	2-3	2-3	2	2-3	-	-	1.6	2.0	-	–
절연파괴강도(MV/m)/D149	18-25	15-25	17-32	22-32	19-30	12-18	-	-	33	24	25.2	–
아크저항(s)/D495	110-148	121-160	105-146	79-127	100-120	35-127	-	-	4.4	85	188	–
유전율/D150	3.5-3.9	3.3-4.0	3.2-4.0	3.4-4.0	3.1-3.5	3.8-4.0	-	3.3	4.2	3.7	3.6	–

항공우주, 산업용 CFRP에 사용되고 있는 각종 열가소성 수지의 물성표. 열가소성 수지의 물성은 종류별로 여러 가지이기 때문에 부품이 요구하는 최적의 특성화가 열경화성 수지 CFRP에 비해 크게 향상한다. 고속/저비용 성형, 재활용성 등에 대해서도 대응가능하다.(*4)

충격 후의 내부 손상 비교

CFRP로서 열가소성 수지의 매트릭스를 사용하는 큰 장점 가운데 하나는 인성(toughness)이 높다. 이 그래프는 초음파 탐상법으로 측정한 CFRP 시험 파편의 충격 후 내부의 손상 면적을 수지별로 비교한 것이다. 3501-6은 EP(열경화성 수지), PEEK 2종류는 열가소성 수지, 「ULTEM」은 SABIC 사의 PEI(열가소성 수지)다. 이 시험에서는 PEI가 압도적으로 뛰어나다. 「IM-7」, 「AS-4」는 둘 모두 HEXEL사의 탄소 섬유 상품명이다. (*4)(*5)

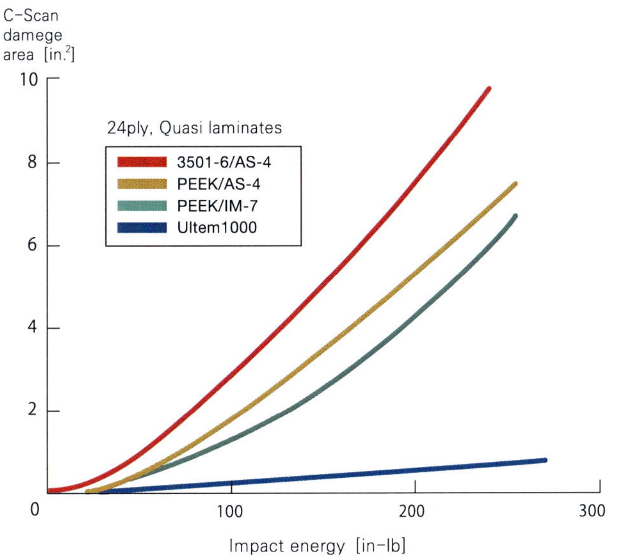

테이진 주식회사가 만든 열가소성 CFRP 차체 구조의 검토 모델

양산 자동차에 CFRP를 실용화하기 위한 목적으로 테이진이 발표한 열가소성 CFRP에 의한 차체 구조의 모델이다. 주요 부자재는 UD(unidirectional), 직물, 펠릿 등의 탄소 섬유 직물에 PA(나일론)나 PP 등을 침투시킨 열가소성 수지 침투 프리프레그를 열간 프레스 성형한 것. 「성형 시간 1분」을 실현하였다고 한다. 이 모델 차체의 뼈대 중량은 47kg으로 강판 프레스 모노코크의 5분의 1이다. (*6)

대량 생산도 가시권에 들어온 제조 공정

열가소성 수지 침투 프리프레그의 열간 프레스 성형 공정이다. 열가소성 수지는 몇 번이고 재가열하여 성형할 수 있기 때문에 프리프레그를 필요한 두께로 적층한 다음 금형 등으로 열가소성 성형하여 블랭크 소재를 만들고 이것을 다시 프레스 성형하여 제품으로 만드는 테일러드 블랭크(tailored blank) 철판 프레스 성형과 같은 생산 방법을 사용할 수 있다. 열가소성 CFRP의 등장으로 인해 순식간에 양산 자동차에 CFRP의 도입을 진행할 가능성이 열렸다.(*4)

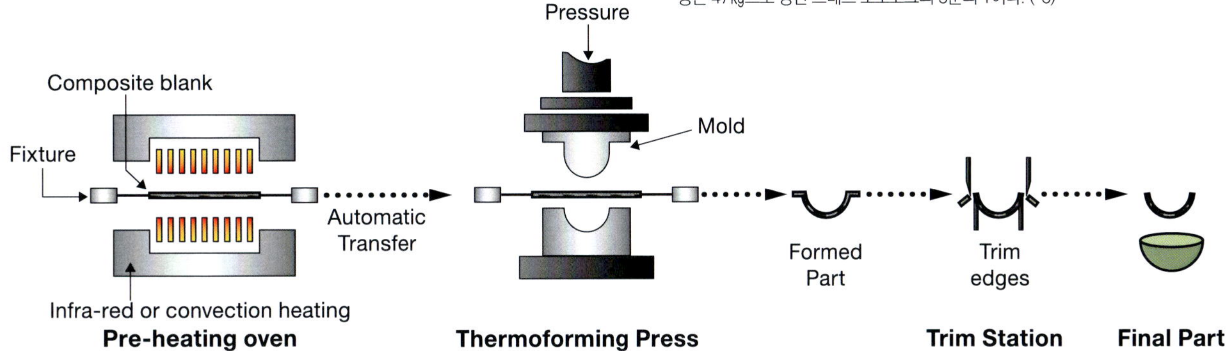

(*4) 참고문헌 「열가소성 수지 복합 재료의 기계공업 분야에의 적용에 관한 조사 보고서」(사단법인 일본기계공업연합회/재단법인 차세대금속 · 복합재료 연구개발협회)
(*5) K, Srinivasan, W.C. Jackson and J.A. Hinkley, "Response of composite materials to low velocity impact.". NASA TECHNICAL MEMORANDUM 102755
(*6) 테이진 주식회사 2011년 3월 9일 보도자료

양산 자동차에 열가소성 CFRP를 사용할 가능성

글 : 마키노 시게오(Shigeo MAKINO) · 사진 & 그래프 : TOYATA/만자와 코토미(Kotomi MANZAWA)/마키노 시게오(Shigeo MAKINO)

열가소성 CFRP의 장점 가운데 하나는 섬유 간의 결합된 층이 떨어져 분리되지 않는다는 것이다. 이 테스트의 샘플은 우측 사진처럼 내부에 리브가 성형된 폐쇄 단면의 구조이지만 큰 힘이 가해지면 이렇게 부러진다. 그러나 섬유의 결합 자체는 상실되지 않는다.

A필러를 CF소재로 바꾸게 되면 내부에는 이렇게 가로, 세로, 경사의 리브를 성형하게 될 것이다. 성형성이 뛰어난 불연속 섬유의 등방향 소재와 한 방향으로부터의 압축에 강한 부자재와 복합시키는 구조라면 실현 가능성이 있을 것이다.

사이드 실은 강도와 강성 양쪽 모두 중요한 부분이다. 자동차의 보디 설계는 「사이드 실을 설계할 수 있으면 한 사람 몫을 한다」고 여겨지고 있다. 이 부분은 리브를 성형한 불연속 섬유 소재와 연속 섬유 소재를 조합시켜 대응하면 되지 않을까.

프런트 사이드 멤버는 앞면에서 충돌할 때 큰 하중을 받는다. 이것을 CFRP로 바꾸게 되면 먼저 긴 쪽 방향의 강도가 필요하다. 사진처럼 햇 채널(hat channel)의 구조라면 생산성은 좋을 것이다. CFRP의 충격 흡수성 자체는 양호하다.

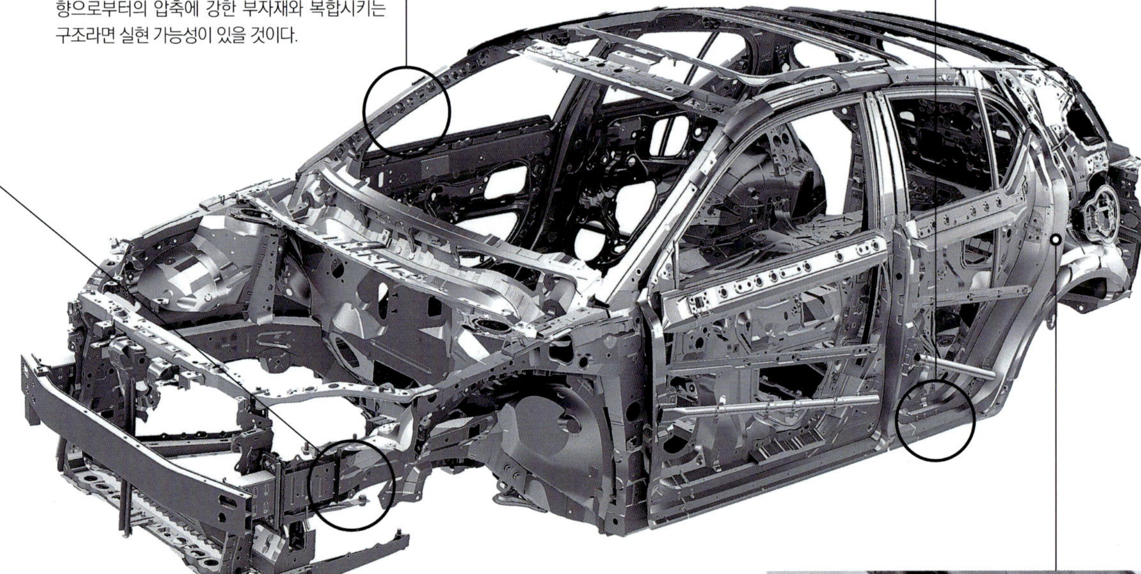

강의 소재에서 CFRP로 재료의 변경

일반적으로 열가소성 CFRP는 전체 중량 중에 CF의 함유율이 낮다. 도레이에 의하면 CF가 30% 정도라도 충분한 강도를 확보할 수 있다고 한다. 반면에 수지의 양이 많기 때문에 강재와 마찬가지로 강도를 확보하려면 소재의 두께가 증가된다. 도쿄대학의 다카하시 준 교수에 의하면 자동차 보디에 사용되는 강재의 3분의 1을 열가소성 CFRP로 바꾸면 자동차는 전체적으로 30% 정도 경량화의 효과를 얻을 수 있다고 한다. 미쓰비시 레이온에서는 0.8mm 두께의 고장력강이 2mm 두께의 불연속 섬유 시트로 바뀔 가능성이 있다고 한다. 즉 자동차 보디에서 각 부분마다 CFRP로 바꾸는 것을 검토하여 적재적소의 부자재를 개발하면 현재 1500kg의 승용자동차를 1050kg 정도로 경량화할 수 있다는 것이다. 문제는 비용이지만 성형의 방법은 점점 발전되고 있다. 반대로 성형의 단가가 비싸고 성형의 시간이 긴 오토클레이브 성형은 처음부터 제외되어야 한다. 열가소성 CFRP에 맞는 저렴한 비용의 성형 방법이 필요하다.

CFRP 소재를 많이 사용할 경우 강의 소재 및 다른 CFRP 소재와의 접합이 문제가 된다. 사진은 전위차 부식의 대책을 실시한 볼트 구멍으로 이것은 프레스로 성형한 제품이다. 돌기부분만 초음파 용착하는 것도 가능해졌다. 덧붙이자면 CFRP 전문가들은 「알루미늄보다 철을 상대로 하는데 있어서 문제가 없다」고 한다.

보디의 외부 패널은 얇은 강의 소재라도 충분할 것이다. 현재 테일러드 블랭크로 성형하고 있는 사이드 스트럭처는 CFRP로 바꾸면 장점이 많다. 큰 부품을 하나로 만드는 것이 아니라 작은 등방향성 소재와 일방향 소재의 접합이라면 비용도 절감될 것이다.

연속섬유 기자재의 프레스 성형

CF 시트의 적층 방향과 적층 매수는 부자재에 요구되는 강도에 따라 달라진다. 미리 예열(pre-heating)해 두면 성형 시간은 단축되며, 예열은 연속로(continuous type furnace)에서도 가능하다. 다만 부드러워진 소재를 어떻게 유지하여 프레스로 성형할 것인지가 관건이다. 연속 섬유는 강도가 있기 때문에 가로, 세로로 짠 시트는 상당히 성형하기 어렵지만 자동차 보디는 이것을 사용하여야 한다.

하이브리드 기자재의 프레스 성형

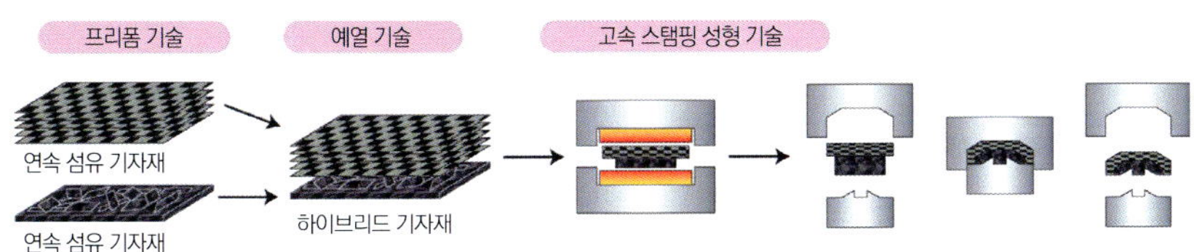

열가소성이 갖는 특징은 짧게 자른 CF 섬유를 무작위로 배치하여 만드는 등방향성 시트라는 점이다. 특정한 방향으로만 강도가 유지되는 연속 섬유 시트와 달리 금속판과 마찬가지로 프레스 성형할 수 있다. 이 랜덤 시트를 열가소성 CF 직물과 겹치도록 만든 하이브리드(복합) 구조의 소재는 성형성이 양호하기 때문에 고속 스탬핑이 가능하다. 예열하면 성형의 시간을 더 단축할 수 있다.

중공 · 폐쇄 단면 기본 자재의 내압 성형

원통형의 열가소성 CF 소재는 내부에서 압력을 가하여 바깥쪽 금형에 소재를 밀어붙이는 내압(blow) 성형을 이용할 수 있다. 자동차에서는 이러한 자루 모양의 단면을 한 부위가 의외로 많아서 열가소성 CF의 장점을 발휘할 수 있다. 주조 제품이나 드로잉(drawing) 가공 제품의 변경도 진행 중이다.

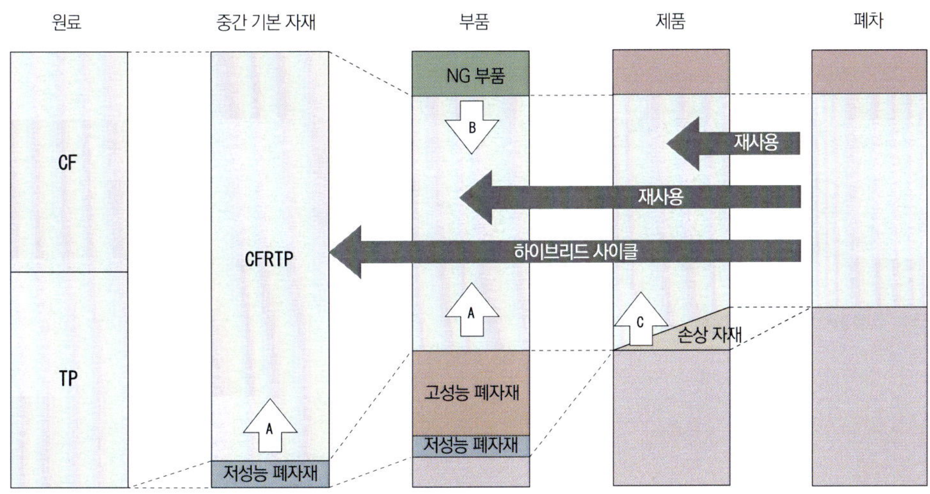

재활용 제조에 뛰어난 열가소성 타입

열경화성 CF는 가열하여 CF에서 수지를 제거한 다음 남겨진 CF를 분쇄하여 재이용하는 오픈 재활용(open recycle)에도 비용이 발생한다. 열가소성 CF는 왼쪽의 그림처럼 각각의 단계에서 발생하는 불필요한 부분을 어느 정도 흡수할 수 있다. 동일한 수준의 제품으로 돌아간다는 클로즈드 재활용(closed recycle)은 어렵지만 처음 사용하는 소재(virgin material)를 재활용 소재에 혼합하여 사용하는 세미 클로즈드 재활용에는 대응할 수 있다. 그런 의미에서는 알루미늄 소재와 마찬가지다. 특히 불연속 섬유의 제품은 재활용하기 쉽다.

열가소성 CFRP는 아직 사용한 실적이 적다. 현 상태에서 CFRP라고 말하는 것은 거의가 열경화성이며, 그 이유 가운데 하나는 CFRP가 사용되는 공업제품의 특징에 있다고 말할 수 있다. 항공우주나 건축, 산업 로봇 등 연속 섬유의 상태에서 상당히 높은 강도를 발휘하고 CF의 특징을 활용하려는 분야에서는 CFRP가 사용되어 왔다. 또한 열경화성 CFRP를 세밀한 고정밀도로 완성시킨 제품은 외관(appearance)이 아름다워 고액의 상품이 외관만 어필하는 경우라도 어쩔 수가 없었다. 지금까지는 CFRP를 일반용도로 폭넓게 이용하려는 의식이 없었기 때문이다.

앞으로 CFRP가 대량으로 보급이 예상되는 공업 제품으로는 자동차를 들 수 있다. 더구나 레이싱 카나 소량으로 생산하는 스포츠카가 아니라 양산되는 자동차로 가장 큰 이유는 경량화이다. 세계적인 충돌 안전기준의 강화로 인해 자동차의 차량중량은 90년대 초반부터 증가하여, 최종적으로 1200kg 클래스의 승용자동차는 1300kg을 넘었다. 이 중량의 증가를 재설정하는 것이 자동차 분야의 커다란 주제이다. EV(전기자동차)는 경량화의 요구가 더 크다. 2차 전지(battery)와 모터의 중량이 무거워 현재의 상태에서는 이것을 경량화할 수단으로 차체 쪽을 가볍게 하는 수밖에 방법이 없다.

이러한 상황 때문에 자동차의 경량화를 CFRP로 하면 어떨까라는 경향이 강해졌다. 양산되는 자동차용으로는 성형의 시간과 성형의 비용을 낮추어야 하기 때문에 가능하면 프레스(스탬핑)로 부자재를 만들고 스폿 용접으로 고정하면 좋을 것이다. 그래서 열가소성 CFRP가 주목을 받고 있다. 현재 연속 섬유의 타입부터 불연속 섬유의 타입까지 다양한 열가소성 CF 소재가 연구되고 있다. 일본에서는 NEDO의 프로젝트에 포함되어 있어서 CF 메이커가 참가하고 있으며, 실용화까지는 아직 해결되어야 할 과제가 있지만 양산되는 자동차에 CFRP를 이용하려는 목표에 가까이 접근되고 있다.

안개 속의 용도 개발

-영업적 관점에서 보는 탄소 섬유의 장래성-

일본의 탄소 섬유 메이커에 의해 탄소 섬유의 판매 점유율이 70%나 된다고 한다.
이렇게 들으면 일본이 탄소 섬유 사업에서 우위를 차지하고 있는 것처럼도 들린다.
하지만 영업 쪽에서는 앞으로의 탄소 섬유 사업은 용도를 함께 제안할 수 있느냐 없느냐에 따라 달라진다고 말하고 있다.

글 : 세라 코타(Kota SERA) · 사진 : 동방 테낙스/테이진/마키노 시게오(Shigeo MAKINO)

「일본의 메이커가 10년 후에도 카본 파이버의 세계에서 주도권을 잡을 수 있을지 여부는 스스로 용도를 개발하는 것이 중요하다. 다시 말하면 방안을 만드는데 주력하지 않으면 카본 파이버의 사업은 일본에 남지 않고 일본의 회사도 살아남기 어렵다」.

이렇게 우려하는 것은 동방테낙스에서 복합 재료의 영업을 하는 다카라타니 야스마사로서 제품의 개발과 관련된 엔지니어의 시점이 아니라 제품의 판로를 넓히려는 입장으로서 카본 파이버 사업의 미래를 염려한다.

「현재의 카본 파이버의 수요는 연간 약 3만 톤이며, 이 가운데 일본 내의 수요는 1할도 안 된다. 중공업 계통의 공사는 일본의 기업이 하청을 받고 있지만 부품으로서는 유럽이나 미국에 보내는 상태이며, 산업으로 보았을 때 일본의 시장은 작기 때문에 성장하지 못하는 것이다」

다카라타니는 탄소 섬유는 일본의 3사가 거의 독과점하고 있는 상태지만 결국은 대경쟁(mega competition)을 할 것임에 틀림없다고 예측한다. 기술이 일단락되면 가격의 경쟁이 되는 것은 필연적인 흐름이기 때문이다. 2020년의 연간 수요는 10만 톤이나 20만톤 정도가 될 것으로 예측하는 시각도 있지만 「가정이 심하여 믿을 수 없다」고 의문시한다. 어느 쪽이든 「수요자는 충분히 있다. 원료인 탄소 섬유는 일본에서 만들고 있고 외국의 수요자에게 판매하는 편이 간단하고 쉽게 이득을 취할 수 있던 시기가 길었다. 앞으로도 그렇게 해서 유지가 될 것인가가 문제이다」

용도를 만들어 가면 좋겠지만 그것이 어렵다. 역사를 되돌아보면 카본 파이버를 이용하게 된 것은 초창기인 1980년대의 골프 클럽부터 시작되었으며, 동방테낙스에서 복합 제품까지 시작한 것은 90년대 후반이라고 한다. 기존의 소재와 차이가

시각적으로 나타나고 체감할 수 있을 정도의 효과가 느껴지자 구매의 동기로 이어진 것이다. 레저 용품, 스포츠 용품이 좋은 예로서 카본 샤프트의 드라이버가 스틸로 돌아갈 일은 없을 것이고 낚싯대가 대나무로 돌아갈 일도 없을 것이다. 레저 용품, 스포츠 용품은 소비재이기 때문에 경기에 좌우되기는 하지만 일정하게 안정된 수요가 예상된다.

일람표를 살펴보면 카본 파이버의 용도가 여러 방면에 걸쳐 있다는 것을 알 수 있으며, 그야말로 「이런 분야도 있었나」하고 생각하게 할 정도이다. 일본 분만이 아니라 해외에서의 기회도 있다고 한다. 다카라타니는 쓴 웃음을 짓긴 하지만 「기회만 놓고 본다면 아주 많다고 생각한다.」

동방테낙스에서는 산업용 기계에 이용하는 부품을 만드는 것이 많다고 한다. 예를 들면, 윤전기의 롤러가 그것이다. 중앙 부분만 진하게 인쇄되어서는 곤란하기 때문에 팽창하면 안 된다. 그러한 점에서 금속 제품의 롤러를 카본 파이버 제품으로 교환하면 장점이 많다. 그리고 산업 로봇의 팔도 그렇다. 스틸이나 알루미늄의 팔을 카본 파이버로 바꾸면 위치의 결정(locating)이 정확히 정해져 신속하게 정확한 반복 동작이 가능하게 된다. 액정의 패널을 옮기는데 사용하는 포크에도 진동의 감쇠가 높은 카본 파이버가 사용되고 있다.

「그런데 말이죠」하고 다카라타니는 설명한다. 「산업의 용도는 투자가 한 바퀴 돌면 끝나는 것이 문제다」.

예를 들어 알루미늄의 경우에는 2년에 한 번씩 교환하던 것을 카본 파이버는 30년은 사용할 수 있기 때문에 교환 부품이 필요 없게 된다. 그래서 경기에 영향을 받기 쉬운 것이다.

「산업의 세계는 무미건조하다. 속도가 빨라졌다거나, 에너지의 효율이 좋아졌다거나 또는 수명이 늘어났다거나, 가격이 맞는지 등등 아주 단순한 논리이다. 카본 파이버로 교환하려

고 해도 지불해야 할 예산이 계획되어 있지 않으면 후퇴하는 경우도 있다. 투자액을 늘리고 싶지 않기 때문에 다음에는 스틸로 하자는 경우이다. 레저 용품이나 스포츠 용품처럼 카본으로 교환하면 퇴행은 없을 것이라는 논리는 통하지 않는다」. 자동차의 용도는 어떨까? 소비재라는 의미에서 레저 용품이나 스포츠 용품과 공통되는 부분이 있다. 무미건조한 산업 기계와는 달리 개인의 취향이나 기호가 개입될 여지가 있는 만큼 메이커로서는 흥미로울 수 있다. 다만 자동차 메이커는 메리트를 느꼈다고 해도 골프 클럽이나 낚싯대처럼 사용자가 메리트를 느낄 수 있는지는 의문이기 때문에 그 점이 걸리는 부분이다.

「우리들도 예측이 안 되고 상대(자동차 메이커)도 정확한 예측이 어렵기 때문이다. 카본 파이버로 차체의 뼈대를 만드는 단계까지는 가겠지만 아직 지금부터라는 인상이다」.

니즈(needs)가 있어서 만들고 있다기보다는 시즈(seeds)쪽에 어필하는 측면에서 적극적으로 임하고 있는 것은 카본 파이버에 열가소성 수지를 침투시킨 중간 재료를 프레스 성형하는 방법이다. 연속 섬유로 강도를 높인 것인 포인트로서 대량으로 생산하는 방식의 수단을 노리는 기술 기반은 갖추어졌다는 것을 자부하면서 어필하고 있다.

품종을 개량한 소재가 하나 더 생긴 것이다. 반복되지만 그것을 어떻게 할 것인가가 카본 파이버의 보급을 지탱하게 된다. 「많은 사람이 하고 싶어. 하지만, 정말로 해도 되는 것인지… 우려하는 마음도 있을 것으로 생각된다」.

니즈를 발견한 것은 좋지만 일정한 수량을 공급하면 그것으로 끝나는 식으로는 오래 유지될 수 없다. 비즈니스가 연속되는 시스템의 개발이 급선무이다.

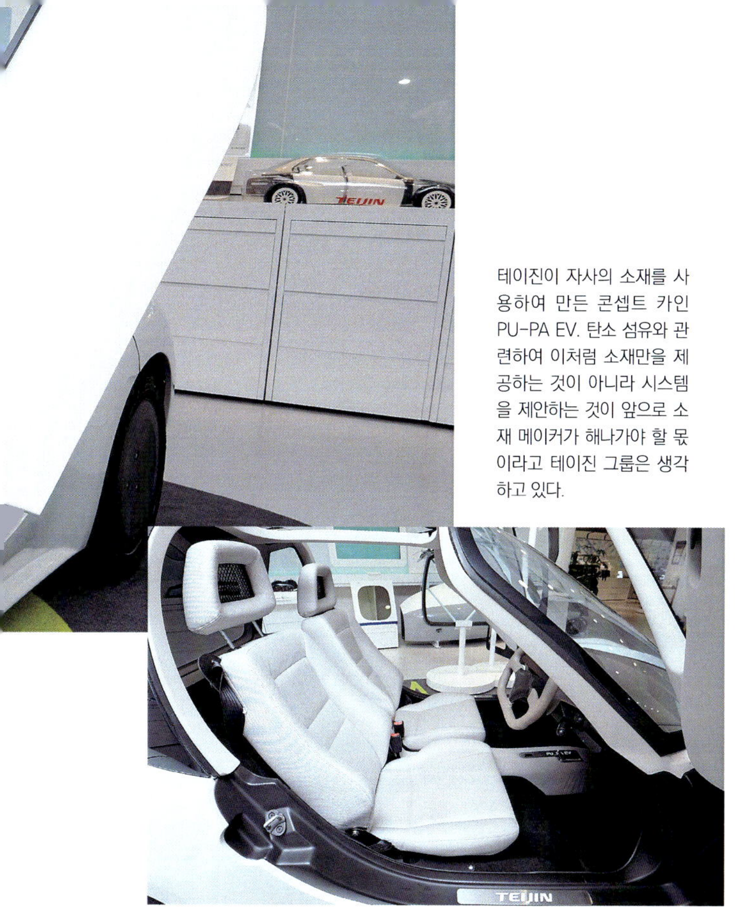

테이진이 자사의 소재를 사용하여 만든 콘셉트 카인 PU-PA EV. 탄소 섬유와 관련하여 이처럼 소재만을 제공하는 것이 아니라 시스템을 제안하는 것이 앞으로 소재 메이커가 해나가야 할 몫이라고 테이진 그룹은 생각하고 있다.

직물

탄소 섬유를 엮은 필라멘트로 능직(twill weave)이나 평직(plain weave), 수자직(satin weave) 등 직물 같이 다양한 방법으로 짤 뿐만 아니라 여러 가닥의 실을 꼰(twist) 끈처럼 뜨는 것도 가능하다. 동방테낙스에서 사용하는 실은 1K부터 12K까지 용도에 맞추어 다양한 굵기가 있다.

촙프드 파이버

원래의 상태에서는 제각각 분류되는 탄소 섬유를 에폭시 계열이나 나일론 계열의 사이징(sizing)제를 칠하여 짧은 섬유로 절단한 것으로 주로 열가소성 CFRP에 사용된다. 제품을 성형할 때는 랜덤 방식으로 섬유가 분산되기 때문에 모든 방향으로 강도를 갖는다.

프리프레그

탄소 섬유에 엑폭시 계열의 수지 등을 침투시킨 상태를 프리프레그라고 한다. 섬유 모양, 테이프 모양, 시트 모양이 있다. 사진은 UD(unidirectional)로 된 시트 모양의 프리프레그로서 직물이나 로빙(roving)의 경우도 있다. 열경화성은 이것을 재단하여 몰드에 붙여 소성(燒成)시킨다.

동방테낙스가 제창(提唱)하는 탄소 섬유의 용도

분야	명칭	사용 부위
항공우주	비행기	1차구조재 : 주익, 미익, 동체 2차구조재 : 보조익, 방향타, 승강타 내장재 : 바닥 패널, 빔 변기, 좌석
	로켓	노즐 콘, 모터 케이스
	인공위성	안테나, 태양전지 패널, 튜브 트러스(tube truss) 구조재
스포츠	낚시 ㅋ도구	낚싯대, 릴
	골프	샤프트, 헤드, 페이스 판, 신발
	라켓	테니스, 배드민턴, 스쿼시
	자전거	프레임, 휠, 핸들
	해양	요트, 크루저, 경기용 보드, 돛대
	기타	야구 배트, 스키 판 스키 스톡, 검도 죽도, 활, 양궁, 무선 조종 카(radio control car), 탁구, 당구, 아이스하키용 스틱
산업자재	자동차	프로펠러 샤프트, 레이싱 카, CNG 탱크, 스포일러, 후드
	자동 이륜차	레이스용 카울, 머플러 커버
	차량 · 컨테이너	철도 차체, 리니어 모터 카 차체, 좌석
	기계 부품	섬유 부품, 판스프링, 로봇 팔, 베어링, 기어, 캠, 베어링 리테이너
	고속 회전체	원심분리기 로터
	전자 전기부품	우라늄 농축 케이스, 플라이 휠, 공업용 롤러, 샤프트
	풍력 발전	파나볼라 안테나, 음향 스피커, VTR 부품, CD 부품, IC 캐리어
	압력 용기	블레이드, 너셀(nacelle)
	해저 유전 굴삭	유압 실린더, 봄베
	화학 장치	교반 날개, 파이프, 탱크
	의료 기기	천판(couch), 카세트, X선 그리드, 수술용 부품, 휠체어
	토목 건축	케이블, 콘크리트 보강재
	OA · 사무기	프린터 베어링, 캠, 하우징
	정밀기기	카메라 부품, 플랜트 부품
	내식(耐食)기기	펌프 부품, 플랜트 부품
	기타	수지 금형, 양산, 헬멧, 면상발열체, 안경 테

동방테낙스 주식회사
탄소 섬유 복합재료사업본부
복합재료 영업부문 부문장

다카라타니 야스마사

CFRP Application

Chapter 13

제조방법의 다양화로 늘어나는 쓰임새

CO_2 저감(diminution)을 위한 경량화나 CFRP 제조법의 다양화로 인해 단가의 하락이 진행되었기 때문에
자동차용으로도 CFRP의 용도가 확산되어 왔다.
CFRP를 레이싱 카에만 사용하는 시대가 이미 아니다.

Case 1 | NISSAN LEAF NISMO RC

CFRP 모노코크 보디 / 프리프레그법

글 : 세라 코타(Kola SERA) · 사진 : NISMO/MFi

단가를 고려한 CFRP 모노코크 보디

닛산 리프의 전동 시스템을 이용하여 순수한 레이싱 카로 완성시킨 것이
LEAF NISMO RC이다. 차체의 뼈대를 구성하는 모노코크 보디의 형상은 기
존의 형태가 있었기 때문에 리프의 이미지를 계승한 익스테리어를 디자이너
가 준비하고 거기에 맞추어 차체를 설계하였다. 코스 위에서 경합하는 차량과
경쟁적인 주행 환경을 상정하지 않았고 SUPER GT처럼 노면에서 큰 진동이
연속적으로 전달되는 것도 아니다. 그렇기 때문에 처음에는 스틸 파이프 프레
임의 구조로 차체의 뼈대를 설계하는 방법을 생각하였다. 비용도 매력적이고
정공법이다.

하지만 EV가 갖는 선진성과 기존의 구조와 조합은 어필하기가 쉽지 않다. 기
존의 완성 자동차보다 이미지를 높이기 위한 것도 있어서 CFRP를 선택하였
으며, 성능은 과도한 측면이 있다. 양산(어디까지나 레이싱 카 수준에서의 이
야기)을 염두에 두고 있었기 때문에 레이싱 카로서 필요한 요소를 자제하면서
비용을 중시하고 설계하였다. GT500 차량에서 이용하는 카본 파이버와 같이
「더 얇고 가벼우며, 고탄성으로」라는 식의 연구는 하지 않았다. 그래도 완성된
LEAF NISMO RC는 생산되는 자동차를 훨씬 뛰어넘는 굽힘과 비틀림 강성
을 확보하였다. 스틸 파이프 프레임으로 설계하였을 경우에 비하여 100kg 단
위의 경량화를 달성하고 있다.

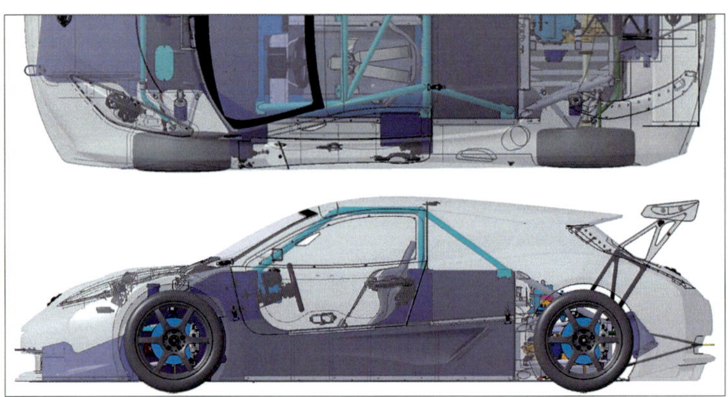

차체의 뼈대를 설계하고 이를 외부 패널로 덮는 방식의 레이싱 카를 설계할 때 일반적인 접근 방식이 아니라
외부 패널의 아웃라인이 먼저 있고 그 안에 들어가듯이 모노코크 보디의 형상을 결정해 나가는 접근 방식을
취하였다. CFRP 모노코크 보디에 리어 서브 프레임과 롤 케이지를 볼트로 조이면 만들어지는 구조다.

모노코크 보디 하나의 중량은 스틸제 롤 케이지를 포함하
여 약 150kg. 모노코크 보디의 아우터와 이너는 별도의 구
조이며, 각각을 오토클레이브로 굽는다. 역시 별도의 부품
인 필러~루프를 조합시켜 구움으로써 완성된다. 비용을 낮
추기 위해 부품의 개수를 줄이도록 노력하였다. 소재는 도
레이 제품이다.

	CFRP 모노코크 보디+스틸 파이프 프레임	스틸 파이프 프레임
기본구조	CFRP 모노코크 보디+리어 서브 프레임 +롤 케이지 스틸 파이프 프레임 〈주요 구성〉 CFRP 모노코크 보디 리어 서브 프레임(bolt-on) 롤 케이지(bolt-on)	CFRP 모노코크 +스틸 파이프 프레임 〈주요구성〉 스틸 파이프 용접 결합 일체식
강성	○	×
중량	○	×
내구성	○	×
정밀도	○	×
비용	×	○

안전성을 담보로 하면서 리튬이온 배터리를 장착하는 것이 설계상의 과제이다. 비용적인 관점으로 인해 알루미늄 소재 등의 보강재를 사용하지 않고 카본 파이버의 적층만으로 구성되어 있다. 얇고 탄성이 높은 소재를 이용하면 가볍게 설계할 수 있었으나 역시 비용적인 측면 때문에 채택하지 않았다.

리어 서브 프레임은 모노코크 보디에 볼트로 6곳을 체결한다. 서브 프레임을 장착하는 지점 등은 강도에 유념하면서 설계하였다. 눈으로 보았을 때 응력을 받는 부분과 받지 않는 부분에 차이가 없으며, 사용하는 소재도 동일하다. 오렌지색의 덕트는 라디에이터의 냉각용이다.

용량 24kWh의 리튬이온 배터리를 장착하는 「배터리 박스」를 가장 두껍게 적층하였다. 용량은 시판되는 자동차와 마찬가지만 효율적으로 장착하기 위해 모듈의 배치는 변경되었다.

각종 조작 스위치를 집중 배치한 패널 등 응력을 받지 않는 부품도 CFRP로 제작하였다. 플로어에 추가로 장착한 빔은 기존의 형태를 유용해서 성형하였다. 이것도 비용의 저감을 위한 아이디어이다.

초기형은 전방으로 돌출된 CFRP 부품에 라디에이터를 탑재하였지만 배터리의 교환 작업을 효율적으로 하기 위해 현재는 뒤쪽에 탑재되어 있다. 장차 크러셔블 스트럭처로 설계를 변경할 예정이라고 한다.

NISMO RC의 모노코크 보디는 몰드에 소재를 붙이기 쉬운지 여부, 빼내기 쉬운지 여부를 고려하여 설계하였다. GT500 차량의 경우 성능에 특화시킨 형상을 만드는 것이 기본이다. 쉽게 붙이고 빼낼 수 있는지 여부를 상관하지 않는 부위도 있다.

프런트 서스펜션을 장착하는 브래킷은 모노코크 보디에 직접 장착한다. 앞이나 뒤 모두 CFRP 제품의 모노코크 보디는 차체의 정밀도가 높기 때문에 장착 후에 로드 길이를 조정할 필요가 없다고 한다.

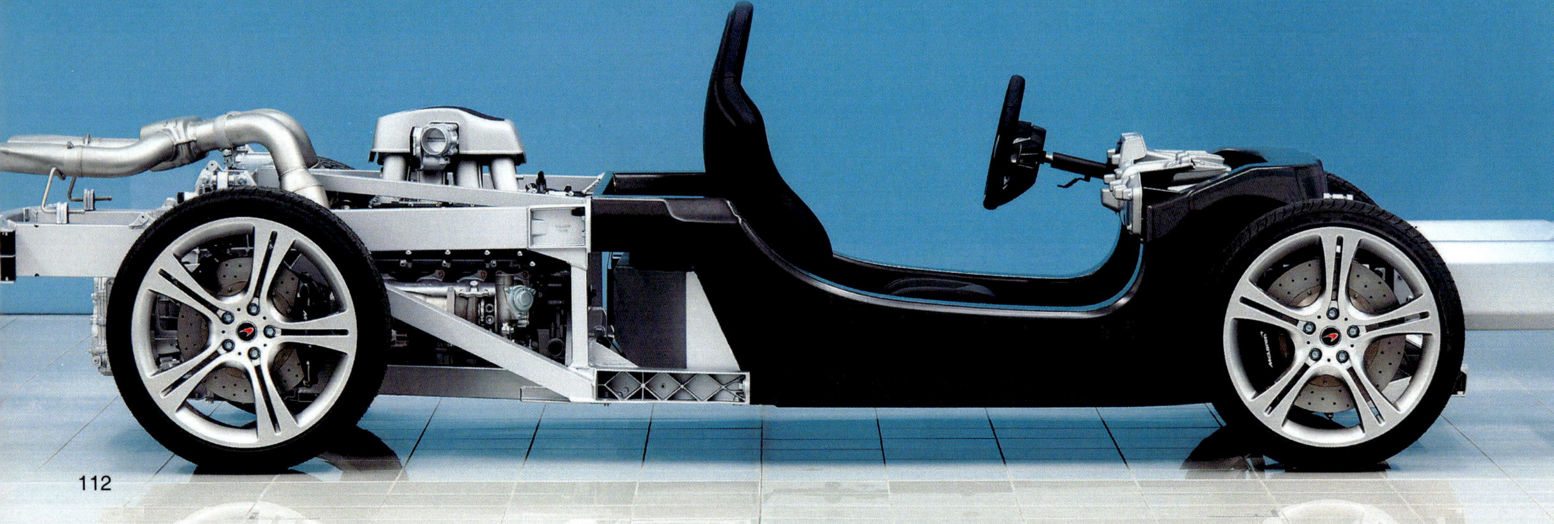

McLaren MP4-12C

CFRP 모노코크 보디 / RTM 제조법　글 : MFi · 사진 : McLaren

좌측의 프런트 서스펜션을 앞쪽에서 본 모습. 더블 위시본 암의 보디 쪽 피벗은 CFRP 모노코크 보디에 있는 알루미늄 탭에 접속한다. 전위차 부식을 방지하기 위해 코팅이 되어 있다.

리어 섹션은 V8 엔진과 7단 DCT(Double Clutch Transmission)를 미드십에 배치한 구조인 만큼 튼튼한 알루미늄 프레임으로 구성을 하고 있다. CFRP 모노코크 보디와 위치를 바꿔 위아래에서 볼트로 체결되어 있다.

「사기 쉽다」라는 매력을 내세운 수퍼카

MP4-12C의 CFRP 모노코크 보디는 「모노 셀」이라고 부르는 한 가지의 구성품으로 이루어져 있다. 모노코크 보디의 단독 중량은 불과 75kg 밖에 되지 않는데, RTM 제조법으로 제조함으로써 기존(프리프레그 제조법)보다 시간이 짧고 대량으로 생산이 가능하다. 프리프레그 제조법으로 만들어진 이전 모델의 로드 고잉카 「F1」은 3000시간이 소요되었고, 접착을 사용한 「메르세데스 벤츠 SLR 맥라렌」도 300시간이 소요 되었지만 CFRP 모노코크 보디로 제작하는데 소요된 시간이 「MP4-12C」에서는 4시간으로 극적이라고 할 정도로 단축되었다.

35톤의 스틸 프레스로 80K의 카본 파이버를 누르고 열을 가한 상태에서 수지를 주입하는 성형의 공정을 취하고 있다. 에폭시 수지는 헌츠먼(huntsman) 사에서, 카본 섬유는 도레이에서 조달하였다. 언뜻 보아서는 특별한 스타일을 하고 있지만 목적 가운데 하나는 「사기 쉽다」이다. 이전 모델인 「F1」은 그 이상을 추구하였기 때문에 10억원을 넘는 고가의 슈퍼 카였지만, MP-12C는 3억원 정도의 가격대다. RTM의 장점을 최대한 활용하는 전략이다.

Lamborghini AVENTADOR

CFRP 모노코크 보디 / 프리프레그 제조법-RTM　｜ 글 : MFi · 사진 : Lamborghini

세 가지 제조 방법으로 만들어진 CFRP 모노코크 보디는 상당히 가볍다. 앞뒤에는 서스펜션과 파워트레인을 탑재 하기 위한 알루미늄 프레임을 장착한다. 그래서 탭이 격 벽에 달려 있다.

세 가지 제조 방법을 혼합하여 모노코크 보디를 만든다.

람보르기니의 차세대 12기통 기함(flagship)이 아벤타도르다. 실제의 차량보다 CFRP의 모노코크 보디를 먼저 전시하는 드라 마틱한 데뷔를 하였다. RTM 제조법과 프리프레그 제조법 그리 고 RTM에서 파생된 블레이딩(blading) 제조법. 이 세 가지 제 조 방법을 혼합하여 만드는데 블레이딩 제조법은 중공의 부품 (예를 들면 필러나 로커 패널 등)에 사용하고 프리프레그 제조법 은 아름다운 외부 패널을 완성하는 방식으로 분류하여 사용하 는 것이다. RTM 제조법은 지금까지의 람보르기니 기술을 더욱 진화시킨 「RTM 람보」 제조 방법으로 알려져 있다. 카본 섬유를 붙이는 몰드를 기존의 금속 제품에서 CFRP 제품으로 바꾸었으 며, 사용하는 수지도 상당한 저점도로 낮춘 헌츠먼 사의 애럴다 이트(araldite)를 사용함으로써 가공성을 상당히 높였다. 이들 세 가지의 제조 방법으로 만들어진 각 부분을 조합시켜 CFRP 의 모노코크 보디로 완성시킨 것이다. 단독 중량이 147.5kg, 화 이트 보디 상태에서의 중량은 229.5kg으로 경량화를 달성하였 으며, 심지어 비틀림 강성값을 35000Nm/deg.로 비약적으로 높였다.

카운타크나 디아블로와 마찬가지로 V12 기통 엔진의 앞쪽에 트랜스미션을 배치하는 레이아웃을 하고 있다. 그 때문에 CFRP의 모노코크 보디에는 크고 깊은 센터 터널이 설치되어 있으며, 그 아래에 트랜스미션이 배치 된다. 람보르기니는 CFRP의 부품을 더 많이 사용하여 차량 중량이 불과 999kg인 「세스토 엘리멘토」를 한정 생산한다고 발표하였다. CFRP의 가능성에 더 기대가 모아진다.

Mercedes-Benz SLS AMG E-CELL

CFRP 모노코크 보디 / RTM 제조법　　글 : MFi · 사진 : Daimler/MFi

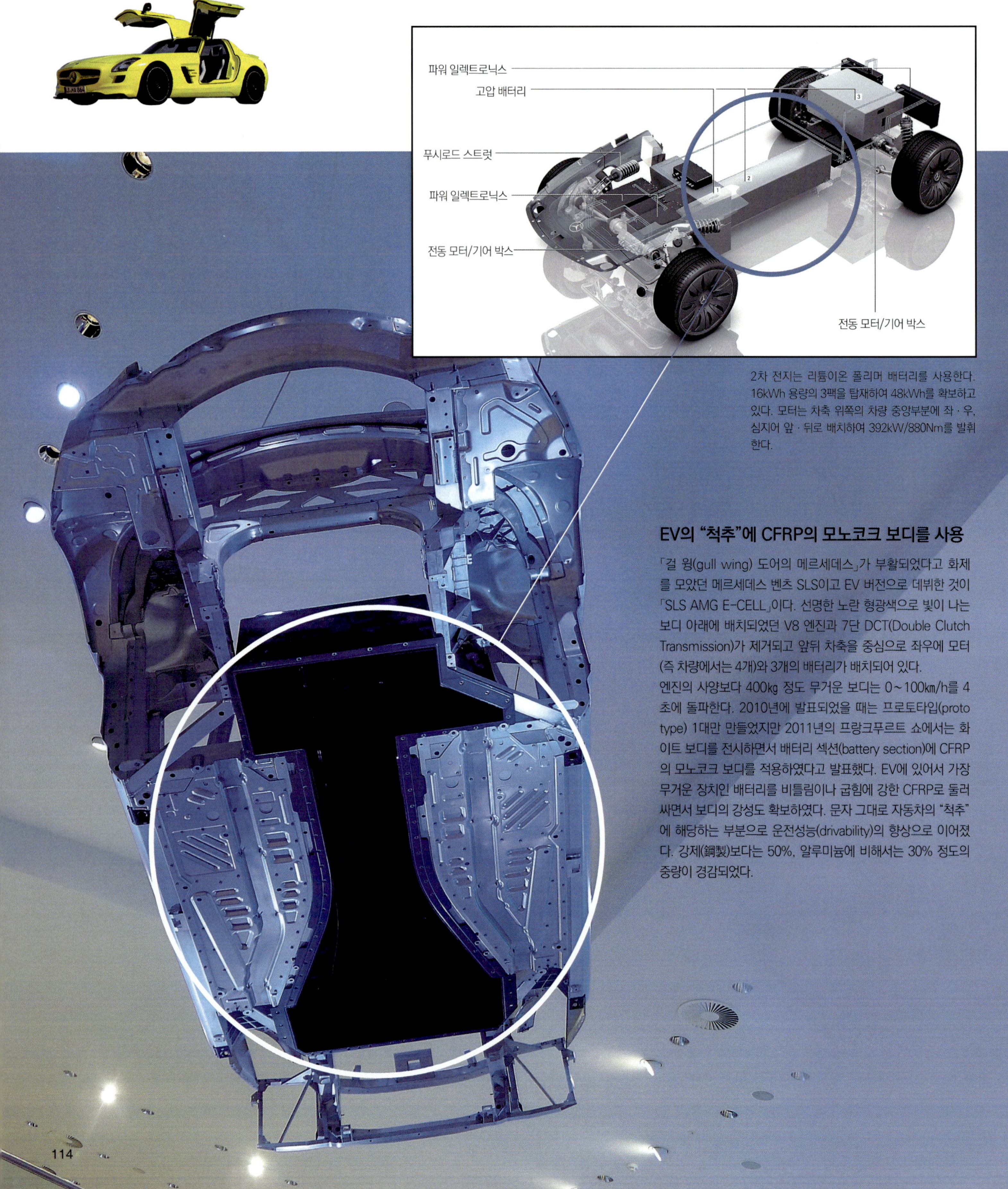

2차 전지는 리튬이온 폴리머 배터리를 사용한다. 16kWh 용량의 3팩을 탑재하여 48kWh를 확보하고 있다. 모터는 차축 위쪽의 차량 중앙부분에 좌·우, 심지어 앞·뒤로 배치하여 392kW/880Nm를 발휘한다.

EV의 "척추"에 CFRP의 모노코크 보디를 사용

「걸 윙(gull wing) 도어의 메르세데스」가 부활되었다고 화제를 모았던 메르세데스 벤츠 SLS이고 EV 버전으로 데뷔한 것이 「SLS AMG E-CELL」이다. 선명한 노란 형광색으로 빛이 나는 보디 아래에 배치되었던 V8 엔진과 7단 DCT(Double Clutch Transmission)가 제거되고 앞뒤 차축을 중심으로 좌우에 모터(즉 차량에서는 4개)와 3개의 배터리가 배치되어 있다.

엔진의 사양보다 400kg 정도 무거운 보디는 0~100km/h를 4초에 돌파한다. 2010년에 발표되었을 때는 프로토타입(prototype) 1대만 만들었지만 2011년의 프랑크푸르트 쇼에서는 화이트 보디를 전시하면서 배터리 섹션(battery section)에 CFRP의 모노코크 보디를 적용하였다고 발표했다. EV에 있어서 가장 무거운 장치인 배터리를 비틀림이나 굽힘에 강한 CFRP로 둘러싸면서 보디의 강성도 확보하였다. 문자 그대로 자동차의 "척추"에 해당하는 부분으로 운전성능(drivability)의 향상으로 이어졌다. 강제(鋼製)보다는 50%, 알루미늄에 비해서는 30% 정도의 중량이 경감되었다.

Volkswagen XL1

CFRP 모노코크 보디 / RTM 제조법

글 : MFi · 사진 : Volkswagen

VW이 주장하는 미니멈 트랜스포터

「L1」이라는 이름으로 2대에 걸쳐 콘셉트를 제안해 온 폭스바겐의 2인승 미니멈 트랜스포터(minimum transporter)가 2011년의 카타르 쇼에서는 「XL1」로 더욱 진화되었다. 「L1」에서 앞과 뒤에 각 1명이 탑승하도록 배치(tandem)되었던 것이 「XL1」에서는 승용자동차답게 좌우로 나란히 탑승하도록 변경되었다. 이 모노코크 보디에는 CFRP가 사용된다. 공기 제거(air purge)를 병용하는 RTM(즉 VaRTM)에 의해 수지의 주입과 경화 과정을 단축함으로써 생산성을 높이고 있다. VW에서는 「aRTM」(a는 advanced의 뜻)으로 호칭한다. 차량중량은 795kg인데 그 가운데 약 230kg이 도어나 그레이징(grazing) 종류를 포함한 보디 전체의 중량이라고 발표하였다. 앞뒤에 알루미늄 제품의 서브 프레임을 탑재하여 파워 플랜트(power plant)를 장착하는 구조이다.

신기록의 수립자 같았던 「L1」에 비해 조금은 승용자동차와 같은 모습으로 바뀐 「XL1」. 역시나 탑승객이 좌우로 나란히 착석하는 모습에서 안정감을 느낄 수 있다. 그러나 "1리터 카"라는 호칭은 양보하지 않고 있다.

BMW i3/i8

글 : MFi · 사진 : BMW

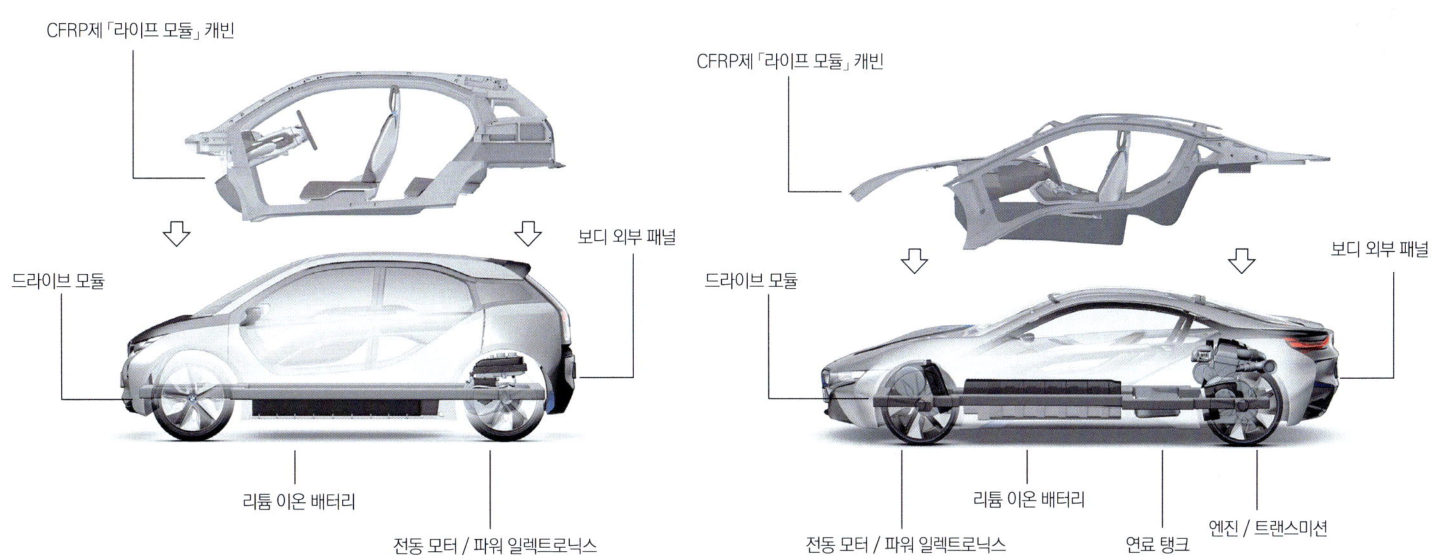

엔진 메이커가 만든 EV/HEV

BMW의 「i3」는 RR 타입의 EV(electric vehicle)이다. 모터와 배터리 등의 주행 관련 부품을 차대(chassis) 모양의 플랫폼에 장착하고 그 위에 RTM 제조법으로 만들어진 CFRP의 모노코크 캐빈을 얹는 차량의 구조이다. 견고하게 만들어짐으로써 거대한 개구부를 자랑하는 B필러 리스(B pillarless) · 좌우 여닫이 타입의 도어로 만들어져 있다. 승강성의 향상과 더불어 RR 타입이 갖는 크고 넓은 캐빈 유틸리티(cabin utilities)와 경쾌한 개방감도 추구한다. 「i8」은 3기통 1.5ℓ 터보 과급 엔진으로 뒷바퀴를 구동하고 모터로 앞바퀴를 구동하는 2 + 2 스포츠카 같은 HEV(hybrid electric vehicle)로서 캐빈을 CFRP의 모노코크로 만들어 섀시에 얹는 구조이다. BMW i3/i8의 개발을 위해 SGL 그룹과 합병회사를 세워 CFRP의 생산을 위한 RTM의 생산 라인을 가동시키고 있다.